W0466977

PESTICIDES

DES MÊMES AUTEURS

DE FABRICE NICOLINO

La Faim, la bagnole, le blé et nous. Une dénonciation des biocarburants, Fayard, 2007.

Le Tour de France d'un écologiste, Seuil, 1999.

DE FRANÇOIS VEILLERETTE

Pesticides. Le piège se referme, Terre vivante, 2002.

FABRICE NICOLINO
FRANÇOIS VEILLERETTE

PESTICIDES

Révélations sur un scandale français

Pluriel

Collection fondée par Georges Liébert
et dirigée par Joël Roman

Retrouvez les auteurs du livre sur le site :
http//www.pesticides-lelivre.com

Couverture : Rémi Pépin
Illustration : © Ira Block/Getty Images

ISBN 978-2-8185-0170-2

Dépôt légal : juin 2011
Librairie Arthème Fayard/Pluriel, 2010.

Per Andreina,
vedendo Ouessant.

Pour ma fille Stella.
Pour ceux de la rue de la Lune.

« On arrête les "gangsters", on tire sur les auteurs de "hold-up", on guillotine les assassins, on fusille les despotes – ou prétendus tels –, mais qui mettra en prison les empoisonneurs publics instillant chaque jour les produits que la chimie de synthèse livre à leurs profits et à leurs imprudences ? »

Roger Heim,
président de l'Académie des sciences, 1963.

Introduction

Pourquoi ce livre

Ce livre est une clé. Car il permet de comprendre comment et pourquoi la France a basculé dans l'agriculture industrielle, dévoreuse de pesticides. Comment la France est devenue un dépotoir. Pourquoi ses rivières, ses sols, son air, ses pluies et ses brouillards se sont peu à peu chargés de poison. L'eau dite potable est aujourd'hui imbuvable dans des régions entières, et quantité de résidus ne peuvent plus être éliminés. Il faut avaler, de gré ou de force. De même dans l'alimentation courante : une proportion effarante de produits aussi essentiels que les fruits, les légumes ou les céréales contiennent des molécules dangereuses pour la santé humaine.

Comment en est-on arrivé là ? L'histoire que nous avons reconstituée est cruelle, mais elle est passionnante, pleine de vie, de personnages, de conflits, de choix, pleine de filouteries et même de saloperies. En quelques décennies, nous avons fait disparaître un univers, une civilisation stable depuis des siècles. Stable ne veut pas dire heureuse, joyeuse, légère. Le monde des paysans anciens était souvent dur, parfois insupportable. Mais il avait créé sa géographie, fixé son histoire, dessiné territoires, paysages, repères. En 1945, à la sortie de la guerre, le cheval, l'âne et le bœuf habitaient la moindre ferme. Le tracteur demeurait pour beaucoup un rêve incertain, un mirage.

La formidable poussée mécanique qui a permis la victoire sur le fascisme, notamment en juin 1944 sur les côtes normandes, ne pouvait pas rester sans conséquences. Et les auteurs de ce livre ne fantasment pas sur une France immobile, des villages perdus au bord de départementales assoupies, le mugissement des troupeaux. Bien entendu, l'agriculture devait changer. Mais devait-elle mourir ?

L'histoire inaugurée en 1945 n'était nullement fatale. Elle aurait pu prendre une autre direction que celle de l'industrialisation lourde. Il eût fallu pour cela une autre vision, de tout autres rapports de forces sociaux et surtout culturels. Car, dans cette tragédie – c'en est une –, tout le monde se trouve au départ d'accord pour faire disparaître l'ancien système agricole.

Dès l'été 1944, le formidable sursaut de la Résistance a soudé en un bloc les staliniens et les chrétiens, les professeurs et les ingénieurs, les politiques et les scientifiques. La France ne veut plus connaître la guerre et rejette avec horreur la misère qu'elle vient de subir et cette insupportable faim qui se calculera, jusqu'en 1949, en tickets de rationnement. L'avenir a l'apparence et la rutilance des premiers tracteurs américains, qui suivent de près les blindés de la Libération. Il appartient au progrès, au progrès technique et matériel, aux lourdes machines, aux inventions de l'esprit humain. Les rescapés des camps de la mort, de Bergen-Belsen à Auschwitz, sont épouillés au DDT, le miraculeux insecticide inventé en 1939.

Cependant les tracteurs ont besoin, pour augmenter réellement les rendements, d'engrais et de pesticides de synthèse. Beaucoup d'engrais, énormément de pesticides. Voilà le début d'une aventure qui se transforme en épopée, puis en cauchemar. Bientôt le mouvement s'accélère, au point d'échapper à tout contrôle social. Une méta-entreprise se met en marche, avec ses servants et serviteurs, son idéologie, plus tard ses obligés, ses dupes, ses profiteurs. Comme dans le fameux conte d'Andersen, aucun courtisan n'ose dire au roi des pesticides qu'il est nu. Pire encore, aucun enfant ne surgira de la foule pour remettre l'histoire sur ses pieds.

Ce fol emballement a pourtant sa rationalité, largement commerciale. Et notre livre, on le verra vite, n'épargne aucune responsabilité, aucun responsable. Il démonte un système et démontre que l'industrie a pénétré jusqu'au cœur des services d'un État qu'on croyait impartial. Des lobbyistes astucieux, redoutablement efficaces, parviennent à convaincre que l'intérêt privé se confond avec l'Histoire en marche et le bien commun. Ils vont s'emparer en dix années de tous les leviers de pouvoir, de tous les centres de décision.

Pour la nature, les paysages, les animaux, les grands équilibres de la vie (l'eau et le sol), le bilan est terrible. Et pour nous, humains, il est franchement angoissant. Les dénégations des lobbies sont désormais, en 2007, un pur déni de la réalité. Des centaines d'études [1] publiées dans les revues scientifiques les plus prestigieuses montrent sans contestation possible que les pesticides, même à des doses infinitésimales, sont de graves poisons qui provoquent de nombreux cancers, bouleversent les systèmes immunitaire et endocrinien, limitent la fertilité, augmentent les risques de malformations intra-utérines. Il est vraisemblable, il est probable que des centaines de milliers de Français souffrent d'ores et déjà de maladies, bénignes ou graves, liées aux épandages massifs de pesticides. Il est certain, hélas, que de nombreuses molécules toxiques, mutagènes, cancérigènes, sont fixées dans les graisses de nos corps, qu'on vive en ville ou à la campagne. Il est tout aussi sûr que le sang contenu dans le cordon ombilical de chaque nouveau-né est massivement intoxiqué. La situation est folle ? Oui, elle est folle.

Et nous le disons sans crainte et sans hésitation : l'histoire des pesticides en France est un scandale absolu. L'État et ses services ont failli, dans un incroyable enchevêtrement d'irres-

1. Voir en particulier *Systematic Review of Pesticide Human Health Effects*, The Ontario College of Family Physicians, 23 avril 2004. Ce travail de référence passe en revue toutes les conséquences des pesticides sur la santé humaine, dont les cancers. À lire absolument !

ponsabilités, de connivences et de complicités avec l'industrie et ses agents de propagande. Le ministère de l'Agriculture est devenu le quartier général de ce qu'il faut bien nommer une entreprise de contamination généralisée.

Certes, il ne s'agit pas d'un empoisonnement délibéré, conscient et volontaire. Du moins en règle générale. Mais faut-il exonérer tous ceux qui ont aidé le lobby du tabac, par la désinformation, à fabriquer des morts par centaines de milliers ? Doit-on laisser en paix ceux – médecins, officiels, publicitaires – qui prétendaient jusqu'au milieu des années 1990 qu'on pouvait sans danger utiliser l'amiante ? En bref, faut-il une nouvelle fois passer par pertes et profits un système non seulement mortifère, mais à certains égards criminel ?

Chacun jugera en conscience. Nous fournissons assez de pièces exclusives pour espérer que le débat sur les pesticides sera relancé. Voilà bien, à quelques semaines de l'élection présidentielle, une question essentielle, fondatrice du lien social. Peut-on continuer à empoisonner ? Les marchands et les services de l'État conserveront-ils l'impunité sociale qu'ils ont acquise dans notre dos voici soixante ans ?

Attention ! Oui, attention. Démontrer que l'exposition, parfois fugace, à telle molécule chimique est responsable d'une maladie relève d'un authentique parcours du combattant. Lequel s'achève en général sur l'amertume et l'échec, car les pesticides sont très difficiles à pister quant à leurs effets à long terme. C'est terrible à formuler ainsi : l'amiante dispose d'une sorte de marqueur biologique spécifique ; il provoque en effet souvent un cancer si particulier, le mésothéliome, que tout le monde l'appelle le « cancer de l'amiante ». Il n'y a pas, pour l'heure en tout cas, de « cancer du pesticide ».

C'est une raison supplémentaire pour se battre. Publiquement, ouvertement, sans peur et sans reproches. Ce que nous souhaitons, bien entendu, c'est contribuer à cette discussion générale, nationale. Le silence, c'est la mort. La parole libre, la critique, l'ouverture des dossiers et des archives, c'est la vie. Savez-vous que le mot «pesticide» a été forgé en 1960 à partir de l'anglais *pest*, qui désigne les ravageurs de l'agriculture, et que le suffixe «-cide» vient du latin *caedere*, qui signifie «tuer»?

Comme vous le constaterez par vous-mêmes, ce livre est singulier. Né de la rencontre d'un journaliste et d'un militant, il se veut sans concessions. Et il l'est. À vous qui nous faites l'honneur de nous lire, nous passons volontiers le témoin. Parlez, faites parler de ce livre et de ce qu'il contient. Les nombreuses bombes que nous avons allumées dans la plupart des chapitres n'attendent plus que vous, lecteurs et citoyens, pour faire leur office. Nous ne pouvons plus dire, nous les auteurs, que nous ne savions pas. Mais c'est désormais aussi le cas pour vous. Lourde tâche! Nous nous retrouverons sur le chemin, sans aucun doute.

Chapitre 1

Jusque dans la rosée du matin

Où l'on salue comme il se doit un héros inconnu. – Où l'on apprend dans la consternation que personne ne peut plus éviter de manger, boire ou respirer des pesticides, même en ville, même dans nos maisons. – Où l'on hésite à croquer la pomme, car elle a subi entre vingt et un et trente-six traitements chimiques avant d'atterrir chez le marchand.

Évidemment, Jean-Claude Lefeuvre mérite une statue à chaque carrefour de nos villes. Évidemment, il n'en a aucune. Que n'est-il pas ? Professeur émérite au Muséum, président de l'Institut français de la biodiversité, directeur de labos universitaires, auteur de plus de trois cent soixante publications scientifiques, il est en outre le spécialiste méticuleux autant qu'admirable de la baie du Mont-Saint-Michel. Et l'on arrête là une liste infiniment plus longue.

Pourtant Lefeuvre n'a pas toujours été un grand scientifique. Au début de sa carrière, alors qu'il n'était connu de personne, il s'est révélé profondément citoyen. Le mot a beaucoup servi, parfois à de bien étranges besognes, mais on tient à son emploi ici. Car Lefeuvre est assurément, décidément un drôle de citoyen. D'abord endocrinologiste, ce biologiste se passionne pour la morphogenèse des ailes de blattes. Curieux ? Oui, tout de même, car il va dans ce cadre créer des blattes siamoises par greffe d'une jeune larve sur une vieille. Une vraie manipulation génétique !

Heureusement pour nous, Lefeuvre, fils de boulanger, villageois dans l'âme, aime la nature. Enseignant la zoologie à l'université de Rennes, il juge utile d'emmener ses étudiants sur le terrain, à la découverte des mares et du bocage. Nous sommes en 1967, et Lefeuvre, bien avant tout le monde, comprend qu'une révolution est en train de changer le territoire de son enfance. L'agriculture intensive provoque le remembrement des surfaces, l'arasement des talus, la destruction des haies, l'adjonction d'engrais et de pesticides dans des sols jusque-là épargnés. Un jour de 1970, il découvre pour la première fois en France une curieuse concentration de nitrates dans les eaux de la Vilaine : 10 milligrammes par litre, ce qui paraîtra plus tard fort peu de chose.

Un naïf chez les autorités

Lefeuvre saisit dans une fulgurance ce qui va suivre. Les nitrates proviennent des engrais azotés déversés chaque année, de plus en plus massivement, sur les champs. Et aussi des déjections de ces millions de porcs, de vaches et de poulets entassés dans les excellentes conditions qu'on sait. S'il y a 10 milligrammes de nitrates par litre d'eau en 1970, combien y en aura-t-il en 1980, en 2000 ?

Alors Lefeuvre fait ce que presque personne, à cette époque, n'ose : il alerte. Il rencontre les responsables, il les prie respectueusement – l'homme est on ne peut plus courtois – d'entendre ses remarques, lesquelles sont très argumentées. Mais nous sommes encore dans les Trente Glorieuses, et nos Excellences de l'agriculture et de l'industrie réunies préfèrent hausser les épaules ou ricaner.

Deux exemples, rapidement. Cette même année 1970, au cours d'une réunion publique tenue à Dinan, Lefeuvre annonce au directeur régional de l'agriculture, présent, que la Bretagne va connaître de graves problèmes concernant la qualité de l'eau. À la fin de la manifestation, notre haut fonctionnaire vient voir le professeur, le remercie de s'être déplacé, mais ajoute : « Monsieur, vous ne devriez pas inquiéter les populations avec des problèmes qui n'en sont pas. Il n'y a aucune raison de se préoccuper des nitrates. »

En 1976, la situation est déjà dégradée et, sur fond de sécheresse nationale, la ville de Saint-Malo se trouve dans une situation tendue. Certes, elle a encore de l'eau à distribuer, mais celle-ci atteint et même dépasse pour la première fois les normes en matière de nitrates et de... pesticides. Lefeuvre, déjà très connu dans la région, est invité par les quatre directions départementales de l'agriculture bretonnes pour une conférence sur l'eau. Voyez, nos dirigeants sont de grands démocrates.

Que se passe-t-il au cours de la réunion ? D'abord un petit exploit sportif. Lefeuvre parle sept heures durant. Sept heures ! Il déclare aux autorités que le dépassement des normes se reproduira partout si rien n'est fait, très vite, pour contenir pesticides et engrais. Le directeur régional de l'agriculture – non, ce n'est pas le même qu'en 1970 – intervient dans la discussion et, royal, lâche ce formidable morceau d'anthologie : « Monsieur, s'il y a un problème, nos ingénieurs sont là pour s'en occuper. »

Bon, on pourrait rigoler, faute de mieux. Mais la suite est encore plus extraordinaire. Pendant des années, Lefeuvre va collecter des données qui n'intéressent à peu près personne. Sur l'eau, sur cette eau qu'on dit potable parce que tout le monde le pense. Et en 1981, dans un immense éclair de magnésium, notre professeur surgit sur le devant de la scène nationale. Quel raffut ! Ce premier « rapport Lefeuvre[1] » analyse la situation dans onze départements et révèle l'existence d'épidémies d'origine hydrique. Dans de très

1. *La Qualité de l'eau potable en France. Analyse de la situation dans onze départements métropolitains*, Muséum d'histoire naturelle, 1981.

nombreux cas, l'eau n'est pas ou plus potable. Le triomphe apparaît total. Des centaines d'articles sont publiés, la télé comme la radio invitent le lanceur de pavé.

La suite ? Vous la connaissez tout comme nous. Rien ne sera fait. Le 2 décembre de cette même année 1981, un ingénieur de la DDA du Finistère assiste à l'assemblée générale de la coopérative agricole de Poher, à Carhaix. Il connaît sur le bout des doigts son auditoire de quatre cents paysans encore dans l'euphorie du « progrès ». Et il leur lance : « Il faut maintenant être plus prudent et plus parcimonieux dans l'usage des engrais, compte tenu du fait que les écologistes, disposant de beaucoup de temps libre, occupent leurs loisirs en faisant des réunions d'information pour expliquer comment ces produits nuisent… aux petits poissons. » Rires dans la salle, pleurs dans les champs, sur les plages, dans les rivières, massacres dans la nature.

Les réactions de la technostructure ne sont pas toutes de mépris et d'inconscience. Mais même les autres restent ignorées et ne durent que l'espace limité d'un après-midi. Voyons une seconde ce qui se passe à l'INRA, notre grand institut de recherches agronomiques. Il dispose d'excellents spécialistes et de vrais serviteurs de l'intérêt public. Parmi eux, Richard Giovanni, un homme très courageux. En décembre 1993, par exemple, il signe un rapport sur la contamination de deux cours d'eau d'Ille-et-Vilaine, la Flume et la Loysance. C'est dramatique : le redoutable lindane et l'atrazine sont présents massivement. En juin 1994, il récidive par une étude sur les poissons des « rivières de l'Ouest ». Tous ou presque sont perturbés par les pesticides. Giovanni va loin, fort loin, estimant dans sa conclusion que seules des mesures contraignantes d'interdiction des produits toxiques peuvent changer la donne. Et il ajoute une phrase lourde de sens sur les limites objectives du contrôle. Selon lui, la situation « pose le problème des méthodes d'analyse actuelles, dont le seuil de détection ne paraît pas assez bas pour des études touchant à l'environnement ».

Vous venez de lire comme nous, mais nous devons tout de même insister. L'un des meilleurs connaisseurs de la question, en 1994, sous-entend clairement que l'on ne sait rien ou à peu près rien parce que l'on ne dispose pas des thermomètres et autres instruments nécessaires. Les rivières sont comme ces cyclistes bourrés de drogue qui échappent toujours au dépistage. Comme par hasard, bien sûr…

Giovanni et quelques amis – l'espèce est rare en ce sulfureux domaine – persistent et signent. Le 27 novembre 1995, ils interviennent dans un grand colloque[1] à Rennes, en présence d'un des éminents politiques bretons, Ambroise Guellec, et du préfet de la région Bretagne, Jean-Claude Le Taillandier de Gabory. Tout y passe, tout est dit en public, détaillé et bientôt rassemblé, comme il se doit, dans des actes. Ils sont devant nous au moment où nous écrivons ces lignes. Ce n'est que désespérant : chaque page ou presque révèle l'ampleur d'un drame authentique. Les eaux, toutes les eaux, douces et même salées, sur le littoral, sont affectées par des poisons. Mots clés de la plupart des interventions : « ruissellement », « contamination », « atrazine », « lindane », « transfert », « procès-verbal », « micropolluants », « poissons », « poisons », « pesticides » et encore « pesticides ». Le journal *Le Monde* en fera une page, ce qui est considérable. Avant d'oublier, ce qui est habituel. Et les affaires reprendront leur cours. Comme avant.

L'autre bug de l'an 2000

Côté Lefeuvre, le combat continue. En 2000, un deuxième rapport[2] élargit le spectre du premier, celui de 1981. Il constate une très alarmante dégradation des eaux brutes – celles qui

---

1. Colloque *Qualité des eaux et produits phytosanitaires. Du diagnostic à l'action*, Rennes, 27 novembre 1995.
2. J.-C. Lefeuvre *et al.*, *Qualité de l'eau en France métropolitaine*, Fonds mondial pour la nature (WWF) et Muséum d'histoire naturelle, 2000.

servent à « fabriquer » l'eau potable après traitement – et une stabilisation artificielle de la qualité de l'eau du robinet grâce à des traitements de plus en plus coûteux. Une aubaine, soit dit en passant, pour les multinationales de l'eau qui se partagent le marché français. Autre point soulevé : ces ruses de guerre par lesquelles les entreprises règlent à leur manière la pollution des eaux. Puisqu'il y a des normes et qu'elles sont dépassées, il faut et il suffit de diluer des eaux brutes surchargées de nitrates et de pesticides avec d'autres moins touchées. On prend par exemple 1 mètre cube contenant beaucoup et même passionnément d'atrazine et de nitrates, et l'on touille le bouillon avec 1 mètre cube d'une eau plus « propre ». À l'arrivée, ni vu ni connu ou presque, l'eau distribuée est bien conforme.

Comme celle de 1981, l'étude de 2000 arrache quelques sanglots publics. Il faut et surtout il faudrait, clament les officiels. Comme il serait bon et profitable de lancer un vaste plan de reconquête ! Mais on ne bouge. Mais rien ne vient, sinon un troisième « rapport Lefeuvre », le 6 juin 2005. Cette fois, c'est la pleine catastrophe. De 50 à 75 % des eaux françaises de surface et souterraines sont fortement dégradées. Encore les « nouveaux polluants » ne sont-ils pas pris en compte. Ces derniers sont avant tout des produits de dégradation des pesticides, ou encore des molécules de substitution, des substances pharmaceutiques comme les antibiotiques, des phtalates présents dans les plastiques, des dioxines. De même, les micro-organismes potentiellement toxiques, comme les champignons, levures, protozoaires, bactéries, virus, micro-algues et prions, n'ont pas été considérés.

Et Lefeuvre d'enfoncer le clou, rappelant qu'une directive européenne de 2000 – donc une loi théoriquement contraignante – exige des États de l'Union le « retour à un bon état écologique et chimique » des rivières et des nappes d'ici à 2015. Sans mesures extraordinaires, entre un quart et la moitié seulement de nos « masses d'eau » pourront être considérées comme de qualité. Un désastre.

Un désastre confirmé amplement par un institut public, l'IFEN, qui publie en 2004 son sixième rapport[1] sur le sujet. 200 pesticides différents ont été retrouvés dans nos eaux. 80 % des eaux de surface et 57 % des eaux souterraines sont polluées. En août 2006, nouvelle compilation de l'IFEN[2] : cette fois, tenez-vous bien, 96 % des cours d'eau et 61 % des eaux souterraines contiennent au moins un pesticide. 96 % ! À quand 100 % ?

Par ailleurs, mais la question ne sera pas posée publiquement – elle est en effet explosive –, est-on bien sûr que l'eau du robinet soit encore buvable ? On ne recherche en effet, et en moyenne, que 3 ou 4 substances dans l'eau. Or 500 molécules sont commercialisées. Seraient-elles assez aimables pour faire comme le vrai-faux nuage de Tchernobyl ? Par quel miracle typiquement français ne contamineraient-elles pas les zones de captage de l'eau prétendument potable ?

Au reste, même si on fait très attention à ne pas trop chercher, certains faits finissent par être connus. Ainsi un rapport du ministère de la Santé[3], fondé sur les données de 2003, conclut qu'au moins une fois de l'eau dépassant les normes a été distribuée à 9 % de la population française – la bagatelle de 5 millions de personnes. La consommation de l'eau potable a dû être interdite dans plusieurs zones situées dans 30 départements au total. Quant aux pesticides le plus souvent retrouvés – car recherchés, ne l'oublions jamais –, distrayez-vous avec cette jolie liste : atrazine-déséthyl, atrazine, atrazine-déisopropyl, simazine, terbuthylazine, diuron, terbuthylazine-déséthyl, métolachlore. Dans de l'eau potable, nous sommes bien d'accord ?

1. « Les pesticides dans les eaux. Données 2002 », *Études et Travaux*, n° 42, juillet 2004.

2. « Les pesticides dans les eaux. Données 2003 et 2004 », dossier n° 05, août 2006 ; téléchargeable sur Internet : http://www.ifen.fr/publications/dossiers/pdf/dossier05.pdf.

3. Direction générale de la santé, *La Qualité de l'eau potable en France. Aspects sanitaires et réglementaires*, 7 septembre 2005.

Attention à la pluie du ciel !

Le comble, c'est qu'il y a un au-delà de la catastrophe de l'eau. Car celle-ci n'est bien sûr pas la seule touchée. Le pesticide court, vole, se dissout et se dilue, mais continue à œuvrer clandestinement dans absolument tous les milieux où nous vivons. Où que l'on soit, quoi que l'on fasse. Voulez-vous un exemple saisissant ? Eh bien, imaginez que vous habitez Rennes ou Paris. Un samedi après-midi de mai, profitant du week-end, vous mettez le nez dehors en famille. Zut ! un nuage approche. Trop lourd, trop noir pour être honnête. En quelques minutes, une pluie de printemps mouille les petits et les grands. Pas grave : le nuage passe, l'orage s'arrête, tout le monde rigole.

Mais ce que vous ignorez sans doute, c'est que vous n'avez pas reçu seulement de l'eau de pluie, comme avant, comme l'humanité en a eu l'habitude pendant des centaines de milliers d'années. Car les molécules chimiques voyagent dans l'air lors des épandages et parcourent ainsi de longues distances. Selon l'INRA, de 25 à 75 % des quantités répandues au moment de la pulvérisation partiraient dans l'atmosphère [1]. Ce qui entraîne fatalement une contamination de l'air, des brouillards et des pluies.

En 1995-1996, ce même INRA a installé à Rennes des stations de mesure de pesticides dans les eaux de pluie. Résultat ? Presque tous les échantillons contenaient des molécules actives et 60 % d'entre eux dépassaient 0,1 microgramme par litre (1 dixième de millionième de gramme), autrement dit la concentration maximale admissible (CMA) pour l'eau de distribution [2] ! Les brouillards sont encore plus pollués, avec des teneurs atteignant 140 microgrammes. Cent quarante fois la CMA de l'eau potable. D'une façon générale,

1. H. Van der Werf, « Évaluer l'impact des pesticides sur l'environnement », *Courrier de l'environnement*, INRA, n° 31, août 1997.
2. Cf. *Environnement Magazine*, n° 1587, mai 2000.

avis aux bucoliques et aux romantiques : les brumes, les brouillards et la rosée sont de trente à soixante fois plus chargés en pesticides que la pluie.

D'autres études du même type ont été réalisées dans la région Centre et dans le Nord-Pas-de-Calais, où l'Institut Pasteur de Lille a retrouvé près de 50 molécules différentes dans les eaux de pluie et dans l'air [1]. À Paris, les concentrations sont les mêmes que celles observées à 100 kilomètres. La Beauce intensive se promène elle aussi sur les Champs-Élysées, qu'on se le dise.

Et la bouffe ? Et notre sacrée et satanée grande bouffe nationale ? Pas mieux, évidemment : les plantes comestibles sont les premières à recevoir le douteux cadeau des épandages massifs. La contamination est de fond, générale, maintes et maintes fois confirmée. Dans un rapport de 2005 [2], la Direction générale santé-consommation de l'Union européenne révèle que plus de 50 % des fruits et légumes non bio vendus en France contiennent des résidus de pesticides. 44 % sont au-dessous des limites maximales de résidus (LMR), mais 6,5 % au-dessus. Mieux, d'une certaine manière : 23,7 % des aliments contiennent plusieurs résidus de pesticides (de 2 à 8 différents, voire plus). Et le pourcentage d'aliments sans résidus diminue si l'on se réfère au rapport de 2003 ! Avez-vous remarqué ? Nous en sommes réduits à comparer des pourcentages d'empoisonnement. Plus personne ne semble étonné que ce que nous mangeons chaque jour contienne tant de choses potentiellement néfastes pour nous et notre descendance. Douce France, hein ?

Et doux foyer, par la même occasion. Les pesticides n'entreraient pas dans les maisons ? Première nouvelle. Une très remarquable étude publiée dans *Environmental Health*

1. Étude de la contamination de l'atmosphère par les pesticides en Nord-Pas-de-Calais (ATMO, région NPDC, Institut Pasteur, Ademe) en 2003.

2. *Monitoring of Pesticide Residues in Products of Plant Origin in the European Union, Norway, Iceland and Liechtenstein*, données 2003, 26 octobre 2005.

Perspectives en novembre 2001 décrit avec précision ce qui est plus ou moins arrivé à chacun d'entre nous [1]. Soit un bout de gazon devant un pavillon. Monsieur ou madame épand un herbicide 2,4-D pour éradiquer jusqu'à la prochaine fois les « mauvaises herbes ». Résultat impeccable, vision parfaite depuis les fenêtres du salon. Mais le chien entre après un passage au jardin. Une fois, dix fois, cent fois. Monsieur, madame et les enfants de même. Une fois, dix fois, etc. Résultat : pollution généralisée.

Des molécules d'herbicide sont en effet retrouvées partout. Dans l'air, sur les planchers, sur le mobilier, tapis et tentures compris. Le chien est le principal responsable, avec ses pattes et ses poils. Le reste vient des vêtements et souliers souillés. Ce n'est qu'un exemple, et parmi combien d'autres ? Chez soi, combien de fois, banalement, a-t-on actionné un pulvérisateur pour tuer des poux, des mouches, des moustiques, des punaises, des fourmis ? Oui, combien de fois l'an dernier ? Et qui aura pris le temps de lire la liste des composants ? Et qui, l'ayant fait, aura compris quoi que ce soit ? Ou changé des habitudes aussi confortables ?

Une étude menée par Ghislaine Bouvier en région parisienne montre la présence de quatre pesticides en moyenne dans chaque domicile [2]. Parmi eux des produits interdits depuis plus de trente ans comme le DDT ou la dieldrine. Mais aussi, et c'est quand même moins étonnant, des insecticides ménagers – d'ailleurs interdits en agriculture – comme le propoxur ou le lindane, utilisé dans les shampoings antipoux. Chaque personne directement testée avait des traces de plus de six pesticides différents sur les mains. Davantage que dans

1. M.G. Nishioka *et al.*, « Distribution of 2,4-D in air and on surfaces inside residences after lawn applications : comparing exposure estimates from various media for young children », *Environmental Health Perspectives*, vol. 109, 11, novembre 2001, p. 1185-1191.

2. G. Bouvier *et al.*, *Pesticide Exposure of Non-Occupationally Exposed Subjects Compared to Some Occupational Exposure. A French Pilot Study*, Science of the Total Environment, 2005.

l'air ambiant ! Au total, la population générale serait exposée à une variété plus grande de pesticides, en moyenne, que les vétérinaires ou les fleuristes. Impossible, incroyable, inimaginable. En effet, c'est inimaginable. Et insensé.

Au fond, ne devrions-nous pas être fiers ? La France est aujourd'hui le premier utilisateur européen de pesticides et le troisième dans le monde, après les États-Unis et le Brésil. En 2004, 76 105 tonnes de pesticides ont été légalement achetées dans notre pays [1], dont 2 469 tonnes pour les insecticides, 37 174 tonnes pour les fongicides, 26 102 tonnes pour les herbicides et 10 360 tonnes de substances actives diverses. L'agriculture utilise 90 % de ces produits, le reste étant destiné aux jardins et aux espaces verts. Et le tout est excellent pour le PIB et la croissance. Donc pour l'homme, non ?

Trente-six traitements pour une seule pomme

Accepterez-vous une dernière cuillerée ? Eh bien, en ce cas, parlons des pommes. Pourquoi ? Simplement parce que nous aimons ces fruits. Beaucoup, réellement. Quoi de plus beau qu'une pomme et son verger, disons en septembre, au soleil couchant ? Robe rouge, robe dorée ou mordorée, cueillette et bonheur. Les nuits fraîches du début de l'automne, la rosée du matin suivie d'un vrai soleil pigmentent la peau du fruit et changent sa couleur.

Comment sont-elles conservées ? Voici ce qu'on peut lire sur le site Internet des producteurs du Limousin : « La pomme est un produit vivant, elle respire et vieillit assez vite à l'état naturel. Nous pratiquons une conservation tout à fait naturelle, sans aucun traitement post-récolte : il suffit d'abaisser la température à 1 °C, et de priver le fruit d'oxygène pour le bloquer. C'est l'atmosphère contrôlée. Une conservation optimale des pommes demande une descente en température

1. Source : UIPP, 2005.

très rapide. Ainsi l'idéal est de descendre en dessous de 5 °C en 4,5 jours. »

Un détail capital est caché dans le paysage. Saurez-vous le reconnaître ? Oui, c'est celui-ci : « sans aucun traitement post-récolte ». Nous sommes chez des arboriculteurs exigeants, qui se privent volontairement de pesticides après la cueillette. Mais les autres ? Mais eux-mêmes avant la récolte ?

L'arboriculture industrielle intensive est une opération lourde, où la moindre anicroche peut mettre en jeu une saison entière. Pas question de tolérer une seule moisissure, le moindre champignon, le plus malingre des insectes. La seule solution, c'est la pulvérisation. Les pulvérisations.

Les vergers – tous fruits confondus – occupent à peu près 1 % de ce qu'on appelle la surface agricole utile (SAU), mais consomment 4 % des fongicides et 21 % des insecticides. Dans 21 % des exploitations, selon la même enquête, les eaux de rinçage de ces nobles activités finissent aussi bien dans la cour que dans le fossé voisin. La moitié des arboriculteurs brûlent les emballages de pesticides et ce qu'ils contiennent encore. Au-dessus de 10 hectares, plus de 20 % d'entre eux détiennent des produits de traitement qui ne sont pas légalement utilisables [1]. Et la pomme décroche dans ce domaine le pompon, d'abord parce qu'elle occupe 54 000 hectares sur les 275 000 du verger français.

Comment font les marchands ? Oui, comment font-ils pour que les pommes – deux ou trois variétés en général – soient toujours aussi splendides en apparence que celle offerte à Blanche Neige par cette garce de sorcière ? Très simple : près de 130 matières actives sont homologuées pour les différents traitements du pommier. À bas l'oïdium, la tavelure, la moniliose, mort au puceron, à la cochenille, aux acariens, au carpocapse ! Ce dernier est un papillon de nuit dont la larve entre dans le fruit au printemps. La pomme véreuse que nous

1. Source : Agreste Primeur.

connaissons tous, il en est responsable. Et contre lui et ses petits amis, la guerre, sans prisonniers. Nos pommes subissent de 21 à 36 traitements différents par an – en moyenne 27 [1]. Plus le verger est grand – l'arboriculteur ne peut surveiller chaque arbre – et plus les traitements sont massifs. Pas de quartier : tous les arbres ont droit à des « pulvérisations de précaution ». Oui, on appelle ainsi cette folie chimique.

Encore laisse-t-on de côté d'autres produits, comme ceux qui servent à limiter la croissance des « organes aériens » de l'arbre, qui visent le système de ramification, ou le « niveau de nouaison » des fruits, l'« inhibition du rejet des bourgeons », sans compter les petits finauds qui stimulent la rhizogenèse. Oui, être pommier en France se mérite et se paie. Chaque hectare de verger reçoit parfois plus de 25 kilos de pesticides par an. Rassurez-vous, il y a pire. Les champignons – ces délicieuses choses blanches qui poussent dans les supermarchés – en reçoivent plusieurs centaines de kilos. L'humidité, savez-vous, est vraiment un grand danger pour ces productions fragiles.

Pourquoi cette forte consommation de pesticides ? Parce que. Parce que le sol est devenu un gêneur, qui respecte des règles aussi absurdes que la saison, la lumière, l'humidité, la chaleur, la fertilité. La société marchande ne peut ni ne veut attendre, patienter, composer. Il lui faut toujours plus vite obtenir davantage sur la même surface. L'exploitant – l'exploiteur – agricole doit « faire » ses 10 000 litres de lait par vache et par an. L'agromanager, ce petit industriel de ce qui n'est plus un village, ne peut plus descendre au-dessous des 100 quintaux de blé par hectare. Sinon, la ruine, le déshonneur, parfois le suicide.

Il faut donc épandre. Ajouter d'un côté des fertilisants que la terre ne peut plus contenir naturellement. Déverser de l'autre des armées de *serial killers* qui s'épuisent à combattre

1. Source : Enquête sur la structure des vergers en 1997, Agreste, 1998.

des ennemis toujours renaissants. Au passage, le système qui nous contraint à manger des pesticides, à les respirer, à nous en shampouiner, a oublié depuis belle lurette que tout, en dernier ressort, repose sur le sol. D'excellents auteurs, parmi lesquels on citera avec une pointe d'arbitraire les Français Claude Bourguignon [1] et André Pochon, les Suisses Gonzague Pillet et René Longet, les Américains Peter Tompkins et Christopher Bird, nous ont pourtant longuement signifié, par leurs vies et leurs livres, ce qu'était un sol vivant.

On rappellera que sur la roche mère et à son contact se forme une couche infime d'une matière fabuleuse entre toutes : l'humus. Celui-ci naît de la dégradation de restes végétaux et animaux. Des acides, des moisissures, des bactéries, des enzymes – entre autres – travaillent ensemble à la réalisation de ce chef-d'œuvre. Comprenez qu'ils décomposent des multitudes d'animalcules et de bris de feuilles, de fleurs, de tiges.

Au lombric, héros méconnu de la terre

Quelques chiffres vertigineux sont peut-être nécessaires. Dans une forêt française, un hectare reçoit chaque année une véritable avalanche de feuilles mortes, de fruits et bourgeons, de branches tombées à terre, etc. Entre 3 et 8 tonnes, selon les régions. Heureusement pour nous et pour la vie, on trouve dans un seul mètre carré de sol – dix mille fois moins – la quantité moyenne effarante de 260 millions d'animaux. Si vous ne le croyez pas, allez demander à Yves Coineau. Ce professeur du Muséum a tenu à bout de bras, pendant des années, une exposition permanente sur le sujet au jardin des Plantes, à Paris. Dans ce micro-zoo, le visiteur pouvait voir au microscope ce qui se cache sous le pied unique d'un promeneur : des collemboles, des acariens, des nématodes, des

1. Lire *Le Sol, la terre et les champs*, Sang de la Terre, 2002.

cloportes, des mille-pattes, des araignées, etc. Par centaines de milliers, oui.

Et, parmi eux, des lombrics. S'il fallait désigner des héros de la terre, nous n'hésiterions pas à les décorer, eux, les vers. L'un des meilleurs spécialistes au monde des lombriciens, le professeur Marcel Bouché, les a étudiés pendant quarante ans, souvent sur le terrain. Il a même réalisé entre 1966 et 1969, bêche sur l'épaule, un invraisemblable tour de France, au cours duquel il a effectué 1 500 prélèvements de sol. Bouché est un révolutionnaire de la connaissance : lorsqu'il a commencé son travail de pioche, de 20 à 25 espèces de vers de terre avaient été décrites en France. Il est arrivé à 170 environ, découvrant même de nouvelles familles. Savez-vous combien on trouve de vers à l'hectare ? Voici la réponse de Bouché : « Une tonne cent, et c'est curieusement la valeur moyenne de tout ce que j'ai pu mesurer en France. Pour situer les choses, on trouve en France 55 kilos d'hommes sur la même surface, et 2 à 3 kilos d'oiseaux seulement. À eux seuls, les vers représentent entre 60 et 80 % de la masse des animaux de nos écosystèmes. Les autres animaux, c'est négligeable. Voilà la base du fonctionnement d'un écosystème : les plantes, les micro-organismes et les vers de terre. Les plantes capturent l'énergie et la transforment. Les micro-organismes et les vers de terre décomposent. Mais parmi eux, qui fait le boulot physique ? Les vers de terre. On estime qu'en moyenne ils avalent 300 tonnes de terre par hectare, rejetées sous forme de fèces. Ils fournissent ainsi, grâce au brassage opéré – on peut comparer ce travail à celui des brasseurs de bière ! –, une quantité très importante des éléments nutritifs nécessaires aux plantes [1]. »

Ces admirables bestioles permettraient même de contrôler les crues, si dévastatrices dans certaines régions. Car les vers creusent jusqu'à 5 000 kilomètres de galeries sous chaque

1. *Terre sauvage*, septembre 2004.

hectare. Et ces galeries, en zone méditerranéenne, peuvent absorber 160 millilitres d'eau au mètre carré en une heure seulement. Autrement dit, à en croire Bouché, là où sont les vers, il n'y a pas d'inondation possible. Les désastres récurrents, autour de Montpellier par exemple, ou de Béziers, ou de Nîmes, pourraient ainsi avoir comme cause première le massacre des vers. « Dans la garrigue, poursuit Marcel Bouché, l'eau s'infiltre sans aucune difficulté, mais pas dans les vignes ou les zones céréalières, traitées aux pesticides, où les vers ont disparu. Les inondations dont on parle tant ne sont catastrophiques que là où l'on a détruit les vers de terre [1]. »

Voyez comme l'imparable logique est respectée. Nous avons commencé ce chapitre avec Lefeuvre et ses ennuis avec les autorités supérieures, celles qui tiennent le manche et n'entendent pas le confier à d'autres mains. Nous le finissons avec Bouché et ces mots terribles : « L'agronomie intensive a totalement ignoré le fonctionnement réel des champs. Elle a considéré les sols comme un support sur lequel on apporte des graines, des engrais, des labours pour préparer. Et s'est contentée de regarder les rendements sans tenir compte en aucune façon des coûts environnementaux et même financiers. Je regrette de le dire, mais il ne sert à rien de faire de la recherche, de démontrer le rôle des vers de terre, car on n'en tient pas compte. C'est un fait. Je suis un emmerdeur [2]. »

Emmerdeur, le professeur ; emmerdeur – ô combien –, le poète. Dans un retentissant *Hymne à la Terre* écrit le 12 août 1873 à Paris, notre grand, notre immense Hugo commence ainsi :

Elle est la terre, elle est la plaine, elle est le champ.
Elle est chère à tous ceux qui sèment en marchant ;
Elle offre un lit de mousse au pâtre ;

1. Entretien accordé à l'un des auteurs, paru dans *Terre sauvage* en septembre 2004.
2. *Ibid.*

Frileuse, elle se chauffe au Soleil éternel,
Rit, et fait cercle avec les planètes du ciel
Comme des sœurs autour de l'âtre.

Et il ajoute, quelques strophes plus bas :

Meurtrie, elle demande aux hommes : À quoi sert
Le ravage ? Quel fruit produira le désert ?
Pourquoi tuer la plaine verte ?
Elle ne trouve pas utiles les méchants,
Et pleure la beauté virginale des champs
Déshonorés en pure perte.

Que peut-on dire de mieux ?

Chapitre 2

Quand les caves se rebiffent (un peu)

Où l'on apprend non sans surprise que les résidus de pesticides n'arrêtent pas de se reproduire partout. – Où l'on se rend compte avec une grande inquiétude que les instruments pour les mesurer sont complètement foutraques. – Où l'on applaudit avec soulagement à l'apparition d'hommes nouveaux, les « lanceurs d'alerte ». – Où l'on siffle des hommes franchement anciens : certains parlementaires. Mais pas tous !

Mais si, mais si. Il y aura toujours des envieux, des jaloux, des aigris. Le triomphe des pesticides sur toutes les terres du globe devrait créer la joie, pourtant il faut compter avec les méchants. Qui sont les méchants dans notre monde de conte de fées ?

Eh bien, commençons par ces imbéciles règlements. Car il y en a, figurez-vous. Notez toutefois que les choses n'ont débuté qu'en 1976, du moins en ce qui concerne les résidus. Le temps politique a donc laissé pleine et entière liberté aux marchands pendant des décennies. Avant cette date, la bagarre contre les pesticides ne concernait que quelques personnalités très isolées, dont de vaillants ornithologues. Rendons à César ce qui lui appartient : les premières protestations nous sont venues du ciel. Car les oiseaux, singulièrement les rapaces, ont commencé à mourir des pesticides, notamment du DDT, dans les années 1950. Et que n'a-t-on pas dit contre ceux qui mettaient en cause le « progrès » au nom des petits oiseaux !

Passons : en 1976, donc, l'Europe accouche d'une directive – la 76/895 – qui fixe une limite aux résidus de pesticides dans les fruits et légumes. Et oblige aussi les États membres, la France comprise, à s'assurer par des contrôles que la loi est respectée. Un nouvel acronyme légèrement sinistre fait son apparition : LMR (limite maximale de résidus). Trois autres directives suivent, en 1986 et en 1990, qui complètent la première au sujet des céréales et des produits animaux. Un cadre est créé, qui doit imposer les mêmes LMR partout dans l'Union.

Au secours, on dépasse les LMR !

En 1996, grande première : on va y voir. L'Europe décide en effet, vingt ans après sa première directive sur le sujet, de contrôler la présence de résidus dans les aliments consommés. Surtout, ne pas se presser. En 1998, les premiers chiffres, récupérés deux ans plus tôt, sortent. Surtout, prendre son temps. Les journaux n'en parlent pour ainsi dire pas.

Puis chaque année le même rituel : des dizaines de milliers de mesures sont effectuées dans toute l'Union, et les résultats sont publiés deux ans plus tard. Silence en 1999, en 2000, mais pas en 2001. Oh, non ! Le quatrième rapport européen [1] sort dans la touffeur de l'été. Cette fois, le Mouvement pour les droits et le respect des générations futures (MDRGF) [2] attaque et le rend public, en ajoutant un communiqué vengeur. Il y a de quoi ! On retrouve en effet des pesticides

1. *Monitoring of Pesticide Residues in Products of Plant Origin in the European Union, Norway and Iceland*, SANCO/397/01-Final, juin 2001.

2. Association écologiste spécialisée dans la question des pollutions par les pesticides. http://www.mdrgf.org.

dans un gros tiers des échantillons en Europe. « La France, note l'association, se distingue dans cette enquête par des résultats particulièrement mauvais. En effet, ce sont près de 50 % des échantillons testés en France qui contiennent des résidus de pesticides et plus de 8 % présentent des résidus de pesticides à des teneurs supérieures aux limites maximales de résidus. De plus, en moyenne au niveau de l'UE, 14 % des échantillons fournis au niveau de cette enquête présentent des résidus de plusieurs pesticides. Dans l'évaluation française, ce sont 22,7 % des échantillons qui contiennent des résidus de plusieurs pesticides. Les principaux pesticides trouvés dans les échantillons français sont : le dithiocarbamate, l'ipriodione, le thiabendazole, le procymidone, l'imazalil, le vinclozolin, le phosalone, le chlorpropham, le benomyl, l'oxadixyl. »

Preuve est faite, rigoureusement indiscutable, que la France est en la matière la très mauvaise élève de l'Europe. Mais ce n'est pas tout, car l'enquête européenne a un deuxième volet. Trois semaines plus tard, nouveau communiqué du même MDRGF. C'est tout simplement fou : les experts européens ont mené une étude particulière sur vingt pesticides et quatre aliments (choux-fleurs, grains de blé, poivrons et melons). Et pour deux de ces pesticides, l'endosulfan et le methamidofos, tous les records sont battus. En ce qui concerne les populations les plus exposées, dont les jeunes enfants, qui ne pèsent pas du tout le même poids que les adultes, la dose de référence *pour la toxicité aiguë* a été dépassée dans de nombreux cas, surtout dans les poivrons. Commentaire couard du rapport européen : il existe « des raisons de craindre qu'il ait pu y avoir un danger pour la santé ».

Cette fois, le communiqué du MDRGF fait mal, et mouche. La presse écrite, la radio, la télé se tournent vers l'association écologiste. Et ce fin août, quand, pour cause de vacances, il n'y a rien à dire sur rien ! Les marchands de pesticides – en particulier l'UIPP (Union des industries de la protection des plantes), faux nez des multinationales – s'affolent un tantinet et réunissent ce qu'il faut bien appeler une cellule de crise. Leur « riposte » est colossale de finesse : ils demandent à rencontrer le MDRGF, à parler, à « communiquer ». Le 10 octobre 2001, François Veillerette, coauteur de ce livre et président du MDRGF, rencontre donc Jacques My et Jean-Pierre Guillou, respectivement secrétaire général et directeur général de l'UIPP. Ces deux derniers ne sollicitent que très peu de chose : dialoguer. Et pour preuve de leur excellente bonne foi, ils réclament de l'association une lecture critique, forcément critique, du deuxième rapport de l'UIPP consacré aux rudes relations entre santé et pesticides [1].

Charlot n'est pas à la noce

Le compte rendu de ce rapport est présenté le 23 octobre, à Paris, au Muséum d'histoire naturelle. Veillerette est là, comme promis, mais il cogne si fort sur ces bons messieurs, du haut de la tribune, que le pauvre Bernard Charlot, président en titre de l'UIPP, s'en va avant la fin de la diatribe, excédé par sa teneur. Comme il est difficile de s'entendre sur des mots aussi simples que « dialogue » et « communication » !

C'est que l'UIPP préfère tout simplement la publicité, qui permet de dire ce qu'on veut en payant, sans courir le risque pénible d'être contredit par des malfaisants. Jusqu'au début de 2005, de nouvelles et incessantes révélations ne font que confirmer la pollution massive des aliments par les pesticides. Pour ne pas trop vous lasser, rappelons seulement les parutions, fondées sur des analyses non contestées à ce jour, du magazine de consommateurs *Que choisir ?*.

En février 2003, le journal explique les dérives du système d'homologation et la situation dramatique de contamination de certains végétaux [2]. D'autres articles suivent, dont le dossier

1. Deuxième rapport *Environnement et Santé* de l'UIPP, 2001.

2. F. Maleysson, « Pesticides, le bouillon de 11 heures », *Que choisir ?*, 28 janvier 2003.

intitulé « Pesticides : en plein nuage [1] », paru en février 2005. On y découvre ce qui traîne dans les pommes et les salades, et ce n'est pas triste. En revanche, tous les échantillons bio se révèlent exempts de la moindre trace de pesticide.

C'en est trop ! En ce mois de février 2005, le tocsin industriel, qui grésillait depuis longtemps déjà, se met brusquement à carillonner. L'UIPP sort son fusil d'assaut : 600 000 euros de campagne de pub, généreusement distribués aux journaux prêts à n'importe quoi pour une page au prix fort. Le message est crédible comme tout : les pesticides permettent « la production d'aliments sains et de récoltes régulières, dans le respect de l'homme et de son environnement ». Évidemment [2].

Mais peut-on arrêter une avalanche avec des slogans ? Les chiffres sont parfois têtus, et ceux de l'Union européenne, année après année, mortellement insistants. Entre les enquêtes de 1999 et 2003, publiées respectivement en 2001 et 2005, le pourcentage d'aliments végétaux contenant des résidus de pesticides est passé de 36,3 à 43,5 %. Et celui des aliments dépassant les fameuses normes LMR a grimpé de 4,3 à 5,5 % ! Hé, messieurs de l'UIPP, n'est-ce pas là un curieux progrès à reculons ?

Pour la France, les chiffres restent stables, mais à quelle infernale hauteur ! 50 % des aliments sont contaminés et 7 % dépassent la limite légale. Plus grave peut-être, les échantillons qui contiennent plusieurs pesticides – de 2 à 8 – se multiplient. En Europe, de 2001 à 2005, on passe de 14 % des échantillons à 20,5 %. La France fait pire : en 2005, 23,7 % des aliments analysés contiennent plusieurs pesticides.

C'est le moment pour nous, et pour vous, de faire une pause décisive. Car les chiffres, tous les chiffres, tous les propos, toutes les envolées, même les plus belles, reposent

1. Id., « Pesticides : en plein nuage », *ibid.*, 22 février 2005.
2. Voir l'analyse critique de cette campagne de publicité de l'UIPP sur le site Internet : http://www.no-pesticide.com.

sur des calculs boiteux, incertains, discutables, sinon discutés. Au point de départ, des experts se sont mis d'accord sur une « dose sans effet » (DSE) pour chaque pesticide. C'est la limite au-dessous de laquelle aucun effet n'est constaté lors des tests. On y ajoute un autre chiffre, censé garantir une sécurité parfaite, la « dose journalière admissible » (DJA), qui est cent fois inférieure à la DSE. Et le débat est clos. De puissantes institutions internationales, comme l'OMS et la FAO, ont apporté et apportent leur prestigieuse caution à cette manière de jauger le danger.

Est-elle juste ? Il faudrait un autre livre pour évoquer le travail d'infiltration des lobbies industriels dans l'OMS, experts compris, et peut-être sera-t-il écrit. Ne prenons qu'un seul exemple, aussi saisissant qu'étrange, celui de la dioxine. Aux États-Unis, l'agence fédérale chargée de la protection de l'environnement, l'EPA, a pris les choses très au sérieux depuis une vingtaine d'années. Souvenir du Vietnam et des effets du désastreux « agent orange », qui contenait justement de la dioxine ? Peut-être. En tout cas, l'EPA a fixé une norme presque incroyable pour un Français, qui concerne la dose journalière admissible de dioxine qu'un humain peut supporter. Quelle est-elle ? 0,0064 picogramme par kilo et par jour. Et qu'est-ce qu'un picogramme ? Un millième de milliardième de gramme. Rien, ou si peu : la mesure de l'EPA signifie en fait que chaque molécule de dioxine est une menace pour la vie.

L'OMS aurait besoin de lunettes

L'OMS, quant à elle, qui a tant de problèmes épineux – diplomatiques, politiques, commerciaux – à régler en son sein, a fixé une tout autre limite. Jusqu'en 1997, elle était de 10 picogrammes par kilo et par jour, soit… mille cinq cents fois plus. Qui dit mieux ? Depuis, la norme flotte entre 1 et 4 picogrammes, soit cent cinquante à six cents fois plus que chez les Américains, pourtant protégés par Coca et McDo réunis.

Ce petit détour terminé, reposons notre question : la DSE et la DJA sont-elles ou non de bons indicateurs des effets possibles des résidus de pesticides sur notre alimentation de chaque jour ? C'est bien malheureux, mais la réponse est non.

Des scientifiques, encore très minoritaires mais dont la voix porte de plus en plus loin, remettent en cause la notion même de DJA. À l'heure où les autorités du nucléaire acceptent enfin de considérer les effets délétères des faibles doses de radiation, jadis niées, le fait mérite attention.

Par précaution, précisons que dans les lignes qui suivent nous n'affirmerons rien d'autre que notre grande ignorance, et notre désir tout aussi puissant de véritables discussions publiques sur le sujet. Nous sommes d'accord ? Alors allons-y. Les mécanismes de la carcinogenèse, c'est-à-dire ce qui conduit à l'apparition d'une première cellule cancéreuse, puis à sa prolifération, ont été examinés dès le début du siècle passé, notamment par les chercheurs japonais Yamigawa et Ichikawa. Inutile de dire que ce travail a connu de nombreux bouleversements. Surtout depuis les très récents développements de la biologie moléculaire.

Or plusieurs découvertes et travaux, rapportés par le cancérologue belge Éric Pluygers[1] et bien d'autres, montrent que certains toxiques, dont les pesticides, agissent à des concentrations bien en dessous des seuils de détection. C'est proprement révolutionnaire. Comme l'écrit Pluygers dans une note établie à la demande d'un député belge, « ces notions sont d'une importance capitale, car l'absence de seuil signifie qu'une substance est biologiquement active dès sa concentration la plus faible, c'est-à-dire une seule molécule. Dans ces conditions, aucune concentration d'exposition n'est admissible. »

Amis lecteurs, relisez ces mots avec nous et convenez que cela change tout. Tout ! Car dans un millionième de gramme

1. Lire *Pesticides et Cancer. Estimation de la fréquence réelle des cancers induits*, European Environmental Bureau, 1997.

d'une quelconque saloperie, il restera toujours au moins quelques dizaines de molécules potentiellement actives et dévastatrices pour nos gènes et notre ADN. Du reste, Pluygers se charge lui-même, dans ses nombreux colloques et interventions, de tailler en pièces la clé de voûte du système de « contrôle » des pesticides, c'est-à-dire cette si fameuse dose journalière admissible. Dans une conférence tenue le 5 décembre 1998, il précise même : « On est donc bien obligé d'admettre que la notion de DJA n'est pas applicable à toute une série de substances cancérigènes, car elle ne tient pas compte des mécanismes de la carcinogenèse. » Et il ajoute, citant cette fois l'auteur d'une étude, le professeur De Jonckheere de l'université de Gand[1] : « Les valeurs de DJA ne sont pas des données exactes, mais des estimations basées sur les données toxicologiques expérimentales d'un pesticide. Cette approche ne prend pas en compte la possibilité d'effets synergiques lorsque l'exposition se fait simultanément à deux ou davantage de pesticides. »

Les cocktails ne sont plus contrôlables

Est-il besoin de le préciser ? Ce dernier point est crucial. La DJA est en effet établie pour chaque pesticide, alors que nous sommes tous exposés à des cocktails de nombreuses substances. Lesquelles se mélangent, interagissent bien sûr, sans que personne soit capable de nous dire comment. Cette connaissance essentielle est tout simplement hors de portée. Aucun scientifique, quel que soit son brio, n'est aujourd'hui en mesure de nous dire ce que produisent ensemble dans un tissu vivant telle et telle molécules. Bouteille à l'encre, silence de mort, tabou suprême : surtout ne pas parler de cette DJA qui ne protège rien ni personne. Vous souvenez-vous du conte d'Andersen *Les Habits neufs de l'empereur* ? Trompé par ses

1. *In* F. Veillerette, *Pesticides, le piège se referme*, Terre vivante, 2002, annexe VII, p. 137.

courtisans, le souverain sort dans les rues totalement dévêtu. Et seul un gamin ose crier : « Le roi est nu ! » Eh bien, nous y voilà, le roi est nu, il n'y a rien d'autre à écrire.

Si, tout de même. Car, en plus de tout, les choses se dégradent, malgré les promesses et les discours. Selon certaines données, 47 % des fruits et légumes seraient contaminés dans l'Union européenne, en hausse de 3 % par rapport aux derniers chiffres connus, qui portent sur l'année 2003 [1]. Les labos ont retrouvé au total 197 pesticides différents dans les 60 000 échantillons analysés. À nouveau, c'est le MDRGF qui a rendu publics ces chiffres en mai 2006, s'attirant, comme il se doit, les foudres de l'UIPP.

Mais la presse française, et même internationale, a relayé les inquiétudes de l'association. Laquelle a décidé dans la foulée de lancer une campagne d'information sur les résidus de pesticides dans l'alimentation, en collaboration avec le réseau France Nature Environnement [2]. Dénonçant au passage cette contamination généralisée, qui est « la plus grande cause de l'entrée dans nos organismes d'un véritable cocktail de dizaines de molécules de pesticides dont on sait que beaucoup sont des cancérigènes suspectés, des perturbateurs endocriniens, des neurotoxiques ». Prêchi-prêcha dans le désert ? Non pas : une enquête de l'Autorité européenne de sécurité alimentaire (EFSA en anglais) assure que pas moins de 76 % des Français sont inquiets de la présence de pesticides dans leur alimentation [3].

---

1. *Monitoring of Pesticide Residues in Products of Plant Origin in the European Union, Norway, Iceland and Liechtenstein*, données 2004, octobre 2006.
2. Voir le site Internet : http://www.pesticides-non-merci.com.
3. *Risk Issues Executive Summary on Food Safety Fieldwork*, septembre-octobre 2005, publié en février 2006. Sondage réalisé à la demande de la Direction générale de la santé et de la protection des consommateurs et de l'EFSA, consultable sur Internet : http://www.mdrgf.org/-ujpp/Pdf/comm_summary_eurobarometer_en1.pdf.

L'autre guerre perdue par Nixon

Malgré l'extraordinaire acuité de ce que personne n'ose appeler une impasse alimentaire, force est de constater que les scientifiques ont longtemps été silencieux. La chose est d'autant plus surprenante qu'à l'évidence la santé publique en France connaît une nette dégradation. Résumons en quelques phrases. D'un côté, un déferlement ininterrompu de molécules chimiques jusque dans nos assiettes, dont un grand nombre est cancérigène ou dangereux à des degrés divers. De l'autre, l'explosion du nombre de cancers, qu'aucun officiel ne sait réellement expliquer. Les chiffres sont très lourds : 278 000 cancers sont diagnostiqués chaque année en France ; ils ont augmenté de 63 % de 1978 à 2000 [1]. Au total, un homme sur trois et une femme sur quatre meurent de cette maladie.

Contre les faits, la parole publique finit tôt ou tard par être vaine. En 1971, le président américain Richard Nixon avait lancé une « guerre totale » contre le cancer, utilisant des accents dignes des pionniers eux-mêmes : « Le moment est venu de faire les mêmes efforts que ceux qui nous ont permis de domestiquer l'atome et d'envoyer l'homme sur la Lune. » Le but explicite était d'« éradiquer » le cancer en seulement vingt ans. N'était le sujet, on rirait.

L'Europe, quant à elle, a lancé un premier plan en 1985 et Jacques Chirac le sien en mars 2003. Pour l'occasion, on ne se gaussera pas de notre président, dont tout indique qu'il veut des résultats tangibles. Mais les obtiendra-t-il ? Nous ne le croyons pas, hélas.

Jusqu'à l'orée des années 2000, le combat contre le cancer disposait d'un cadre rassurant, d'une sorte de paradigme intouchable défini par deux épidémiologistes réputés. Le premier s'appelle, s'il vous plaît, Sir Richard Doll, et il est britannique. Le second, américain, se nomme Richard Peto.

---

1. Cf. G. Barbier et A. Farrachi, *La Société cancérigène*, La Martinière, 2004.

Les deux hommes ont établi une évaluation qui continue d'être citée à tout bout de champ [1]. Selon eux, 30 % des cancers environ seraient dus au tabac, et à peu près 30 % à une alimentation défectueuse. Les autres causes seraient à trouver dans la génétique, les facteurs géophysiques ou bien encore les « caractéristiques de la vie reproductive ». L'environnement et la pollution des milieux de vie ne seraient responsables que de 1 à 3 % de l'incidence des cancers. Pourquoi pas ? Mais parce que, tout simplement. Les chiffres de Peto et Doll ne sont pas faux *a priori*, mais ils reposent, pour l'essentiel, sur des travaux menés au début des années 1980, eux-mêmes fondés sur des données épidémiologiques américaines plus anciennes.

Des chiffres officiels montrent que les fumeurs réguliers sont passés, chez les hommes, de 72 à 32 % entre 1953 et 2001. Or les cancers du poumon n'ont cessé d'augmenter entre 1982 et 2000. N'est-ce pas quelque peu étrange ? Et comment expliquer que les cancers qui augmentent le plus [2] ne soient pas associés à l'exposition à la fumée de tabac ? Pourquoi y aurait-il dix fois moins de risques de développer un cancer du poumon à Épinal ou Aurillac qu'à Toulouse ou Strasbourg ? Fumerait-on dix fois moins ici que là ? Et, surtout, quelle raison pousse les auteurs de ces travaux à perpétuellement incriminer le comportement individuel des victimes du cancer ?

Ils boivent, ils fument, ils mangent très mal : ils seront donc atteints. Ou bien, par malheur, ils sont vieux ou dotés d'un mauvais bagage génétique. Il n'y a donc rien à faire, aucun commentaire social, politique ou écologique à apporter. Et, bien entendu, aucune mesure publique d'urgence à prendre. Une chose est certaine : l'utilisation constante des extrapo-

1. R. Doll et R. Peto, « The cause of cancer. Quantitative estimates of avoidable risks of cancer in the United States today », *J. Natl. Cancer. Inst.*, 66, 1981, p. 1191-1308.

2. Mélanomes, cancers de la thyroïde et du cerveau, lymphomes…

lations discutables de Doll et Peto sert depuis des décennies à clouer le bec à ceux qui veulent comprendre.

Ceci expliquerait-il un peu cela ? Au moment où nous finissions ce livre, fin décembre 2006, un fracassant article du quotidien anglais *The Guardian* déboulonnait d'un coup la noble statue de Richard Doll, mort en 2005. Noble au sens propre : Doll, après une carrière remarquable, avait en effet été anobli en 1971. Selon *The Guardian*, Doll avait été largement financé pendant vingt ans, secrètement, par l'industrie chimique, en particulier Monsanto ! Question parmi tant d'autres : ce lien caché, et pesant, a-t-il influencé les travaux de Doll ? Le « grand » scientifique était-il encore indépendant lorsqu'il estimait devant une commission officielle australienne qu'aucun lien ne pouvait être établi entre le cancer et l'« agent orange », ce poison déversé par les Américains sur les forêts et villages du Vietnam ? Ce fameux, ce terrible « agent orange », fabriqué notamment par… Monsanto.

Rejoignons nos sceptiques professionnels. Par chance – enfin ! –, ils sont peu à peu rejoints par des médecins et scientifiques courageux, parfois même intrépides quand on songe au poids si lourd des hiérarchies professionnelles dans ces domaines. Citons, parmi tout de même bien d'autres – et pardon aux autres –, Henri Pézerat, ancien toxicologue, qui aura tant fait contre l'amiante ; Michel Bounias, bien moins connu, mais qui a alerté très tôt [1] sur les dangers des pesticides ; Dominique Belpomme, enfin.

Belpomme, un cas à part

Belpomme est un cas. Né en 1943, il est en effet une sommité de la cancérologie. Professeur des universités et praticien à l'hôpital européen Georges-Pompidou, membre de quantité de sociétés scientifiques en France et aux États-Unis,

1. M. Bounias, *Guide des toxicitudes*, Robert Laffont, 1992.

auteur de nombreuses publications scientifiques et de traités de cancérologie, il est connu, très connu dans le monde entier pour la qualité de ses recherches. Disons-le tout de suite, l'interminable liste de ses distinctions ne signifie à nos yeux qu'une chose : il fait partie du petit sérail des grands spécialistes d'une question essentielle, le cancer.

Et voici qu'en 2001 Belpomme crie. D'abord en son for intérieur. Il fait le bilan de vingt-cinq ans de travail acharné, estime que les résultats ne sont pas au rendez-vous et se met à lire. D'autres choses, d'autres sources que celles qu'il connaît par cœur. Et, en 2003, il se lance dans l'arène, en s'attaquant bille en tête au dogme de MM. Peto et Doll.

Pour Belpomme, il n'y a plus de doute : la dégradation de l'environnement joue un rôle clé dans l'explosion du nombre de cancers. Peu à peu, il se convainc que le cancer est en fait, largement, une « maladie de l'environnement » qui ne saurait être vaincue sans qu'on « soigne » l'environnement lui-même. Sans nier, évidemment, la nécessité de soigner les malades, sans sous-estimer non plus l'importance de l'alcool et du tabac. Il se rapproche non seulement d'autres scientifiques et soignants qui se posent les mêmes questions que lui, mais aussi d'acteurs engagés de la société civile. Des écologistes, pour ne rien vous cacher, dont le MDRGF.

Une idée commence à germer dans l'esprit de Belpomme : il faut frapper un grand coup public. Il faut créer un événement. Ce sera l'« Appel de Paris [1] », lancé au cours d'un colloque international qui se tiendra à l'UNESCO en mai 2004. Affiche prestigieuse : Lucien Israël, Luc Montagnier, Marcel Goldberg, André Cicolella, Richard Clapp, Jean-François Narbonne, André Picot, Samuel Epstein sont là, de même que des écologistes comme Nicolas Hulot ou Corinne Lepage.

Les premiers sont cancérologues ou chimistes, épidémiologistes de renom ou toxicologues : un joli coup de tonnerre,

1. Disponible sur le site Internet de l'ARTAC : http://www.artac.info/.

vraiment, qui vaudra à Belpomme bien des inimitiés, dont celle du très puissant patron – jusqu'en 2006 – de l'Institut national du cancer, David Khayat. L'Appel de Paris est en effet une mise en garde solennelle, à vocation universelle, contre la contamination chimique de la planète. Le texte restera certainement dans l'Histoire, n'en doutons pas, mais nous ne pouvons vous livrer qu'un pauvre extrait. Le voici : « Constatant que l'Homme est exposé aujourd'hui à une pollution chimique diffuse occasionnée par de multiples substances ou produits chimiques ; que cette pollution a des effets sur la santé de l'Homme ; que ces effets sont très souvent la conséquence d'une régulation insuffisante de la mise sur le marché des produits chimiques et d'une gestion insuffisamment maîtrisée des activités économiques de production, consommation et élimination de ces produits… » Les personnalités présentes appellent en conclusion à une véritable révolution des comportements et actions publics. L'industrie est directement visée, et tous les lobbies, et tous les complices. Cela fait du monde.

Belpomme s'en fiche et monte en première ligne. Car il est aussi – son côté « officiel » – membre de la commission du Plan cancer de Jacques Chirac, ainsi qu'expert cancérologue auprès de la Commission européenne. Il participe à des émissions de télévision et de radio, donne des interviews aux plus grands journaux français, écrit un livre-réquisitoire, *Ces maladies créées par l'homme*, chez Albin Michel. Dans ce dernier, Belpomme dénonce ouvertement ce qu'il appelle le « scandale des pesticides ». Il récidive en publiant *Guérir du cancer ou s'en protéger* (Fayard, 2005), où son argumentaire est d'ailleurs plus solide encore.

D'autres le suivront, parfois le précéderont. Citons le docteur Geneviève Barbier, qui publie peu après, avec Armand Farrachi, *La Société cancérigène*, aux éditions La Martinière. Barbier, qui dispose d'un savoir précieux, de terrain, met en avant le cruel manque de formation des professions médicales, pratiquement incapables, dans l'immense majorité des cas, de rapprocher une maladie d'une exposition à des produits aussi insidieux que les pesticides. « Lors de notre enquête autour du cancer, note-t-elle aujourd'hui devant nous, nous avons constaté l'immense disproportion entre la recherche tournée vers des débouchés industriels (nouvelles molécules, recherche génétique) et la recherche en prévention (qui ne rapporte rien, voire remet en question la production, la réglementation ou l'absence de substitution pour certaines substances chimiques dangereuses). Les scientifiques qui travaillent sur la prévention sont non seulement peu nombreux, mais en difficulté pour garder leurs postes, maintenir leur unité lors de leur départ à la retraite ou trouver des financements. Or eux seuls produisent l'information scientifique dont nous avons tant besoin. Regardez par exemple l'organigramme du CIRC, le Centre international de recherche sur le cancer, un organisme de l'OMS basé à Lyon. Il n'y a tout simplement plus d'unité de recherche sur la prévention des cancers. La dernière, qui existait encore en 2003, est désormais rebaptisée "Tabac". » Pour cette généraliste comme il nous en faudrait tant, nous sommes victimes d'un « silence toxique », alors que l'on sait pourtant que « les utilisateurs de pesticides sont plus fréquemment atteints par de nombreuses formes de cancers spécifiques comme les leucémies, les lymphomes, les myélomes, etc. ».

Le grand toxicologue Jean-François Narbonne, dont nous reparlerons plus longuement, joue de son côté un rôle central dans la mise en question des vérités officielles sur les pesticides. C'est d'autant plus embêtant que, depuis 1989, l'homme affiche plus de 190 publications (articles de revues et ouvrages) et plus de 200 communications à des congrès en toxicologie alimentaire et de l'environnement. En somme, sa légitimité ne fait aucun doute. Or, dans un livre écrit avec Noël Mamère [1], il pourfend « la grande dérive de

1. N. Mamère et J.-F. Narbonne, *Toxiques Affaires*, Ramsay, 2001.

l'agroalimentaire [qui considère] l'aliment comme un produit industriel. Or il n'en est pas un, il est un produit de santé». Sans grande surprise, il ajoute : «Si les risques liés à l'utilisation des pesticides sont si largement sous-estimés, c'est que les lobbies sont ici extrêmement puissants.»

André Cicolella est, quant à lui, chimiste et chercheur à l'Institut national de l'environnement industriel et des risques (INERIS). Son histoire a déjà été racontée maintes fois, mais il faut y revenir. En effet, le 1er avril 1994 – eh oui –, il est licencié par un autre employeur pourtant parapublic, l'Institut national de recherche et de sécurité (INRS). Sans préavis ni indemnité, car Cicolella a commis une faute terrible : il a alerté, études à l'appui, sur les risques abominables des éthers de glycol, utilisés dans l'industrie mais également dans la cosmétologie pour des produits aussi ordinaires que pommades et shampoings. Ces éthers s'attaquent au sang, au sperme, à l'embryon, et peuvent provoquer la naissance de «monstres». Oui, des «monstres» : ce que l'on appelle un «effet tératogène».

Donc, pas de médaille pour Cicolella, mais la porte, au moment même où il fignolait les derniers détails d'un colloque scientifique international sur la question. Il faudra six années de procédure pour que la chambre sociale de la Cour de cassation juge abusif son «vidage» en bonne et due forme. Dans son dernier livre[1], Cicolella réclame un statut officiel de protection pour les «lanceurs d'alerte». Autrement dit, les cinglés qui n'acceptent pas de courber l'échine quand on le leur demande. Qui pensent, contre toute évidence, que la vérité doit être cherchée et, si possible, trouvée. Qui jugent l'économie, l'industrie, le profit seconds, loin derrière la santé des corps et des esprits.

1. A. Cicolella et D. Benoit Browaeys, *Alertes santé. Experts et citoyens face aux intérêts privés*, Fayard, 2005.

Séralini et la révolution pasteurienne

Terminons provisoirement avec Gilles-Éric Séralini, prestigieux professeur de biologie moléculaire à l'université de Caen. Son savoir, qui est grand, ne vaut pas davantage que pour Narbonne ou Belpomme prosternation. Mais on aurait grand intérêt à l'écouter quand il souhaite l'émergence d'une nouvelle « révolution pasteurienne ». Dans un entretien au magazine *Terre sauvage* durant l'été 2005, il commence par exalter la grande figure de Pasteur : « Grâce à lui, nous avons réussi à la fin du XIXe siècle une grande révolution de l'hygiène microbienne. Mais Pasteur est à la médecine et à la biologie moderne ce qu'Einstein fut à la physique. Ce dernier a inventé le concept de la relativité restreinte, et ses successeurs ont forgé l'idée de relativité générale, puis ouvert le champ de la physique quantique. De la même façon, on doit sortir de la médecine "restreinte", virologique et microbiologique, pour aller vers une médecine chimique qui viserait la détoxification du corps. Nous devons comprendre les effets combinés et à long terme des polluants dans l'organisme. Lesquels sont probablement à l'origine de 80 % des maladies qui mineront la santé humaine au cours du XXIe siècle, notamment des cancers et des maladies hormonales. »

Intéressant, n'est-ce pas ? La suite est terrible : nos corps sont devenus des « éponges à polluants. On trouve dans les gènes de fœtus humains, comme j'ai participé à l'établir, plus de 400 polluants : hydrocarbures, dioxines, pesticides, résidus de plastique, de colles, d'encres d'imprimerie. Ces produits, qui sont souvent conçus pour ne pas être solubles dans l'eau, s'amassent et se concentrent dans nos graisses ». Serait-ce sans espoir ? Heureusement non, car « 480 familles de gènes servent par exemple à détoxifier nos organes. Je travaille sur l'une de ces familles, le gène de l'aromatase. Des enzymes existent dans toutes les cellules, qui les aident à respirer, et qui peuvent les aider à éliminer ce qui ne leur convient pas.

La vie a déjà imaginé tout cela. Mais le problème est que l'on sature nos organes plus vite qu'on ne les détoxifie».

Or donc, espoir. Si. Il vous faudra méditer l'incroyable aventure advenue à Séralini. Le 24 février 2005, il signe avec son équipe un article consacré au Round-Up et à sa matière active, le glyphosate, dans la revue américaine *Environmental Health Perspectives* [1]. Le Round-Up est l'un des pesticides phares de la multinationale Monsanto. L'étude de Séralini démontre que, même à de faibles concentrations, le glyphosate a des effets toxiques sur des cellules humaines et qu'il agirait comme un perturbateur endocrinien. Le produit commercial, le Round-Up, serait plus perturbateur encore à cause de ses divers adjuvants.

Jusque-là tout est normal, tout est en place. Les lobbies attaquent et mordent, comme à leur habitude. Le problème est qu'ils sont aussitôt relayés en cette occurrence par des élus de haut rang. Ainsi le député (UMP) du Finistère Christian Ménard – ci-devant médecin – commet-il un rapport en tant que membre de la mission d'information sur les enjeux des essais et de l'utilisation des OGM [2]. Non seulement il conteste les conclusions de l'article de Séralini sur le Round-Up, mais il ajoute, pour faire bonne mesure, que le concept même de perturbateur endocrinien est «particulièrement flou». Le 16 mars 2005, il remet le couvert, comme on dit vulgairement, dans une lettre au président de l'Assemblée nationale, cosignée par le député socialiste Jean-Yves Le Déaut. Quelques jours avant le début des auditions devant la commission, les deux parlementaires mettent sans hésiter en cause la crédibilité de Séralini, estimant par exemple qu'il serait «peu propice au débat contradictoire».

1. G.-É. Séralini *et al.*, «Differential effects of glyphosate and Round-Up on human placental cells and aromatase», *Environmental Health Perspectives*, vol. 113, 6, 2005.

2. Rapport consultable sur Internet : http://www.assemblee-nationale.fr/12/rap-info/i2254-t1.asp.

Grosdidier dans le rôle du preux député

Enfin terminées, les auditions sont comme de juste suivies d'un rapport, supposé impartial puisqu'il émane de la représentation nationale. Abritons-nous derrière un autre député, François Grosdidier, UMP comme Ménard, pour conclure. Voici son commentaire, qui sera aussi le nôtre : « Le présent rapport ne me paraît pas relater fidèlement l'esprit qui a présidé aux travaux de la mission, particulièrement lors des réunions de synthèse. » Attendez la suite : « D'éminents scientifiques réservés sur les OGM n'ont pas été entendus du tout ou l'ont été dans des conditions trop tardives ou peu convenables. L'audition du professeur Jean-Marie Pelt a été refusée. Celle du professeur Gouyon est intervenue au milieu du programme, celle du professeur Séralini à la fin, alors que les membres de la mission avaient eu le temps de se construire et de consolider des convictions sur les sujets fondamentaux dont traitaient ces deux chercheurs. Leurs interventions venaient à contretemps de la démarche intellectuelle majoritaire de la commission. »

Est-ce bien tout? Pas encore. Grosdidier insiste pesamment : « Lorsque le professeur Séralini évoque la perturbation endocrinienne sur des cellules placentaires humaines entraînant des anomalies du mécanisme de reproduction chez les femmes manipulant du glyphosate, son affirmation est, dans le rapport, immédiatement démentie par des scientifiques de l'INRA et de l'INSERM. Mais la réplique du professeur Séralini est occultée. L'audition était plus éloquente encore. Le président de la mission utilisa un ton inquisitorial, coupant son interlocuteur sans lui laisser le temps de répondre aux questions qu'il avait lui-même posées, et l'interrogeant sur les conditions de la communication de son travail à la grande presse *(Le Monde)* et jugeant une telle vulgarisation inopportune !!! » Inutile de préciser que les trois points d'exclamation sont de Grosdidier.

Et Séralini dans la tempête ? Au milieu de son audition, il reçoit des commentaires acerbes sur son travail consacré au Round-Up. De qui ? Du professeur Marc Fellous, président de la très officielle Commission du génie biomoléculaire, que Séralini a souvent et durement critiquée. Voici la réponse de Séralini, qu'il vous faut lire et déguster entre les lignes. Elle s'adresse au moins autant au professeur Fellous qu'à MM. Le Déaut et Ménard, qui ont dirigé la mission d'information :

« Des commentaires signés "M. Fellous et coll." m'ont été transmis en séance le 23 mars dernier, sur mon travail sur la toxicité du Round-Up, qui vient d'être publié dans une revue internationale à comité de lecture de bon niveau, *Environmental Health Perspectives*. M. Fellous est président de la CGB, dont je critique les méthodes dans ce dossier – le choix des rapporteurs sur ce point ne pouvait donc être plus partial. De plus, le premier auteur de ce rapport n'est ni un endocrinologue ni un toxicologue, et ses critiques ne peuvent en aucun cas valoir ni celles du comité éditorial international de la revue, ni les rapporteurs de celle-ci qui ont accepté la publication. Je ne comprends donc que peu cette manœuvre d'un genre nouveau que vous stimulez. La science ne peut être réductible à ces pratiques. Par ailleurs, ces commentaires auxquels je n'ai pu réagir en séance sont truffés d'erreurs ou d'incompréhensions, comme on pouvait s'y attendre. »

Et de détailler une liste très longue d'impressionnantes « incompréhensions », en effet. On se comprend ?

Chapitre 3

L'affaire du Gaucho : la vérité est ailleurs

Où l'on se penche sur le sort de malheureuses victimes, abattues par milliards sans que nulle police intervienne. – Où l'on voit combien il est facile de tuer des abeilles et de se remplir des poches sans fond. – Où l'on déplore à de nombreuses reprises la proximité entre services de l'État et grands intérêts économiques. – Où l'on dénonce une quantité extravagante de malandrins.

Mettez-vous dans l'ambiance *X Files*. Oui, cette série de science-fiction où d'incroyables phénomènes se produisent à chaque seconde ou presque – où tout devient possible. Un leitmotiv court au long des épisodes : « La vérité est ailleurs ». Comme c'est exact ! Et si par extraordinaire vous ne connaissez pas ce feuilleton, laissez-vous porter par le récit qui suit. L'histoire du Gaucho et de son cousin le Régent est folle et palpitante. Insupportable. Surtout pour les abeilles, il faut bien le dire [1].

Car, un beau jour affreux, elles se mettent à mourir. Massivement. Chez Christiane Massicot [2], dans le Cher, le drame

1. L'histoire du Gaucho et des abeilles est excellemment exposée dans le film *Témoin gênant* d'Yves Elie et Renée Garaud, VB Films (Montpellier). Voir sur Internet : http://perso.orange.fr/vbfilms/index.html.

2. Lire le livre d'Estelle Cintas sur Christiane Massicot, à paraître aux éditions Ellébore.

commence à la fin du mois de juillet 1992. Alors qu'elle fait la tournée de ses ruches, elle constate avec stupeur qu'elles n'ont pas donné un gramme de miel. Ayant appris l'apparition d'un nouvel insecticide, massivement utilisé sur les cultures de tournesol qui marquent le paysage local, elle court se renseigner auprès d'un service technique qui aurait dû lui signaler cette nouveauté. « Ne vous inquiétez pas, lui répond-on. Le Gaucho ne traite que la graine, pas la fleur. On ne vous a pas prévenue parce que son arrivée ne vous concerne pas. Il est sans danger pour les abeilles. »

L'un des premiers à sonner le tocsin, et qui sera pour cela traîné devant les tribunaux, est un apiculteur de l'Indre, Maurice Mary. Dès 1994, 40 % de ses abeilles meurent en seulement quelques jours. Il perdra dans la sombre aventure la totalité de son cheptel. Que se passe-t-il ? Chut, le grand mystère commence. Mais, d'abord, un bref rappel.

Des milliards de victimes

En 1991, les chimistes de l'entreprise Bayer gagnent le gros lot. Jusque-là, les abeilles qui butinent sur des champs traités aux pesticides ramènent à la ruche, avec le nectar ou le pollen, des molécules de carbaryl, de diazinon, de malathion ou de fenthion. C'est ancien, c'est vieux. Bayer a trouvé mieux : l'imidaclopride. Cette molécule miraculeuse vise de grands ennemis de la betterave, du tournesol ou encore du maïs : les insectes piqueurs-suceurs. Appliquée sur la semence, elle protège les abords de la graine, puis la plantule, avant de pénétrer par la sève dans la totalité de la plante. Cet insecticide dit « systémique », dans lequel Bayer aura investi au moins 150 millions d'euros, est prêt pour un triomphe économique.

Et voici qu'un apiculteur septuagénaire, Maurice Mary, se met à avoir des soupçons. Mieux : il les clame sur la place publique. L'imidaclopride, vendu sous le nom de Gaucho, pourrait être responsable du désastre. Le lien entre ce nouvel insecticide, généreusement déversé, et la disparition de ses abeilles est pour lui évident. Il le voit, il l'a vu ! Et d'autres avec lui, par dizaines, qui constatent le même phénomène. Là où le Gaucho passe, l'abeille trépasse. Pendant des années, de 1994 à 1997, la révolte gronde dans les campagnes, mais sans relais médiatique. Les ruchers disparaissent par milliers, les abeilles par millions, par milliards. Par milliards, oui.

Le constat sur le terrain est terrifiant. On glisse, on dérape sur des tapis d'abeilles mortes. Les survivantes paraissent sonnées, hagardes. Au lieu de repartir à la ruche le jabot plein de pollen, beaucoup restent sur la fleur, comme engluées, incapables de s'extirper. À l'entrée des ruches, le spectacle est sidérant : les abeilles, tremblant de toutes leurs pattes, inaugurent de nouvelles danses macabres. Incapables d'entrer ou de sortir, elles restent sur le seuil, prostrées, s'entassant avant de mourir dans des convulsions. Pour les apiculteurs, qui entretiennent avec ces insectes sociaux une relation profonde, faite d'attention, d'un sentiment de responsabilité, parfois d'affection, le choc psychologique est colossal.

Heureusement, tout va bien, comme on va le voir, grâce aux efforts de l'entreprise Bayer. Le taux de mortalité naturelle des abeilles, d'habitude voisin de 3 à 5 %, oscille désormais entre 30 et 50 %. La production de miel s'effondre, les importations doublent, des milliers d'apiculteurs arrêtent leur activité. Mais tout va bien. Cela se passe en France, grande nation démocratique comme chacun sait. D'un côté, une profession, une tradition millénaire, des insectes essentiels à la pollinisation, donc à l'homme ; de l'autre, une transnationale de la chimie. Qui va gagner ? L'économie, les investissements, le profit ? Ou plutôt les butineuses, leurs maîtres en combinaison et voilette de dame, la santé, la morale ?

Aucun suspense, en vérité. L'affaire va révéler ce qu'il faut bien appeler de stupéfiantes accointances de l'administration française avec un gigantesque pollueur. Il est impossible ici de rapporter l'ensemble d'un tel dossier. Concentrons-nous sur l'essentiel. De 1995 à 1997, Bayer allume ses premiers contre-feux, des études de plein champ qui démontrent que le Gaucho n'a rien à voir avec la mort des abeilles. Mieux : la firme invite les apiculteurs à venir constater l'expérience sur le terrain. Ils viennent. On les invite à déjeuner, copieusement. Mais ces ingrats ont le sentiment, dira l'apiculteur Francis Chauvancy, d'« avoir été trimbalés ».

Pardi ! Les apiculteurs découvrent que les abeilles témoins, censées butiner des champs sans insecticide, ont en fait déjà transité par des surfaces traitées au Gaucho. Comme elles ne butinent guère, Bayer triomphe : c'est la preuve que, même sur des champs « sans Gaucho », le problème demeure. Et que la cause est donc ailleurs. Résumé de la situation en cette année 1997 par le même Chauvancy : « C'était le début d'une longue aventure. »

En effet, le tout début [1]. L'important étant de gagner du temps – le temps nécessaire à la bonne commercialisation de cet excellent produit –, on assiste dès lors à une débauche d'études éminemment scientifiques. Lesquelles noient le poisson et estourbissent encore un peu plus les abeilles. Et pendant ce temps, les affaires continuent : en 1998, dans les zones de grande culture, 56 % des surfaces de tournesol sont traitées au Gaucho.

L'hécatombe est devenue si monstrueuse qu'en janvier 1999 le ministre de l'Agriculture en titre, le socialiste Jean Glavany, suspend l'usage du Gaucho sur le seul tournesol. Cris d'orfraie de Bayer et requête devant le Conseil d'État. Et la valse continue, conduite de main de maître. Gérard Eyries, directeur marketing de Bayer-Agro France, déclare avec un sens de l'humour singulier : « Plus vite nous convaincrons le

1. Retrouvez le dossier abeilles/Gaucho et Régent en détail sur le site d'Api-services, pages « Dossiers » sur Internet : http://www.beekeeping.com/_menus_fr/index.htm?menu.htm&0.

ministère de l'innocuité de notre produit sur les abeilles, plus vite nous pourrons remettre notre produit sur le marché. »

Un peu plus tard, Bayer publie une brochure extraordinaire qui s'intitule *À propos de la santé des abeilles*. On peut voir sur la couverture deux abeilles en ombres chinoises sur fond de coucher de soleil. Le propos est un rien énorme, qui tente de démontrer, avec force larmes de crocodile, que les abeilles sont très malheureuses, victimes d'une infinité de maladies et de virus. Heureusement qu'on a le Gaucho, heureusement ! Extrait du dernier paragraphe : « Il est évident que si la société Bayer n'était pas convaincue de l'innocuité du Gaucho, elle aurait déjà pris les mesures qui s'imposent. »

On n'en doute pas. Deux nouvelles études vont d'ailleurs permettre à Bayer de prouver sa bonne foi. Par la première, Jean-Marc Bonmatin, un chimiste du CNRS, démontre la présence d'imidaclopride – matière active du Gaucho – dans le capitule et le pollen d'un tournesol traité, ce que Bayer jugeait pourtant impossible. Le coup est rude, car les apiculteurs tiennent enfin un argument scientifique indiscutable [1]. Si l'insecticide est dans le pollen et que l'abeille butine ce dernier, elle peut donc être la victime du Gaucho. CQFD. Que va faire Bayer ? Montrer les dents, et de très vilaine manière. Dans une lettre terrible, la multinationale menace Bonmatin d'une demande de dommages et intérêts et d'une plainte en diffamation s'il continue à s'expliquer publiquement. Bonmatin, qui n'a jamais vu cela de sa vie, s'inquiète, à juste titre. Ses travaux seront contrôlés à sept reprises et ses crédits rognés jusqu'à empêcher certaines de ses investigations.

L'autre étude gênante est signée Marc-Édouard Colin. C'est un excellent spécialiste des abeilles à l'INRA, grand institut public s'il en est. Pour son malheur, entre 1998 et 2000, Colin découvre que des doses infinitésimales d'imi-

1. Lire l'article de C. Bernard, « Le Gaucho reconnu tueur officiel des abeilles. 450 000 ruchers ont disparu depuis 1996 », *Libération*, 9 octobre 2000.

daclopride peuvent intoxiquer une abeille. Entre 3 et 9 ppb (parties par milliard), les anomalies apparaissent. Bayer, à l'époque où tout n'était que joie et volupté, prétendait que des effets néfastes ne sauraient apparaître au-dessous de… 5 000 ppb. Une paille, n'est-il pas ? Colin ne l'emportera pas au paradis. L'INRA, qui l'emploie depuis dix ans, lui ordonne de changer de sujet d'étude. L'écotoxicologie de l'abeille, c'est fini pour lui. Il quittera l'INRA avant de rejoindre l'université, à Montpellier. Ah mais ! Qui commande ?

On résume à grands traits la suite. Jusqu'en 2004, le combat continue et devient dantesque. Dantesque et judiciaire. Plaintes croisées – Bayer et apiculteurs –, requêtes devant le Conseil d'État, injonctions diverses et variées. Le ministère de l'Agriculture, on y reviendra, fait de la résistance. On veut dire de l'obstruction. Le juge Ripoll, qui a ouvert une instruction à Paris à la suite d'une plainte d'un syndicat d'apiculteurs, perquisitionne avec éclat au siège de la Direction générale de l'alimentation (DGAL), une administration majeure qui dépend du ministère de l'Agriculture et alors dirigée par Catherine Geslain-Lanéelle. Il réclame communication du dossier d'autorisation de mise sur le marché du Gaucho.

Inouï : Geslain-Lanéelle, pourtant haut fonctionnaire, en théorie au service de la République, refuse avec hauteur. Ripoll est si furieux qu'il l'oblige à rester dans une pièce sous contrôle. On frôle la garde à vue ! Finalement, la directrice peut appeler le ministre de l'Agriculture, Jean Glavany, et seulement lui. Sans céder pour autant. La justice n'obtiendra pas gain de cause. Le ministère est une forteresse qui n'est pas près d'être investie.

Pire encore : en janvier 2002, un simple coup de tampon sur un formulaire renouvelle pour dix ans – dix ! – l'essentielle autorisation de mise sur le marché (AMM). En janvier 2003, le ministre en personne – un certain Hervé Gaymard – refuse, malgré un avis du Conseil d'État, de retirer cette AMM pour les usages sur le maïs. En mars 2004, le Conseil d'État met les pieds dans le plat dans un arrêt en forme d'injonction au ministre. Celui-ci cède, visiblement à contrecœur : le 25 mai suivant, l'interdiction du Gaucho est enfin acquise. L'apiculture française est dévastée pour des décennies. 10 000 apiculteurs environ – amateurs comme professionnels – ont cessé leur activité, des centaines de milliers de ruches se sont tues et, entre 1995 et 2003, la production française de miel est passée de 32 000 à 16 500 tonnes.

Régent, un cousin très voisin

À cause du Gaucho ? Oui, bien entendu, mais pas seulement. Car, entre-temps, un autre *serial killer* s'est mis de la partie. Incroyable ? En effet. Si vous avez aimé le Gaucho, vous adorerez fatalement le Régent. Mais avant de vous lancer, prenez un petit calmant, il ne sera pas de trop.

Le Régent, donc. En avril 2002, Jean-Claude Cauquil est dans ses ruches, en Haute-Garonne. Il en a 600. Il en *avait* 600, car, en trois semaines, 430 ont été anéanties. Un poison foudroyant, quel qu'il soit, est passé par là. Un poison qui s'en prend aussi aux humains. Lisez donc, ce n'est pas gai : on croirait le récit d'un vétéran de la guerre du Golfe atteint du fameux « syndrome ».

« L'intoxication débute à la mi-avril 2002, raconte Cauquil. La commune de Larra, où nous sommes implantés, borde une zone de grandes cultures. Au moment d'un semis de tournesol, à 10 mètres de notre lieu d'habitation, ma femme et ma fille sont victimes d'irritations cutanées et d'œdèmes. Quant à moi, après avoir passé sept heures dans les ruchers infestés, mes paupières gonflent comme des abricots, ma vision devient floue et j'ai la nausée. Trois mois plus tard, je suis perclus de douleurs musculaires [1]. »

1. Entretien avec François Veillerette.

Le Régent vient de frapper un grand coup de masse. Ce que c'est ? Un insecticide, voyons. Imaginé par Rhône-Poulenc, étudié entre 1985 et 1987, commercialisé dès 1993, il a par la suite été vendu à Bayer – nos amis du Gaucho –, qui l'a conservé jusqu'en 2003. Et ensuite cédé à un autre géant de l'agrochimie, BASF. Le chiffre d'affaires du Régent en 2000 situe les enjeux : 168 millions d'euros. Dès l'origine, Rhône-Poulenc a signalé le danger qu'il représentait pour les abeilles, ce qui n'a rien de très étonnant pour un tueur professionnel de fourmis, criquets, cafards et même tiques et puces (sur des animaux comme le chat et le chien). Or donc, un très brave massacreur.

Quand Jean-Claude Cauquil subit l'hécatombe de ses ruches, en 2002, il se rebiffe, cherchant la cause de son malheur et ses responsables. Il a bien raison, car un petit juge de Saint-Gaudens – il ne faut jamais désespérer tout à fait – va tendre l'oreille. Jean Guary, c'est son nom, se lance d'abord sur une fausse piste suggérée par le ministère de l'Agriculture : celle d'un trafic d'herbicides interdits entre la France et l'Espagne.

Mais l'analyse de cadavres d'abeilles, à la demande de l'Union nationale de l'apiculture française (UNAF), fait basculer le dossier. Car on trouve dans le corps des malheureuses des quantités anormales de fipronil, la matière active du Régent. Un premier rapport officiel de l'Agence française de sécurité sanitaire des aliments (AFSSA), remis en novembre 2002, conclut à la responsabilité possible du fipronil.

Tout au long de 2003, Guary va brûler ses vaisseaux avec un courage qu'on ne rencontre pas très souvent dans les corps constitués. Il entend comme témoin Thierry Klinger, le puissant patron de la Direction générale de l'alimentation (il a remplacé à ce poste stratégique Catherine Geslain-Lanéelle), perquisitionne au siège de BASF à Levallois, dans la banlieue parisienne, saisit des documents ébouriffants (on y reviendra) au ministère de l'Agriculture. Enfin, et peut-être surtout, il reçoit le résultat de deux études qu'il a commanditées. Elles sont terribles, terribles pour le Régent. Gérard Arnold, spécialiste des abeilles au CNRS, confirme le 22 décembre 2003 que les poussières dégagées au moment de l'épandage du Régent contiennent des quantités de fipronil suffisantes pour intoxiquer les abeilles [1]. Le professeur Jean-François Narbonne, toxicologue que nous avons déjà croisé, relève pour sa part de considérables anomalies dans la mise sur le marché du Régent, estimant que les risques pour l'homme et l'animal ont été sous-estimés de 1996 à 2003. Selon lui, les « données toxicologiques étaient disponibles dès le premier examen des dossiers [2] ». Autrement dit, on savait. Dès 1993.

Le reste ressemble à un château de cartes (biseautées). Début 2004, Guary demande d'inclure dans la procédure la mise en danger d'autrui. En février, il convoque le directeur général de Bayer CropScience France, l'ancien propriétaire du Régent. En février toujours, il met en examen à la fois BASF Agro et son président, Emmanuel Butstraen. Puis Bayer CropScience, pour ne pas faire de jaloux.

C'est le début de la fin, car le méchant juge décide de suspendre du même mouvement l'autorisation de commercialiser le Régent. Que peut faire dans ces conditions le ministère de l'Agriculture ? Hervé Gaymard, ministre en titre, suspend à son tour la vente de produits contenant du fipronil. Mais il permet aux agriculteurs, en noble prince du commerce, d'« utiliser pour les semis de printemps les semences déjà enrobées dont ils disposent ».

Le reste, sans être anecdotique, n'est pas essentiel. En décembre 2004, une première étude « officielle », c'est-à-dire estampillée ministère de l'Agriculture, confirme la dangerosité du fipronil. En avril 2005, des arrêtés des ministres

1. « Surmortalité des abeilles. Une expertise met en cause le Régent TS de BASF », AFP, 22 décembre 2003.
2. Communiqué de l'UNAF, 6 janvier 2004.

de l'Agriculture et de la Consommation interdisent pour de bon tous les enrobages de semence et les traitements du sol à base de fipronil. Fin de partie. Une partie qui aura duré si longtemps – plus de dix ans de commercialisation – qu'on ne s'inquiétera pas trop pour les bénéfices de l'agrochimie transnationale.

Le ministère des bons amis

Reste à comprendre, reste à tout reprendre. Vous allez voir, c'est un peu long, mais instructif – ô combien. En France, nous avons de solides et consistantes administrations. Celle de l'Agriculture et des Forêts est l'une des plus anciennes, l'une des plus enracinées, sans jeu de mots. Son ossature repose sur un grand corps d'ingénieurs d'État, les IGREF (ingénieurs du génie rural et des eaux et forêts). Cette aristocratie d'environ deux mille trois cents membres a la haute main sur notre agriculture, nos forêts, notre espace rural et son aménagement. En cherchant bien, il n'est pas difficile de trouver l'origine de ce corps prestigieux dans une ordonnance de 1291 qui institue les « maîtres des eaux et forêts ». La fonction aura résisté à tous les tremblements de terre de l'Histoire, révolutions et guerres comprises. Les IGREF sont légitimement fiers de cette durée, convaincus qu'ils sont de gérer le temps long, loin du fracas des viles querelles humaines. S'agit-il bien d'une structure démocratique ? Vaste question, qu'on ne réglera pas ici. Disons en tout cas que la révolution agricole commencée pour l'essentiel après 1945 leur doit plus qu'à aucun autre groupe social. La disparition des paysans est en bonne partie leur œuvre, ainsi que la dissémination massive des pesticides, le « recalibrage » de tant de ruisseaux et rivières, la transformation du Marais poitevin en zone de maïs irrigué, etc. On dira néanmoins, parce qu'on le pense, qu'ils ont agi au nom de la société, qui leur a commandé cet ouvrage-là. Sans s'interroger outre mesure sur les conséquences d'un bouleversement aussi radical.

Bref, la gestion du modèle agricole, en France, est une affaire de famille. À un certain niveau de responsabilité, les chaises musicales se mettent en mouvement à chaque promotion. On dirige une administration centrale du ministère de l'Agriculture – ou de l'Écologie – le lundi, on se retrouve le mardi à la tête d'une Direction régionale de l'agriculture et de la forêt (DRAF), ou à l'Office national des forêts, ou dans une des agences de bassin chargées de gérer notre eau. Avec retour toujours possible. Le corps des IGREF, comme tant d'autres du reste, protège ses membres, leur assure promotions et avantages professionnels. En échange, il n'y a là rien d'étonnant, d'une loyauté généralement sans faille.

Revenons-en maintenant à la Direction générale de l'alimentation, puissante administration centrale du ministère de l'Agriculture. On lira avec tout l'intérêt qui convient cette introduction qui figure dans le rapport d'activités 2002 de la DGAL : « La maîtrise des risques phytosanitaires et sanitaires constitue une priorité du ministère de l'Agriculture. Santé et protection des végétaux, santé et protection animales, qualité et sécurité alimentaires sont des objectifs et missions à la fois clairs et essentiels. À cet égard, le rôle de la Direction générale de l'alimentation est au cœur du contrat de confiance entre les agriculteurs et les consommateurs, entre l'agriculture et la société. »

Telle est donc la priorité absolue de la DGAL : la confiance, cette confiance si souvent ébranlée par des scandales à répétition qui ont fini par écœurer les consommateurs, c'est-à-dire nous tous. Rude tâche, assurément, dont on va regarder de plus près si elle a été convenablement accomplie dans le lourd dossier du Gaucho et du Régent.

Quand commence l'affaire, la « patronne » de la DGAL – depuis 1996 – s'appelle Marion Guillou. Elle est IGREF, tout comme Catherine Geslain-Lanéelle, qui lui succédera en 2000. Hervé Durand, autre « gradé » du ministère, est sous-directeur de la qualité et de la protection des végétaux, une administration essentielle. IGREF itou. Comment ces grands ingénieurs vont-ils affronter le séisme ? En jouant la confiance et la transparence, comme les y invite la « charte » du ministère de l'Agriculture ? Hum.

Dans un premier temps, pendant l'année 1998, Marion Guillou cherche visiblement ses marques. Les apiculteurs sont en pleine révolte, surtout après la publication d'une étude très contestée, pilotée par le ministère de l'Agriculture. L'État roulerait-il pour Bayer ? La Commission d'étude de la toxicité, étroitement contrôlée par la DGAL, est saisie par elle. Elle remet courant 1998 un rapport d'une très singulière ambiguïté, estimant que les études sur le Gaucho « ne permettaient pas de conclure à un effet indiscutable » sur les abeilles. De son côté, le Service de protection des végétaux d'Hervé Durand est durement critiqué par les syndicats apicoles, qui lui reprochent de pratiquer une systématique rétention de l'information.

La situation va-t-elle déraper ? C'est sans doute ce que craint le ministre Jean Glavany : en janvier 1999, contre l'avis de son administration et au nom du principe de précaution, il suspend l'autorisation de mise sur le marché du Gaucho pour le tournesol. Dans les coulisses, la bataille continue. Soumise à des pressions contradictoires, la DGAL botte copieusement en touche, lançant étude après étude. Glavany persiste et, début 2001, confirme la suspension pour deux ans. Mais seulement concernant le tournesol.

Bayer n'a pas dit son dernier mot. Par un coup de baguette magique comme on n'en voit que chez Merlin l'Enchanteur, l'industriel obtient en janvier 2002 le renouvellement pour dix ans de l'AMM du Gaucho. Concernant le maïs seulement, il faut suivre, pardonnez. Cette décision inouïe, qui sera annulée en octobre de la même année, ne peut s'expliquer que par un travail de sape. Et ce n'est pas nous qui le disons, mais le très officiel Office parlementaire d'évaluation des choix scientifiques et technologiques. Lequel note dans un rapport de 2005 sur la sécurité sanitaire : « Sur ce sujet, les travaux des laboratoires du CNRS, de l'INRA et de l'AFSSA, dont les résultats, déjà diffusés dans le public, avaient servi d'élément d'appréciation dans la première décision d'interdiction du Gaucho sur le maïs le 23 octobre 2002, établissaient clairement la nocivité des deux produits [Gaucho et Régent] pour les abeilles. Il est donc d'autant plus étonnant que soit intervenu en janvier 2002 le renouvellement pour dix ans de l'homologation du Gaucho, alors même que la procédure d'annulation devant le Conseil d'État était en cours ; l'enquête pénale déjà ouverte sur ce produit a d'ailleurs été étendue à ces faits [1]. »

Ce n'est que le début d'un authentique scandale. Un de plus ? Oui, un de plus. Mais celui-ci est énorme, plus grave dans ses dimensions que bien d'autres qui font d'ordinaire la une. Le changement de majorité – en juin 2002, Jacques Chirac triomphe face à Le Pen – va, semble-t-il, donner des ailes au lobby. En tout cas, Catherine Geslain-Lanéelle, plutôt de gauche, est remplacée à la tête de la DGAL, au début de 2003, par Thierry Klinger, franchement de droite. On verra plus loin, avec une pointe de stupéfaction, ce que sont devenus l'ancienne patronne de la DGAL (1996-2000), Marion Guillou, et le très remarquable Thierry Klinger.

Remarquable, oui. Car Klinger est de ces grands serviteurs dont l'État a toujours eu besoin dans les bourrasques. Sa carrière parle d'ailleurs pour lui : major de la promotion Charles-de-Gaulle à l'ENA, il est rapidement entré dans la préfectorale avant de bifurquer vers un domaine qui visiblement le passionne, celui de la défense. Il s'occupera au fil des ans d'Ariane, de satellites, de la Société des poudres et explosifs, de GIAT-Industrie, de la bombe. On ne peut qu'imaginer la part d'ombre d'un tel personnage, toujours en

1. Rapport 2108 du 18 février 2005 sur l'application de la loi n° 98-535 du 1er juillet 1998 relative au renforcement de la veille sanitaire et du contrôle de la sécurité sanitaire des produits destinés à l'homme (2.5.1. « Le cas des produits phytosanitaires »). Consultable sur Internet : http://www.assemblee-nationale.fr/12/rap-off/i2108.asp.

possession de quelque lourd secret d'État. Ajoutons que cet homme de droite est profondément chrétien. Et qu'il n'aime pas la gauche.

Laquelle le lui rend bien. Quand Jospin s'installe à Matignon, en 1997, Klinger se voit poussé hors de ses terres préférées. Il retrouve la préfectorale. Thierry Klinger préfet de l'Eure? Autant imaginer le colonel Chabert réduit à la demi-solde. C'est pourtant à Évreux qu'il est nommé préfet en 1998, avant de gagner Brest en 2000.

Thierry Klinger, préfet commando

Pourquoi Klinger à la DGAL le 20 février 2003? On ne peut être sûr que d'une chose : ce n'est pas par hasard. Il y a en effet le feu au lac. À cette date, le juge Guary de Saint-Gaudens ouvre une nouvelle instruction : après le Gaucho, il s'attaque au Régent. Et il va dans la foulée commander des perquisitions, dont une au siège de la DGAL. En avril, les apiculteurs de plusieurs pays européens se réunissent et lancent un appel commun. À l'été, bousculée, la DGAL est contrainte de mener des tests sur le Régent qui confirment les pires craintes. En septembre, le ciel s'assombrit encore pour l'administration : le Comité scientifique et technique, instance *ad hoc* créée par le ministère de l'Agriculture en 2000, rend un rapport désastreux pour le Gaucho [1]. En décembre, deux scientifiques indiscutables, Narbonne et Arnold, confient leurs conclusions au juge Guary, qui leur a demandé une expertise judiciaire. C'est le coup de grâce, du moins l'un des coups de grâce d'une affaire qui n'en manque pas. À ce moment de l'histoire, tout semble clair, tout paraît devoir se régler. Le Gaucho et le Régent sont deux épouvantables poisons dont la France a le devoir de se débarrasser au plus vite.

1. Comité scientifique et technique, *Imidaclopride utilisé en enrobage de semences (Gaucho®) et troubles des abeilles. Rapport final*, 18 septembre 2003.

Que va faire Thierry Klinger? Contre toute attente, il charge, flamberge au vent. On entre là, disons-le, dans la zone des plus confondants mystères. Reprenant jusqu'à la caricature les arguments les plus improbables de Bayer et BASF, il conteste l'évidence même. Tout ne serait qu'imagination, tout ne serait que psychologie. On n'exagère pas. Dans le film *Témoin gênant*[1], produit en octobre 2003, Klinger déclare sans trembler : « Est-ce qu'on ne va pas crier au fipronil ou à telle autre molécule à chaque fois qu'il se passe quelque chose ? » Pour lui, bien d'autres causes possibles du massacre des abeilles ont été oubliées : les acariens, les virus, voire l'achat de reines en... Chine. Et à propos des intimidations directes subies par les scientifiques, il a ces mots incroyables : « Nous vivons dans un monde d'écorchés vifs, avec des scientifiques dotés d'une susceptibilité dermatologique effrayante. » Bref, il n'y a strictement rien à voir. Apiculteurs, dormez en paix. Abeilles, quant à vous, mourez. En silence et en cadence, s'il vous plaît.

On pourrait presque achever là ce chapitre, mais on serait trop loin du compte. Il faudrait pour cela oublier le plus grave, le plus sombre du secret entourant le Gaucho et le Régent. Sous Guillou et Geslain-Lanéelle, la gestion du dossier a amplement démontré que l'administration française soutenait les intérêts industriels contre ceux de la santé publique. Mais l'arrivée de Thierry Klinger aggrave encore les choses : elle coïncide avec des méthodes faites de franche intimidation.

Voyons, en élaguant. Klinger arrive au début de 2003 à la tête de la DGAL. Rien ne va plus, en vérité, et, comme on l'a déjà dit, il est hautement probable qu'on a placé *the right man in the right place at the right time.* Ce que nous appelons en résumé « l'homme de la situation ». Le juge Guary, qui enquête depuis Saint-Gaudens sur le Régent, attaque tous azimuts,

1. Film d'Yves Elie et Renée Garaud, déjà cité.

sans se laisser impressionner. La DGAL entend-elle, comme à son habitude, enfermer ses dossiers à double tour ? Il fonce et perquisitionne, tantôt chez les industriels, tantôt dans la place forte de la DGAL. Or, en ce printemps 2003, il trouve des documents accablants, dont un avis de la très officielle Commission d'étude de la toxicité, daté de juin… 1993. Celle-ci s'oppose à l'utilisation du Régent sur le maïs, le fipronil qu'il contient ayant une « affinité pour la matière grasse ». Pas grave ? Si. Car le pesticide se retrouve fatalement dans la tige et les feuilles de maïs. Et comme le maïs dit « ensilage » sert de nourriture au bétail, le fipronil a toutes les chances de passer dans le lait, de s'y fixer et de contaminer ensuite ceux qui le boivent. Nous.

On s'est donc moqué du monde. Les fiers partisans de la transparence, chargés de veiller sur la sécurité alimentaire – entre autres nobles tâches –, ont mis sur le marché un produit dangereux, très dangereux. Et Guary s'énerve encore davantage en découvrant que le Régent n'a jamais obtenu d'autorisation de mise sur le marché, cette fameuse AMM censée garantir notre tranquillité. Pas d'AMM, seulement une invraisemblable autorisation provisoire ! Klinger sait dès lors – et son ministre Hervé Gaymard de même – que le dossier peut exploser à tout instant. Et faire de considérables dégâts collatéraux. C'est le moment d'ouvrir les yeux, les oreilles et peut-être même le cœur.

Mais ce serait mal connaître Thierry Klinger. Plongé dans une adversité à peu près totale, il choisit la contre-offensive. Suivez bien le mouvement, on se croirait sur un champ de bataille. Le 18 septembre 2003, le Comité scientifique et technique, mis en place par le ministère de l'Agriculture dès 2000, rend le rapport final [1] qui lui avait été demandé sur le Gaucho. Sous la forme classique de l'arroseur arrosé, ce texte est une claque absolue pour les autorités, qui espéraient

1. Voir note 1 p. 68.

bien enterrer le dossier sous la poussière d'une commission. Comme à l'accoutumée. Les conclusions de ce travail sont sans appel, car « en accord avec les observations de terrain rapportées par de nombreux apiculteurs en zone de grande culture (maïs, tournesol), concernant la mortalité des butineuses, leur disparition, leurs troubles comportementaux et certaines mortalités d'hiver ».

Que fait Klinger ? Une lettre, une lettre incroyable adressée le 31 octobre 2003 aux coprésidents du Comité scientifique et technique. Il y conteste jusqu'au titre de ce rapport final, insistant en préambule sur son caractère « provisoire », réclamant une suite, d'autres travaux, de nouveaux délais en fait. Mais de quel droit, grands dieux ? Cette brochette de scientifiques réputés sait parfaitement ce qu'on lui a demandé : un rapport. Point. Point final, pour être exact.

Mais Klinger se moque bien de la forme. Il lui faut en réalité affirmer sa force. Ce qu'il fait, épluchant page après page le rapport qu'il ne fallait pas rendre. Il tonne et s'étonne : « De quelles données le CST a-t-il pu disposer pour affirmer qu'"ils *[sic]* sont en accord avec les observations de terrain rapportées par de nombreux apiculteurs" ? Le rapport ne présente aucun document se référant à de telles données. »

Dans cet autre morceau d'anthologie, il cogne autant qu'il est permis, autant qu'il est possible : « Le terme "intoxication" est utilisé à de nombreuses reprises dans le rapport. Il aurait mieux valu retenir le terme d'"exposition" [...]. On le voit, le choix du terme d'"intoxication" peut conduire à des contresens. » Il faut imaginer ce que peut produire un tel texte, de la main d'un des hommes les plus puissants d'un secteur – l'agriculture – dont dépend tant la carrière des principaux signataires.

Bis repetita le 23 décembre 2003. Dans une déclaration à l'AFP, quinze jours après une perquisition judiciaire chez Bayer, Thierry Klinger s'explique publiquement pour la première fois. Que clame-t-il ? Une vérité de militant :

le Régent et le Gaucho « n'ont pas de conséquences sur la santé ». Au reste, le Régent « est enfoui dans le sol, et toutes les études qui ont été faites en Europe montrent qu'il n'y a pas d'effets sur le comportement et la mortalité des abeilles et pas de risques pour la santé humaine ».

Ce n'est pas audacieux, mais scandaleux. La veille, le toxicologue Jean-François Narbonne a remis une impressionnante expertise sur le fipronil, donc le Régent. Il y résume les effets neuro-, hépato- et néphrotoxiques du fipronil. Les mammifères exposés, dont nous sommes, jusqu'à plus ample informé, « se comportent alors comme des hypothyroïdiens avec augmentation des métabolismes des T3 et T4 [hormones thyroïdiennes], diminution plasmatique et augmentation de la TSH ». Il évoque également un possible « passage transplacentaire et un effet sur le développement cérébral du nouveau-né ». Est-ce à ce point insignifiant ?

On ne peut qu'imaginer les relations entre Klinger et son ministre, Hervé Gaymard, durant ces folles semaines. La position, au sens militaire, vise au passage en force, à l'écrasement de l'adversaire, autrement appelé citoyen. Sans compter l'un des animaux les plus utiles à notre espèce, l'abeille.

L'année 2003 se termine. 2004 vire au cauchemar pour Klinger et compagnie. Guary persiste et signe, met en examen le patron de BASF, puis celui de Bayer. Il interdit dans le même temps la commercialisation du Régent. Le Conseil d'État censure des décisions ministérielles concernant le Gaucho. Que peut faire le ministre ? Rien d'autre que céder. Le 23 février 2004, il suspend à son tour la commercialisation du Régent qui-ne-posait-pourtant-aucun-problème. Comique de répétition pas mort : Gaymard offre au passage un somptueux cadeau à l'agrochimie : il accepte que les stocks de Régent existants soient écoulés, c'est-à-dire utilisés pendant la campagne de printemps qui va commencer. Comme pour les stocks de sang contaminé au temps funeste du docteur Garretta !

Cette menue réserve change tout, car elle signifie que les abeilles devront attendre une année de plus, ou mourir encore. C'est alors que Zorro fait une courte apparition dans l'affaire. Des militants écologistes et de la Confédération paysanne – Bové en est – occupent le 26 février 2004 le siège de la DGAL et le bureau de Thierry Klinger, qui est absent. On s'installe pour un moment, avec duvets, bouteilles de marcillac et sandwichs divers. Assurément, c'est illégal. Thierry Klinger, qui déjeunait dans le bistrot d'en face, arrive et se lance dans un couplet admirable qu'on se doit de citer : « Ce sont des mœurs qui n'ont rien à voir avec la légalité française. Je ne comprends pas ces gens qui bravent la loi pour réclamer la légalité. » Beau comme l'antique. Et le directeur général de l'alimentation, qui a des lettres, d'ajouter : « Les apiculteurs disent : "Le Régent, le Régent, le Régent !" comme, dans Molière, les médecins disent : "Le poumon, le poumon, le poumon !" Ils refusent d'admettre que d'autres problèmes existent qui peuvent expliquer les mortalités d'abeilles. »

La police arrive, casse un peu, bouscule beaucoup, transporte au loin les occupants. Lesquels ont eu le temps de photocopier quelques documents. L'un d'eux porte sur les conséquences pénales d'une interdiction du Régent. Dans un autre il est estimé qu'il serait moins coûteux d'écouler les stocks de cet excellent insecticide plutôt que de les détruire en courant le risque de payer une indemnisation à l'industriel. Ainsi va le monde des affaires au cœur d'une administration chargée du bien commun.

Nouvelle collection de printemps

Cette longue balade ne vous a pas trop épuisés ? On l'espère. Reprenez votre souffle, c'est bientôt terminé. Donc deux produits irréprochables, le Gaucho et le Régent, qui ont dévasté ruches et abeilles pendant dix ans. Le flagrant délit est total, les responsabilités limpides, le bilan global accablant. Dans un monde normalement équilibré, on se reposerait sur la justice, certain qu'elle saurait faire son travail au mieux des intérêts collectifs et même particuliers.

Mais le juge Ripoll, qui instruisait l'affaire du Gaucho à Paris, avec brio, est parti pour Papeete, à sa demande. Le juge qui a pris le relais, Anne Auclair-Rabinovich, du pôle de la santé de Paris, n'a apparemment pas la même vision des choses. Elle s'est au reste violemment heurtée à l'un des grands connaisseurs du dossier, l'excellent avocat Bernard Fau. Ce dernier, qui représente la filière miel, a même obtenu l'annulation d'une partie des actes décidés par la magistrate.

Côté Régent, le tableau est à la fois ressemblant et dissemblable. Le juge Guary a dû laisser cette formidable affaire à une consœur. Lui aussi, également à sa demande, est parti outre-mer. À Mayotte. Mais la nouvelle magistrate semble passionnée par l'histoire – on la comprend – et le dossier pourrait être bouclé à la fin de 2006. Un procès pourrait avoir lieu à l'automne 2007.

On verra. On verra bien. Mais il faut déjà vous prévenir que tout continue, que tout recommence, *ad nauseam*. À la fin de 2005, les apiculteurs ont bloqué *in extremis* un nouvel ami du maïs. Le ministre de l'Agriculture – Dominique Bussereau – venait d'annoncer une procédure d'urgence pour l'homologation d'un insecticide, le Poncho-Maïs. Sa molécule active, la clothianidine, semble tout aussi prometteuse que l'imidaclopride et le fipronil.

Autre front, plus fou peut-être : le vote de la loi d'orientation agricole, la célèbre LOA, en janvier 2006. Son article 70, examiné à la loupe binoculaire par l'avocat Bernard Fau, donne des sueurs froides à toute la filière apicole. Selon sa lecture, il pourrait permettre, à terme, le retour sur le marché français du Régent et peut-être du Gaucho. Vous n'y croyez pas ? Eh bien, vous avez raison car c'est incroyable. Et surtout vrai.

L'histoire du Gaucho est comme une plaque sensible, qui révèle bien plus que des dysfonctionnements : une réalité cachée. Jusqu'aux parlementaires de ce pays, qui ne sont peut-être pas les plus lucides des Français, le reconnaissent. Les deux citations qui suivent figurent dans un rapport officiel de l'Office parlementaire d'évaluation des choix scientifiques et technologiques, daté du 18 février 2005 [1]. Il importe au plus haut point de rappeler qu'il s'agit d'un texte diplomatique, fruit de multiples compromis. Il importe en effet : le propos est incendiaire et justifierait à lui seul que des responsabilités personnelles soient recherchées. Car la mise en cause d'un système, ô combien nécessaire, est parfois comme un voile artistement disposé pour cacher le pire. Ne rêvons pas, rien ne viendra. Reste donc à lire.

Extrait numéro 1, page 105 : « Les freins, les dissimulations et les opérations de diversion n'auront donc pas réussi à empêcher que les problèmes graves que recelaient ces deux dossiers soient enfin traités plus normalement. Il a fallu, en ce qui concerne le Gaucho, deux annulations successives par le Conseil d'État et l'ouverture d'enquêtes judiciaires pour apporter une lumière crue sur des mécanismes administratifs qui ont d'évidence besoin d'être réformés. »

Extrait numéro 2, page 103 : « L'atmosphère particulièrement lourde dans laquelle ces affaires se sont développées mérite d'être relevée, et notamment les comportements de l'administration en cause, le ministère de l'Agriculture et plus spécialement la Direction générale de l'alimentation. Une proportion importante des chercheurs travaillant sur ces problèmes ont rencontré des difficultés ou ont été l'objet de pressions. Des rapports d'expérimentations des dossiers d'instruction de demandes d'homologation n'ont pu être connus qu'après réquisition des deux juges en charge des enquêtes pénales, particulièrement pour le Régent. »

Au fait, que sont devenus Marion Guillou, Catherine Geslain-Lanéelle et Thierry Klinger ? La première, on vous

1. Voir note 1 p. 67.

le rappelle, fut la patronne de la DGAL de 1996 à 2000. La deuxième, de 2000 au tout début de 2003. On ne présente plus le troisième. Oui, que sont-ils devenus? Mutés à Tahiti, à Nouméa, aux Antilles? Non, pas vraiment. Marion Guillou dirige désormais l'Institut national de la recherche agronomique (INRA), l'un de nos grands organismes de recherche. Faut-il insister? C'est l'un des premiers centres du pouvoir dans l'agriculture, avec 9000 salariés et près de 700 millions d'euros de budget.

Catherine Geslain-Lanéelle a failli rater une très belle promotion. Nommée à la tête de la Direction régionale de l'agriculture et de la forêt (DRAF) en Île-de-France après son passage à la DGAL, elle guignait sans trop le cacher un poste à l'Autorité européenne de sécurité des aliments (EFSA). Jacques Chirac en personne, sans doute inspiré par des ennemis plus proches, a tenté de l'en empêcher. Mais le vieux chef n'a plus la main depuis des lustres, et en février 2006 Geslain-Lanéelle a été nommée directrice exécutive de l'EFSA, à Bruxelles. Comment vous priver de ses premières paroles? Les voici : « J'entre en fonction à l'EFSA à un moment opportun. En effet, sur la base de l'énorme travail d'ores et déjà fourni, je m'engage à faire de l'EFSA une référence européenne en matière d'évaluation des risques concernant la sécurité des denrées alimentaires et des aliments pour animaux au niveau tant européen qu'international. Les gestionnaires des risques en Europe doivent pouvoir se fier à des avis scientifiques indépendants et transparents pour élaborer des politiques et des mesures de sécurité alimentaire. » Seul un impudent personnage oserait poser la question suivante : Mme Geslain-Lanéelle aurait-elle été nommée si elle avait choisi de coopérer avec la justice de son pays au moment de la perquisition du juge Ripoll?

Et notre préfet de combat, où a-t-il pu passer? Serait-il reparti discrètement vers la préfectorale, la queue basse? Que nenni! Il préside le très puissant Cemagref, institut public de recherche, décisif lui aussi dans le domaine agricole. Certes, il n'y a aucun rôle opérationnel. Certes et heureusement, car parmi les missions du Cemagref, défense de rire, figure la sûreté des aliments. 68,8 millions d'euros de budget en 2005 et 900 salariés.

Pour son bonheur, Thierry Klinger a du temps libre. Il siège ainsi au conseil d'administration de l'AFSSET, une agence publique chargée elle aussi – quelle manie – de sécurité sanitaire. On verra plus loin les grands et nobles ouvrages auxquels se consacre l'AFSSET. Et l'on ajoutera enfin une information cabriolante au sujet de M. Klinger. Le 3 novembre 2006, vers 15 h 40, nous téléphonons au siège du Cemagref, à Antony, pour obtenir un rendez-vous avec Thierry Klinger, président en titre du grand institut. Mais il faut déchanter. Le standard nous passe un secrétariat embarrassé, qui nous propose un entretien avec quelqu'un d'autre, plus au fait des questions de pesticides que M. Klinger. Comme on insiste, le secrétariat fait spontanément remarquer que M. Klinger n'a pas ses bureaux au Cemagref, dont il n'est en fait que président. Honorifique, hasarde-t-on ? Exactement, confirme-t-on.

Mais alors, comment obtenir malgré tout un rendez-vous ? Soulagement au bout de la ligne : il faut et il suffit d'appeler au ministère de l'Intérieur, où Thierry Klinger, croit-on comprendre enfin, exerce ses vraies responsabilités publiques. Ce qui se révèle exact. M. Klinger a (fin 2006) un bureau chez Nicolas Sarkozy, où il dirige l'Inspection générale de l'administration, la méconnue IGA. Thierry Klinger, policier en chef des fonctionnaires. On se retient de rire et de pleurer.

Quoi qu'il en soit, Marion Guillou, Catherine Geslain-Lanéelle et Thierry Klinger détiennent bien plus que d'autres les clés d'une partie de notre avenir. Combien aurons-nous de paysans demain ? Quels paysages seront les nôtres ? Où en seront nos sols, nos rivières, nos nappes phréatiques ?

Nos aliments continueront-ils à être gorgés de pesticides ? Ils vont décider en notre nom, ils le font déjà. Et nous avons vu comment ils ont géré l'une des plus folles histoires de pollution de ces vingt dernières années. Si vous êtes confiants, laissez donc votre adresse, car vous avez beaucoup de chance.

Chapitre 4

Rendez-moi ma Guadeloupe et ma savane…

… et le petit coin de bananier où je suis né (chanson créole)

Où l'on voit que les Américains ne sont pas si bêtes qu'on le croit parfois. – Où l'on voit que les Français le sont bien davantage. – Où l'on déguste des bananes avant de recevoir de terribles coups de bambou. – Où il apparaît que la Guadeloupe est empoisonnée pour des centaines d'années. Cocorico !

La banane, c'est la civilisation. Pas seulement une incroyable saveur, une inimitable douceur, un réconfort physique après l'effort. Non. La banane, c'est l'homme. Certains prétendent même – mais où serait la preuve ? – qu'elle est le premier fruit apparu sur terre. On en trouve en tout cas la trace dans quantité de textes de l'Antiquité grecque, latine et même hindoue ou chinoise. Car cette merveille est née en Asie, probablement dans les forêts de Malaisie ou d'Indonésie, où poussent encore certaines variétés sauvages. Les Arabes l'ont plantée en Afrique, mais qui l'a transportée en Amérique, dans cette Amérique tropicale où elle est si bien acclimatée ? Sans doute Tomas de Berlanga, un dominicain qui accosta en 1516 à Saint-Domingue avec des plants de bananiers. *Fatalitas !*

Douce France et rudes trafics

Un peu moins de cinq cents ans plus tard, le 23 août 2002, le cargo *Douce France* entre dans le port de Dunkerque. Des inspecteurs de la répression des fraudes montent à bord et saisissent vingt-trois cartons remplis de 1,5 tonne de patates douces venues de Martinique. Aucun rapport? Si. Les fonctionnaires ont été renseignés et ne s'en cachent guère. C'est pour cette raison qu'ils veulent analyser au plus vite ces patates destinées au marché de Rungis, c'est-à-dire au grand public. La découverte n'est qu'une confirmation : elles contiennent un produit interdit en France depuis 1990, le chlordécone, un insecticide très toxique. Lequel n'était pas destiné aux patates, mais bien aux… bananes. En effet, le fruit est cultivé aux Antilles de manière intensive, au point que, tous les cinq ou sept ans, il faut laisser reposer la terre malmenée. On arrête un peu la banane et l'on plante autre chose, qui demande beaucoup moins d'entretien. La patate douce, par exemple.

Mais si telle est bien l'histoire du stock saisi à Dunkerque, elle se double d'un copieux complément. Le chlordécone retrouvé n'a pas été épandu d'hier. Il est resté en terre – le produit est très stable, « rémanent », comme disent les spécialistes – et a finalement contaminé les patates par leurs racines. L'affaire cache en réalité ce qu'il faut appeler un drame. Dix jours avant l'arrivée du cargo, des flics locaux, eux aussi « renseignés », ont fait une curieuse découverte dans une bananeraie martiniquaise : plusieurs centaines de kilos de chlordécone [1]. Bien entendu, il ne s'agit pas d'un vieux stock oublié depuis l'interdiction de 1990. Un tel volume démontre

1. Voir F. Pons, « En Martinique, patates douces et toxiques durs », *Libération*, 12 octobre 2002.

ce que, soit dit en passant, tout le monde sait : aux Antilles, (presque) tout est permis. Il y a à cela, en l'occurrence, des raisons qu'on ne peut oublier. Le bananier, qui n'est pas un arbre mais une herbe pérenne, est constamment attaqué par de terribles ravageurs. C'est le cas par exemple de la cercosporiose jaune, un champignon, ou, pire encore, du charançon, qui détruit peu à peu le système racinaire du fruit. Depuis des lustres, on pulvérise bananeraies, cannes à sucre et melons. Une estimation de 1997 évoque l'effarante moyenne de 70 kilos de pesticides par an et par hectare en Martinique [1].

Une partie notable mais inconnue de ces substances est illégale. Illégale car dangereuse pour la vie et les hommes, comme le chlordécone. Un petit peu d'histoire ne nous fera pas de mal : ce produit miraculeux – comme tant d'autres vantés par les marchands – a été breveté aux États-Unis en 1952, puis vendu par Du Pont de Nemours à partir de 1958 sous le nom de Kepone. Un vrai grand succès commercial : cinquante-cinq formulations différentes, exportées dans le monde entier, seront mises sur le marché au fil des décennies.

Aïe ! Et même aïe, aïe, aïe ! En 1975, dans l'usine d'Hopewell (Virginie), où le Kepone-chlordécone est synthétisé, violent coup de tonnerre. Un médecin du travail, étonné de voir perpétuellement trembler une employée, prescrit une analyse de sang. La malheureuse est littéralement gorgée de Kepone, tout comme la James River, où l'on a jeté pendant des années tout ce qui gênait la marche du profit. On découvre peu à peu une pollution dramatique, avec effets aigus sur tous les travailleurs. Durant des mois, les journaux américains délivrent des dizaines d'articles sur cette petite ville qui aimait tant se faire appeler la « capitale chimique du monde ». L'Amérique, qui plaisante moins avec les siens qu'avec nous autres, interdit le Kepone en août 1976. Fin de l'histoire ? Vous vous en doutez, ce n'est que son début.

1. Soit 2 500 tonnes de pesticides employés sur une surface agricole de 35 000 hectares environ en 1997. Source : étude DDASS Martinique.

Interdits, illégaux, mais bons pour les Antilles

Voici le Curlone, qui est la même chose que le Kepone, mais qui a changé de nom. On ne dira jamais assez l'imagination de l'industrie. La matière active, c'est-à-dire la molécule chimique au centre du produit, quel que soit son nom, est en tout cas très efficace contre le charançon. Il faut bien lui reconnaître quelque chose. Le Curlone va être légalement utilisé aux Antilles françaises de 1981 à 1990. Ensuite ? Il est interdit à son tour, ou presque : jusqu'en septembre 1993, deux dérogations qui engagent la signature de deux ministres de l'Agriculture, le socialiste Louis Mermaz et le très multicartes Jean-Pierre Soisson, permettent de poursuivre l'usage du poison [1]. C'est d'autant plus aimable que des substituts existaient dès avant cette époque.

Bah ! Nous sommes à la fin de l'été 1993 et, désormais, tout va enfin changer. Les descendants d'esclaves qui travaillent dans les plantations des descendants d'esclavagistes – les Békés – ne courront plus les terribles risques du passé. La santé avant tout ! Sauf que c'est une blague, une farce sinistre et révoltante. Il suffit d'une courte étude officielle, menée en Guadeloupe de juillet 1999 à mars 2000, pour découvrir son ampleur. Vingt prélèvements d'eau dans des sources autour de la ville de Basse-Terre révèlent la présence massive de trois molécules organochlorées dont l'usage est interdit depuis huit ans au moins, vingt au plus. L'une d'elles est le chlordécone. Elle dépasse la norme maximale dans la totalité des échantillons où elle a été recherchée. Et, dans un cas, de cent fois !

Pour avoir une idée plus précise encore de ce qu'ont fatalement enduré les paysans locaux, il faut rappeler que la banane des Antilles, dont la base génétique est très

1. Source : *Rapport d'information déposé en application de l'article 145 du règlement par la Commission des affaires économiques, de l'environnement et du territoire sur l'utilisation du chlordécone et des autres pesticides dans l'agriculture martiniquaise et guadeloupéenne*, n° 2430.

étroite, nécessite des soins permanents, pied par pied. Pour combattre nématodes, charançons ou champignons, il faut venir, repasser, revenir encore. Et pulvériser. Sur la plante, mais aussi fatalement sur le dos, les yeux, les mains de celui qui traite.

Qui l'ignore ? Tout le monde, apparemment. Le signal d'alarme est pourtant tiré dès 1977. Cette année-là, l'INRA commande à Jacques Snegaroff un rapport sur la pollution par les pesticides dans les bananeraies du sud de la Guadeloupe. Beau travail : l'expert trouve dans les sols et les eaux des organochlorés, dont le chlordécone. À ce moment, pourtant, la molécule n'est pas autorisée en France, ce qui signifie sans détour qu'il y a trafic, massif. Mais on s'en moque résolument. Les spécialistes du ministère de l'Agriculture ne peuvent pas davantage ignorer que le chlordécone a été interdit pour motif grave l'année précédente aux États-Unis. Silence, on tue. Les charançons, pour commencer.

En 1979, nouveau rapport, dit « Kermarrec », qui démontre l'extrême stabilité dans l'environnement de certains organochlorés comme le chlordécone. Le texte souligne les risques évidents – évidents ! – de l'utilisation de ces pesticides en Guadeloupe, notamment pour le milieu aquatique. Les ouassous, ces délicieux crustacés des îles, et les poissons seront tôt ou tard contaminés, si ce n'est déjà fait.

En 1993, l'UNESCO et notre glorieux ministère de l'Environnement lancent une étude commune sur l'état de la mer des Caraïbes. On se penche sur le sort du Grand Carbet, cette rivière qui s'y jette après avoir traversé des zones de bananeraies. Il en résulte deux travaux, dont l'un restera secret. Le second, réalisé dans l'estuaire, révèle la présence de chlordécone dans huit sédiments analysés sur douze. 1998 : toujours plus fort. « Nos » chères Antilles ont droit à une mission d'inspection à la demande de deux ministères [1]. Études, synthèses, obtention

1. Rapport Balland-Mestres-Fagot.

de « données appropriées » et, bien sûr, propositions d'action pour réduire les pollutions par pesticides.

Et nous revoilà en 1999, avec ces taux aberrants de chlordécone découverts, jusqu'à cent fois la norme autorisée. Ne désespérons pas encore de la République, car elle rugit enfin. Les autorités ferment des captages pour l'eau potable, limitent les usages des eaux les plus polluées et bidouillent les interconnexions du réseau d'eau de manière à faire redescendre les taux à un niveau tolérable. On casse le thermomètre en somme, ce qui est une mesure bien pratique. Hélas, trois fois hélas, des analyses du sol qu'on avait jusque-là négligées révèlent la présence des mêmes poisons partout où ils ont été recherchés. Mais que faire, mon Dieu ? Que faire pour protéger ces pauvres gens des tropiques que nous aimons tant ? Rien.

Voici venu le tour du docteur Henri Bonan et de Jean-Louis Prime. Le premier est membre de l'Inspection générale des affaires sociales. Le second appartient à l'Inspection générale de l'environnement. Les deux hommes, en mission officielle, débarquent en Guadeloupe au printemps 2001 et remettent un rapport sur la pollution par les pesticides le 5 juillet 2001 [1]. Ce n'est pas triste, mais ce n'est pas gai : au moins trente-six pesticides différents sont utilisés pour la seule banane. Dans cet inventaire délirant, le lecteur découvre un monde totalement inconnu, fait d'oxamyl et d'abamectin, de diazinon et de terbuphos, de flusilazole et de tridémorphe. Sans compter le paraquat, dont on ne va pas tarder à reparler.

Oui, un monde inconnu de nous, mais aussi des fonctionnaires chargés en théorie de nous protéger. Car Bonan et Prime écrivent sans trembler que certains pesticides utilisés ne sont en fait pas homologués pour un usage dans les bananeraies. En français courant, il s'agit d'une illégalité, une de plus. Et ils

1. *Rapport sur la présence de pesticides dans les eaux de consommation humaine en Guadeloupe, par le docteur Henri Bonan, Inspection générale des affaires sociales (IGAS), et Jean-Louis Prime, Inspection générale de l'environnement (IGE), le 5 juillet 2001*, n° 2001/070.

ajoutent, ce n'est tout de même pas un détail, que la direction départementale de l'agriculture (DDA) de Guadeloupe « n'a pas pu fournir les quantités de produits phytosanitaires effectivement utilisés en 1999 dans les bananeraies ».

Or donc, le mystère, l'opacité, mais aussi la facétie. Nos auteurs, qui sont, il faut le souligner au passage, des experts sérieux, notent que « la lutte contre la cercosporiose jaune demande un traitement des feuilles réalisé en général par avion, l'hélicoptère étant employé dans les zones difficiles. Le traitement aérien, s'il permet de couvrir la totalité des parcelles en maîtrisant les dosages, n'est pas sans inconvénients pour le voisinage ». Eh oui, il y a risque de « dispersion de brouillard fongicide sur les habitations éparses ». Ce dernier problème, voyez-vous, « est aggravé par le développement anarchique de l'habitat, bien souvent sans permis de construire ». Si. Ah, ces Antilles !

Champions du monde de la prostate

Comble peut-être, les importations de pesticides sont très libéralement encadrées. Ainsi, « on observe une importation annuelle de l'ordre de 2 100 tonnes dont on ignore très largement la répartition entre les différents usages [...]. On peut constater que, pour environ 75 % des tonnages importés, la famille chimique des produits est inconnue ».

Évidemment, on peut se dire, comme nous y invitent les marchands, que ces pesticides sont utilisés pour protéger notre santé. Ou bien, ce qui n'est pas nécessairement plus bête, rappeler que les organochlorés, famille à laquelle appartient entre autres le chlordécone, s'attaquent au système nerveux central des humains. Parmi les symptômes courants d'une exposition un peu trop rapprochée, il faut signaler des tremblements, des contractures musculaires, des troubles de la vision, de la coordination, une diminution du nombre des spermatozoïdes, des nausées, de l'arythmie – et l'on arrête ici ce qui deviendrait aisément interminable. Les organochlorés sont, très simplement résumé, des ennemis de tout ce qui est vivant sur terre. Des tueurs-nés.

Aucune preuve ne peut être rapportée d'un lien de cause à effet, et, en conséquence, seuls des esprits malintentionnés évoqueront ce fait terrible : il existe deux fois plus de cancers de la prostate dans la zone caraïbe qu'en Europe. Certes, des caractéristiques génétiques pourraient jouer un rôle dans cet étonnant phénomène. Mais comment expliquer ce qui suit, et qu'on jugerait partout ailleurs ahurissant ? Une étude de très haut niveau, publiée dans le journal scientifique *European Urology* en 2005, conclut que le taux de cancers de la prostate en Guadeloupe est passé de 92 pour 100 000 en 1995 à 168 pour 100 000 en 2003 [1]. La Guadeloupe, sous réserve d'un inventaire plus complet, est le territoire humain où l'incidence de ce type de cancers est la plus élevée. Faut-il encore crier cocorico, comme à chaque fois que nos couleurs triomphent ?

Mallick et ses collègues, qui pointent fort justement les aspects génétiques de cette catastrophe sanitaire, ajoutent néanmoins que « les habitants de la Guadeloupe sont exposés à certains facteurs environnementaux qui peuvent être liés au cancer de la prostate ». Lesquels ? Entre autres, « depuis le milieu du XXe siècle, des activités de culture de la banane intensives ont conduit à une utilisation importante de pesticides organochlorés, ce qui a résulté en un haut niveau de contamination de l'environnement et des ressources alimentaires locales ».

Deuxième sinistre étrangeté : la Guadeloupe connaît des cas fréquents de formes atypiques de la maladie de Parkinson. Mme Dominique Caparros-Lefebvre, chef du service de neurologie au CHU de Pointe-à-Pitre, ne s'est pas contentée

1. S. Mallick, P. Blanchet et L. Multigner, « Prostate cancer incidence in Guadeloupe, a French Caribbean archipelago », *European Urology*, 47, 2005, p. 769-772.

de le constater. Elle a osé s'interroger, en bonne scientifique, sur les liens possibles entre ces cas et la grande consommation locale de plantes traitées avec certains pesticides proches de la famille des carbamates. Par ailleurs, la recherche de chlordécone dans les cerveaux de malades morts de Parkinson a révélé qu'ils contenaient davantage de cette molécule que ceux de personnes décédées d'autres causes.

Il est temps de se résumer avant de repartir au front : depuis des décennies, de nombreux exploitants agricoles des Antilles françaises traitent à leur manière les sols tropicaux dont ils ne sont, rappelons-le à tout hasard, que des hôtes provisoires. Avec des conséquences, qu'on commence seulement à entrapercevoir, sur les sols, l'eau, les aliments, la faune, la flore, les hommes. Sans qu'à aucun moment, malgré une série impressionnante d'alertes, le pouvoir politique ait seulement bougé un orteil. Est-ce bien tout ? Eh non ! Le feuilleton continue, restez en notre compagnie, vous ne serez pas déçus.

Soit un député martiniquais non inscrit, Philippe Edmond-Mariette. Cet élu, excédé de constater l'immobilisme glacial de Paris, dégoupille une première grenade le 12 décembre 2003. Avec une poignée de collègues, il réclame de l'Assemblée nationale l'ouverture d'une commission d'enquête parlementaire. Sur les pesticides. Dans les départements d'outre-mer. Car, estime-t-il, « il va falloir expliquer comment la vente et donc l'utilisation du chlordécone ont pu être autorisées de 1981 à 1993 en Martinique et en Guadeloupe alors que l'on connaissait déjà le degré de toxicité et la persistance de ce produit, dont nous risquons d'avoir à subir pendant de longues années encore les conséquences de l'usage prolongé. Nous sommes là en face d'un réel problème potentiel de santé publique puisque ce pesticide persistant et bio-accumulable est un véritable poison classé potentiellement cancérigène que les scientifiques ont identifié comme un perturbateur endocrinien ».

L'attaque n'est tout de même pas si banale. Nous ne sommes pas très loin de l'infamante accusation d'empoisonnement collectif. Réactions ? Aucune. Le 22 juin 2004, le député rappelle son propos – pour les sourds, qui sait ? –, estimant qu'« il est temps que toute la lumière soit faite sur les conséquences environnementales, ainsi que sur la santé des populations, de l'utilisation des produits phytosanitaires dans les départements d'outre-mer ! ». Le point d'exclamation est dans le texte d'origine. Réactions ? Aucune.

Mais qui a vraiment autorisé le poison ?

Alors le parlementaire et ses collègues entreprennent seuls le travail de vérité, dans un rapport d'information dûment enregistré à l'Assemblée nationale le 30 juin 2005 sous le numéro 2430. C'est une bombe. Plutôt, cela aurait dû être une bombe salutaire et salubre dans une démocratie simplement honnête.

Que dit ce document ? D'abord que l'homologation d'un des pires poisons locaux – notre cher chlordécone – a obéi à d'étranges décrets. Les dates sont confuses, en partie contradictoires : le Curlone – spécialité commerciale contenant le chlordécone, la molécule – a été autorisé en 1981, soit une année avant l'autorisation du chlordécone. Cherchez l'explication, mais n'ayez pas trop d'espoir. Résumé pour gens pressés : on n'avait pas le droit, mais on avait le droit.

En 1990, la fantaisie administrative continue. On décide – le ministère de l'Agriculture – d'interdire le chlordécone, car on a compris, quatorze ans après la même décision américaine de 1976, ses redoutables dangers. Cette fois la spécialité commerciale – le Curlone – est interdite avant la molécule, le chlordécone. Mais l'essentiel reste identique : on avait le droit, mais on n'avait pas le droit. Le droit d'utiliser du chlordécone, pas celui d'employer un produit en contenant. Faites un effort, s'il vous plaît.

Pour tout arranger, l'interdiction est une blague complète. Le lobby des planteurs s'agite en effet, et réclame un délai d'utilisation de trois ans. Pour écouler les stocks, évidemment, et parce que, selon eux, les produits de substitution ne seraient pas au point. Un député de Martinique, qui n'est pas, on s'en doute, Philippe Edmond-Mariette, pose une question écrite le 23 avril 1990, relayant opportunément ces saines revendications. Le ministre de l'Agriculture qui lui répond est socialiste et s'appelle Henri Nallet. Dans ce jeu de clair-obscur où les responsables politiques semblent contresigner en permanence des décisions prises ailleurs, on a la nette impression qu'il pourrait s'appeler Tartempion.

N'empêche. Une signature est une signature, et celle de Nallet fait tache. Il accorde, sans hésiter et sans même chercher d'arguments, deux ans de grâce, ajoutant qu'il en accordera volontiers un de plus en cas de besoin.

Au total, et après deux dérogations dont on a déjà parlé, le chlordécone sera utilisé à la convenance des planteurs jusqu'en septembre 1993. Au moins. Une honte extrême. Et une responsabilité proprement historique prise par des irresponsables. Car au début de 2006 le bilan tout provisoire de la dissémination du chlordécone évoque un pur cauchemar. Selon des scientifiques sérieux, un sixième des terres agricoles de Basse-Terre (Guadeloupe), soit 4 000 hectares, est contaminé pour des centaines d'années. Ce n'est pas une faute de frappe : des centaines d'années. Les deux tiers des ouvriers agricoles et un tiers des femmes enceintes « abritent » dans leur propre sang du chlordécone, sans que personne au monde puisse en évaluer les conséquences à long terme.

Comment cela a-t-il été possible ? Suivons un instant Daniel Dollin, de la chambre d'agriculture de Guadeloupe, qui confiait en août 2005 à l'hebdomadaire *Sept Magazine*, à propos des gros planteurs de son département : « [Ils] faisaient la pluie et le beau temps dans les groupements, les petits pouvaient juste se plier [...]. C'était la belle époque de la banane, on avait un marché garanti en Martinique et en Guadeloupe, et l'objectif de chacun était de trouver les moyens pour conserver ses parts de marché malgré les intempéries[1]. »

À la lecture de ce qui précède, on peut imaginer que les services de l'État, en métropole, ronflent en chœur du matin au soir. Il n'en est rien. Il existe en effet, comme nous l'avons vu dans le cas du Gaucho et des abeilles, des fonctionnaires spécialement chargés de la « protection » des végétaux, éventuellement des hommes. En particulier à la Direction générale de l'alimentation, véritable place forte du ministère de l'Agriculture chargée du contrôle des pesticides.

En son sein, sous son autorité, siège une Commission d'étude de la toxicité souvent critiquée pour ce que l'on appellera son manque de clairvoyance. Les industriels des pesticides ont longtemps siégé ès qualités dans cette instance supposée indépendante, qui accorde ou non des homologations pour leurs produits. Si indépendante et si souvent décriée qu'elle a fini par être mise entre parenthèses en 2005. En attendant un hypothétique nouveau système.

Un préfet au secours d'une abomination

Mais nous sommes pour l'heure en 2003, et dans un (court) moment de révolte la Commission d'étude de la toxicité va refuser d'accorder un blanc-seing à un autre pesticide ultra toxique, le paraquat, un des produits phares de la multinationale Syngenta. Si l'on veut rire jaune une seconde, il suffit d'aller sur le site de propagande de ce pesticide, appelé pour l'occasion Paraquat Information Center[2]. Ce portail en français, dont rien n'indique, bien sûr, qu'il est l'œuvre de Syngenta, délivre « des informations complètes et basées sur des faits sur l'un des herbicides les plus utilisés au monde ».

1. Cité dans un excellent article d'Éliane Patriarca, *Libération*, 6 janvier 2006.
2. www.paraquat.com/Home/tabid/515/Default.aspx.

Bienvenue dans un monde digne des plus belles fantasmagories. On « apprend » ainsi, belles photos à l'appui, comment le paraquat a amélioré la vie des paysans pauvres au Bengale occidental. Lisez et soyez édifiés : « Les riziculteurs témoins des résultats obtenus sur le site de démonstration ont qualifié cette approche de révolutionnaire. "Nous n'avons jamais cru que du riz semé à la volée pouvait prendre aussi bien ; nous avons désormais confiance dans cette nouvelle technologie", ont déclaré les riziculteurs Abdul Rahup Molla, Abdur Rahim et Abdul Karim Molla. » *Idem* et *ibidem* en Chine, au Costa Rica, en Afrique du Sud. C'est simple : le paraquat, on en mangerait.

Et c'est bien là l'un des atroces problèmes posés par ce violent poison. Car en Asie du Sud-Est, par exemple, le paraquat est l'une des armes de prédilection des paysans pauvres saisis par le désespoir. Ils se suicident, par milliers, en avalant des pesticides, dont le paraquat. Même nos experts français de la Commission d'étude de la toxicité en ont entendu parler, c'est dire !

Réunis en séance officielle de la commission le 15 janvier 2003, ils brandissent l'étendard du non. Syngenta ayant demandé une homologation pour la France, ils recommandent « l'interdiction de l'utilisation des spécialités en pulvérisation à l'aide d'appareils à dos, aucun scénario, compte tenu des pratiques agricoles réelles, n'étant acceptable ». Et ils ajoutent, pour que les choses soient claires, du moins dans leur langage codé : « La commission attire l'attention de la DGAL sur le problème de santé publique posé par cette substance (utilisée dans des tentatives de suicide) ; malgré plusieurs mesures de gestion du risque (adjonction d'un amérisant, d'un épaississant, d'un vomitif), plusieurs cas de suicide au paraquat sont encore à déplorer chaque année. »

Les experts, dont certains sont réellement indépendants, disent non au paraquat le 15 janvier 2003. Que va faire la DGAL, la seule véritable autorité en la matière ? Le

7 février, cette noble administration réunit son Comité d'homologation des pesticides, censé délivrer pratiquement les autorisations après avis des spécialistes de la commission. Et là, changement de ton presque complet, trois semaines plus tard seulement.

Entre autres perles, la représentante de la Direction générale de la santé fait valoir que les « accidents » survenus en France avec le paraquat seraient le fait de « mésusages ». Les victimes du pesticide ne sauraient tout simplement pas s'en servir. Cette même excellente personne s'« interroge sur l'opportunité d'intégrer ceux-ci [les accidents] dans la réflexion ». En France métropolitaine, les centres antipoison ont enregistré en quatre ans 54 morts, dont 3 accidentelles seulement. Dans les DOM, il n'y a pas de centre antipoison. En effet, à quoi bon faire entrer une si menue contrariété dans une réflexion publique ? Au cours de cette funeste réunion du 7 février, le « rapporteur herbicide » explicite un point de vue décoiffant : « La toxicité du paraquat est un faux problème par lui-même au regard de la problématique plus générale des conditions d'utilisation des produits phytosanitaires. Une interdiction du produit ouvrirait la porte à l'utilisation du glyphosate. »

Faux problème ? Faux problème également celui des enjeux économiques colossaux du paraquat, qui représente à ce moment de l'histoire des centaines de millions d'euros de chiffre d'affaires pour Syngenta ? La réunion du 7 février 2003 ouvre la porte au paraquat au moment où toute l'Europe civilisée refuse un produit dangereux. La Suède est en pointe sur le sujet, qui a interdit le paraquat depuis 1983. D'autres pays, comme l'Autriche, le Danemark, la Finlande, la Hongrie, la Slovénie et la Suisse, ont fait de même. La menace d'une interdiction générale européenne plane, au point que le ministre des Affaires étrangères suédois, Anders Kruse, déclare tout net à l'AFP : « Ce produit chimique est très dangereux. Il est mortel, et il n'y a pas d'antidote. Une seule cuillerée et c'est une mort certaine, et très douloureuse.

Tout indique qu'il peut également endommager les nerfs et provoquer la maladie de Parkinson. »

Pourquoi la France souhaiterait-elle maintenir son autorisation, en particulier dans les DOM ? D'ailleurs, le souhaite-t-elle ? Oui, trois fois oui. Le patron de la DGAL, Thierry Klinger, qui s'est si lourdement illustré dans l'affaire des abeilles et du Gaucho, fait du lobbying en faveur du pesticide.

Le 3 octobre 2003 il triomphe, grâce à une alliance rare avec l'Angleterre, laquelle possède, il est vrai, l'usine qui fabrique en Europe le paraquat. L'Union européenne, réunie ce jour-là à Bruxelles, maintient pour dix ans, sous des conditions minimalistes, l'autorisation de pulvériser du paraquat [1]. Surtout loin de la métropole. Interrogé par *Libération* sur les raisons qu'a la DGAL de soutenir avec une telle force ce dossier, Thierry Klinger donne une réponse aussi splendide que vide : « Nous avons fait une enquête auprès des préfets des DOM. Une interdiction aurait posé des problèmes de remplacement du produit dans les Antilles, et cela demande du temps à mettre en place. » Passez, muscade, passez, bananes, passez, poison et suicidés.

Au printemps suivant – nous sommes le 5 avril 2004 –, la présidente de l'association Action Santé Environnement (ASE) adresse au ministre de l'Agriculture, Hervé Gaymard, une lettre ferme : « Je suis très étonnée qu'en l'espace d'un an seulement la France ait quitté les neuf autres pays qui étaient contre le paraquat, et, n'y ayant pas trouvé d'explication convaincante dans la presse, ni sur le site Internet du ministère de l'Agriculture, je me permets de vous demander, monsieur le ministre, de m'envoyer tous les documents expliquant de façon claire quels ont été les éléments déterminants pour que la France, qui en octobre 2002 se positionnait aux côtés de neuf autres pays européens en faveur du retrait du marché du paraquat, ait subitement changé d'avis. » Pas de réponse,

1. Lire C. Bensimon, « Paraquat, la mort au bout de la sulfateuse », *Libération*, 25 novembre 2003.

et l'on vous fait grâce des autres échanges, avec saisie de la Commission d'accès aux documents administratifs, la CADA pour les initiés. Rien, ce qu'on pourrait appeler du mépris.

Idem avec les États partenaires de l'Union européenne. En août 2004, la Suède, qui n'a pas digéré la volte-face française sur un dossier aussi sensible, contre-attaque. Elle saisit la Cour européenne de justice pour obtenir l'annulation de la décision prise par l'Union. Au motif que cela aurait été fait sans véritable examen, en s'appuyant sur une seule étude espagnole assurant que le paraquat est sans danger! Le ministre Kruse, déjà cité, va même jusqu'à déclarer, sans être pour autant traîné devant un tribunal : « Ils ont négligé les études donnant le résultat contraire. » « Ils », croit-on comprendre, ce sont les officiels français, comme pris en flagrant délit de quelque chose de triste autant qu'immoral. Mais « ils » sont décidément les plus forts. Jusqu'à quand?

Chapitre 5

Le grand débarquement

Où l'on fait la connaissance, en 1913, de professeurs Tournesol armés d'une lanterne dans les vignes de l'île d'Oléron. – Où l'on découvre avec horreur la puissance de feu du doryphore. – Où l'on saisit en un éclair comment l'industrie des pesticides s'est emparée de la France après 1945. – Où l'on tire son chapeau à Fernand Willaume, qui a entourloupé tout le monde, à commencer par nous.

Vous n'allez pas nous croire, mais tant pis : ces gens-là étaient formidables. Oui, les pionniers des pesticides étaient formidables, passionnés, altruistes. Ne remontons pas à la préhistoire et contentons-nous de la France. De la France des premières années du XXe siècle, lorsque tout semblait à portée de main.

Cette époque d'avant la grande tuerie de 1914 est simplement inoubliable. Dans le domaine scientifique, en Occident, les inventions pleuvent. En quelques dizaines d'années – disons de 1895 à 1935 –, on découvrira l'insuline, les ondes radiogalactiques, les premières substances anti-ovulation, la pénicilline, la polymérisation, les radioactivités naturelle et artificielle, les quasi-cristaux, les rayons X, la recombinaison génétique, la supraconductivité, mais aussi la transmutation, les virus, les vitamines, l'héparine, les groupes sanguins, l'eau lourde, la cortisone, la fonction des chromosomes, etc. Bien entendu, ce n'est qu'une courte sélection.

Ces années-là persuadent les mécréants les plus endurcis que la science est en train de vaincre le malheur. Qu'elle mènera les hommes à la victoire suprême contre la mort. Et cette douce croyance est alors la chose la mieux partagée au monde. Le bourgeois parisien s'en enivre tout comme l'anarchiste. Syndicalistes ardents du 1er mai naissant et impitoyables patrons partagent sans le savoir la même foi. Car c'en est une, évidemment.

À croupetons dans le vignoble d'Oléron

Comment aurait-on pu, dans ces conditions, tolérer *Otiorhynchus sulcatus* ? L'otiorhynque de la vigne, petit insecte, est assurément une vraie peste, n'ayons pas peur du mot. Tandis que les larves rongent les racines de la vigne, les adultes boulottent les nouveaux bourgeons et les grappes. Or ceux-ci vivent entre quinze et dix-sept mois, se cachant le jour avant d'attaquer la nuit. Oui, comment la France héroïque – et pinardière – des tranchées aurait-elle pu accepter pareil ennemi ?

Entre 1913 et 1917, un homme mène le combat en première ligne. Jean Feytaud est un grand entomologiste, obsédé à juste titre par les dégâts qu'infligent aux cultures une multitude de « parasites ». Que faire contre l'otiorhynque ? La science d'alors, dans ce domaine au moins, est si démunie que ses servants en éprouvent comme une affreuse vexation. Retenons cette dimension psychologique, qui jouera un grand rôle plus tard.

Feytaud lance son offensive avec une arme qui paraît aujourd'hui risible, car il s'agit d'une lanterne. Le maudit insecte étant nocturne, il décide de réunir une petite armée équipée de lampions, puis d'attirer l'animal et de le capturer en nombre. Encore faut-il bien choisir le lieu de l'affrontement.

Ce sera finalement l'île d'Oléron, où le vignoble est aussi limité qu'infesté. Du 15 mai au 1er juillet 1914, 100 kilos d'insectes adultes, soit environ un million et demi d'individus, sont éliminés. Feytaud est un fin connaisseur de la nature et il mène campagne en naturaliste. Il propose ainsi l'achat et la répartition de hérissons, splendides régulateurs naturels des insectes, prône la protection des batraciens, des musaraignes et de certains oiseaux insectivores. Bref, cet homme est bio.

Hourra ? Pas tout à fait. Il faudrait continuer le combat, recommencer, élargir le front, considérer les autres ennemis. Car la France est soumise naturellement à un nombre faramineux de « déprédateurs » implacables des cultures. Ils se nomment cochenilles, courtilières et criquets, pucerons, vers, papillons, comme le terrible carpocapse, cryptogames. Et tant d'autres ! Des envahisseurs les rejoignent de plus en plus souvent, à cause de cette mondialisation qui ne dit pas encore son nom. Le pou de San José, entre autres, est à nos portes.

Ne rions pas trop vite. La France a beau être une solide nation agricole, elle n'a pas oublié les famines passées. En 1870 encore, Paris a mangé du rat. De 1914 à 1916, la désorganisation liée à la guerre a réveillé les spectres les plus hideux. Il y a réellement de quoi s'inquiéter pour les cultures. Et Feytaud, par chance, n'est pas tout à fait seul. Une poignée d'hommes est rassemblée depuis 1915 dans un remarquable Service des épiphyties [1], appuyé sur cinq laboratoires entomologiques. Feytaud tient celui de Bordeaux, Paul Marchal dirige celui de Paris.

Ce dernier est un maître authentique, un savant à l'ancienne né en 1862, auteur de fortes découvertes dans l'embryologie des insectes. Il est aussi, ce qui ne gâte rien, d'une belle

1. Les épiphyties sont des maladies qui touchent une grande quantité de plantes d'une même espèce. Le mildiou en est une.

lucidité. On citera pour mémoire ces quelques mots écrits en 1907 : « L'intervention de l'Homme, en contrariant les lois de la nature, est pourtant capable de rompre cet équilibre naturel et de déterminer dans l'ordre existant une perturbation dont il peut être le premier à subir les funestes conséquences. »

Alerte générale aux doryphores !

Un envahisseur particulièrement retors va réunir ces nobles cœurs : le doryphore. Ce coléoptère originaire des États-Unis a suivi les troupes américaines débarquées en 1917 sur le continent européen. Il n'aime rien tant que la pomme de terre, et voici qu'en juin 1922 il est aperçu dans un champ de la commune du Taillan, au nord-ouest de Bordeaux. Feytaud, dont le labo est proche, va devenir en quelques années, grâce à la presse, « l'homme du doryphore ».

Il étudie la biologie du monstre, délimite les zones « perdues » et celles où l'on peut encore le contenir, dépêche ses hommes dans des « laboratoires de campagne ». L'animal est ainsi présenté sur des affiches officielles : « Le doryphore est un dangereux insecte d'origine exotique, dont il faut éviter la propagation et le maintien sur notre sol. La lutte contre ce fléau est poursuivie aux frais de l'État. La principale difficulté est de connaître à temps les foyers en formation. Chacun de vous doit aider à les découvrir. Surveillez les champs de pommes de terre. »

C'est donc la guerre, et elle sera perdue. Mais pour mieux en comprendre les enjeux, il faut préciser que la pomme de terre couvre en France, au début des années 1930, 1 500 000 hectares, soit 7 % de la surface labourée. C'est énorme ! Or, à la fin de 1933, le doryphore est présent dans 39 départements. L'année suivante, dans 58. Ce feu de brousse menace l'alimentation quotidienne d'un peuple.

En 1939, pendant que les chars allemands font chauffer leurs moteurs de l'autre côté de la ligne Maginot, le doryphore continue d'avancer. Il menace désormais tout l'Ouest, notre principale zone de production. Pour Feytaud et ses collègues d'avant la chimie de synthèse, l'humiliation est terrible, sans appel. Ils se voulaient les hérauts des cultures, leurs protecteurs, mais ils ont clairement échoué, vaincus par une paire d'élytres.

Fernand Willaume, ingénieur et maquignon

Parallèlement à cette histoire, un tout autre scénario s'écrit en coulisses. Son maître d'œuvre s'appelle Fernand Willaume. L'homme est d'autant plus passionnant qu'il réunit tous les fils, incarnant à merveille le passage d'un monde à l'autre [1]. Côté pile, Willaume est ingénieur agronome : il a été l'élève de Paul Marchal et, au début des années 1920, il est préparateur à la station entomologique de Paris, sous les ordres de ce dernier. Mais Willaume est un moderne, lui. Ambitieux, volontaire, imaginatif, il est aussi pratique. En 1926, il publie le *Guide des traitements des arbres fruitiers*. Pour la première fois, on y décrit méthodiquement tous les traitements applicables au verger, espèce par espèce, saison après saison. Une petite révolution.

Côté face, la guerre contre le doryphore lui ouvre de nouvelles perspectives. Il prend ses premiers contacts avec l'industrie chimique, qui pour l'heure ne s'intéresse pas encore aux pesticides. Le marché est bien trop étroit pour Progil, Pechiney, Roussel-UCLAF ou Rhône-Poulenc. Cela ne va pas durer.

En 1926 toujours, Willaume intervient au premier congrès national pour la lutte contre les ennemis des cultures. Il y affirme : « Le terme "insecticide", complètement dévoyé, est devenu dans nos campagnes synonyme de "poudre de Perlim-

1. Sur l'histoire des pesticides, lire l'excellente thèse de Rémi Fourche, *Contribution à l'histoire de la protection phytosanitaire dans l'agriculture française, 1880-1970*, université Lumière-Lyon-II, 2004.

pinpin", et on hésite souvent à l'employer par crainte de se donner une allure de charlatan.» Il réclame, et d'autres avec lui, une intervention de l'État pour garantir l'efficacité des «produits antiparasitaires», qui ne sont pas encore appelés «pesticides».

C'est une date clé : Willaume comprend que seul l'État permettra l'essor rapide des pesticides. Car alors règne la débrouille. Les mélanges arsenicaux, par exemple, ne sont pas les mêmes à Marseille, Lille ou Brest. Les préparations sont artisanales, instables, très souvent décevantes. L'État peut, l'État doit intervenir. Willaume sera embauché par Pechiney au début des années 1930, sans renoncer à ses rêves, qui sont grands.

Le premier lobbyiste des pesticides marque d'ailleurs des points. Un arrêté de 1938 charge un laboratoire public de surveiller l'efficacité des produits contre le doryphore. Un autre, le 7 décembre de la même année, crée un comité interprofessionnel chargé de préparer un plan de contrôle et d'homologation des pesticides. Nous sommes là de plain-pied dans l'histoire, une histoire dont nous ne sommes toujours pas sortis. Car ce comité est la préfiguration de tout le système actuel d'accointances et de connivences entre l'administration et l'industrie.

Willaume a saisi avant tout le monde que les pesticides ont besoin d'un système centralisé, officiellement «garanti» et donc «contrôlé». Le comité tripartite de 1938 rassemble l'État, par l'intermédiaire d'inspecteurs généraux de l'agriculture, l'industrie, représentée par l'ancêtre de l'UIPP, le lobby d'aujourd'hui, et les grandes structures agricoles, comme la Fédération nationale des producteurs de plants de pommes de terre. Willaume, son grand inspirateur, y participe, évidemment.

Rien n'est encore fait, certes. Mais tout est en place pour la loi de novembre 1943, qui imposera un premier système d'homologation et d'autorisation. La tentation de réécrire l'Histoire en fonction de ce que nous savons est grande, avouons-le. Et il serait assez simple de faire de Willaume un démiurge, un démon. Ce serait pur anachronisme : dans cet avant-guerre surchargé de nuages et de peurs, Willaume est seulement un homme entreprenant. Il noue des liens qui ne se déferont plus entre l'industrie, la science et l'État. De son point de vue, il incarne l'avenir et le progrès en marche. Il sait les dégâts qu'un insecte peut infliger au blé ou aux cerisiers, et devine que la chimie va bouleverser la donne.

D'autres sont plus naïfs. Moins intéressés peut-être. Les Marchal ou Feytaud ne songent de leur côté qu'à une chose : œuvrer. Il faut trouver des solutions concrètes aux situations concrètes, diffuser les connaissances, rassembler les énergies. En novembre 1926 – décidément, quelle année ! –, une poignée de précurseurs créent la Ligue nationale de défense contre les ennemis des cultures. Qui la dirige ? Essentiellement des professeurs et des ingénieurs. Les premiers appartiennent à la science, comme Paul Marchal, qui sera vice-président. Les seconds à l'État, comme Émile Blanchard, ingénieur agronome et directeur des services agricoles de Seine-et-Oise.

Cette société savante naît en vérité dans une certaine ambiguïté, qui deviendra manifeste les 24 et 25 juillet 1929. La jeune Ligue participe ces jours-là à un congrès organisé par une société privée de chemin de fer, PLM. Laquelle y présente divers appareils destinés à lutter contre les « parasites » agricoles. Et dès le 1er décembre 1932 plusieurs industriels de la chimie adhèrent directement à la Ligue. Il s'agit de la Littorale (Béziers), de Progil (Lyon), de la Société des produits chimiques Coignet (Paris) et de la Marseillaise du sulfure de carbone (Marseille).

Mais à quoi, mais à qui va servir cette ligue ? Hélas, et sans jeu de mots, le ver est dans le fruit. Le congrès de 1934 est organisé en même temps qu'un Salon de la machine agricole. Tout se confond déjà : le congrès de la Ligue se transforme en foire aux produits de traitement et aux engins. « Grâce » à la Ligue, trente-deux entreprises exposent sous les yeux de ces excellents prescripteurs que sont professeurs, directeurs et inspecteurs de l'Agriculture.

Certes, la cause est sacrée, revenons-y une seconde. Qui ne serait d'accord pour limiter les dégâts agricoles ? Qui ne serait partisan d'augmenter massivement les récoltes de pommes de terre ou de céréales ? L'avant-guerre, retenez bien ce paradigme, voit naître une coalition des bonnes volontés rassemblant les scientifiques, l'État, l'industrie, les premiers syndicats agricoles. Quelques dizaines de personnes, qui se connaissent toutes, qui se fréquentent, qui s'échangent sans cesse services, faveurs ou défaveurs, s'emparent à jamais de la question des pesticides.

Triomphe du DDT sous la botte allemande

Voulez-vous la suite ? Nous l'espérons, d'autant plus qu'elle est captivante. Le lobbyiste Fernand Willaume est donc au service de Pechiney dès avant la guerre. Il convainc l'industriel d'acheter à une société italienne une licence pour fabriquer un oxychlorure et fait construire de nouveaux ateliers permettant la production de divers arséniates. Bref, il innove et agrandit le secteur dédié aux pesticides. Et surtout, surtout, Willaume programme au beau milieu de la guerre et de l'occupation allemande le lancement d'un insecticide miraculeux, l'hexachlorocyclohexane (HCH).

Le HCH n'est pas encore ce poison atroce qui sera interdit en 1974. Non. En 1942, ses effets insecticides viennent d'être confirmés par des travaux menés par Marc Raucourt. Le télescopage est complet, car Raucourt appartient lui aussi à la lignée pionnière, celle de Marchal. Chercheur d'une rare compétence, il dirige juste avant la guerre le premier laboratoire français consacré à la phytopharmacie, autre nom plus aimable des pesticides. Raucourt et Willaume ont travaillé ensemble à de multiples reprises, le premier dans la science fondamentale, le second dans ce qu'on appellerait aujourd'hui la technologie. Le pacte fondateur des pesticides modernes est comme signé par ces deux hommes.

Modernes, car le HCH est d'un type radicalement nouveau, issu de la chimie du chlore. C'est un organochloré, comme le DDT, découvert en 1939 et dont toute la chimie française parle avec passion depuis que Bernard Trouvelot, un de ses pontes, a reçu de Suisse une carte postale adressée par un collègue. Elle est datée du 16 août 1942 et dit notamment : « Je viens de voir un produit nouveau de chez Geigy, de Bâle, le Gésarol [...]. Partout on m'a vanté les qualités nouvelles de ce produit : il s'emploie en pulvérisation, mais il n'est pas du tout toxique pour l'homme [...]. J'ai pu ramener quelques hectogrammes du produit. En voulez-vous ? »

Cet extrait est de choix, car le Gésarol est le nom commercial du DDT, appelé au triomphe dans toutes les plaines de France et de Navarre. On pourrait simplifier l'affaire et, du coup, la caricaturer. Mais le DDT fut au départ le symbole même de la vie. Quand les camps nazis furent enfin ouverts sur l'horreur du monde, il fallut aider des morts à renaître. Des infirmiers, des médecins déversèrent sur des hommes agonisants des sacs entiers de ce nouveau produit destiné à tuer les poux, infernales bestioles. À Bergen-Belsen, en avril 1945, « ils iraient ensuite à ce que nous appelions la Blanchisserie humaine, où ils seraient lavés et rasés, saupoudrés de DDT par les infirmières de l'hôpital militaire allemand et puis transférés nus aux salles de l'hôpital. Ils y restaient, toujours nus, jusqu'à ce qu'ils mourussent ou bien jusqu'à ce que nous réussissions à les vêtir [1] ».

Et de même à Auschwitz, où un certain Primo Levi, ingénieur chimiste de formation, fut libéré *in extremis* par l'Armée rouge. Après des mois d'errance, jusqu'en Union

1. M.W. Gonin, cité par la Fédération nationale des déportés et internés, résistants et patriotes.

soviétique, Levi arrive enfin en Autriche. Et alors « apparurent dix fonctionnaires, à l'aspect martien, enveloppés dans des survêtements blancs, avec un casque et un masque à gaz. Ils empoignèrent les premiers du troupeau et sans plus de façon leur enfilèrent les petits tuyaux des instruments [...] par toutes ouvertures de leurs vêtements : dans le col, dans la ceinture, dans les poches, sous les pantalons, sous les jupes. C'étaient des espèces de soufflets mécaniques, qui injectaient de l'insecticide en poudre – du DDT, nouveauté absolue pour nous [1] ».

En 1945, dans l'Europe libérée de la peste nazie, le DDT fut une authentique merveille. Et qui l'oublie ne peut comprendre la suite des événements. L'opinion, toutes les opinions étaient prêtes à accepter, à plébisciter les nouvelles molécules. Les professeurs d'avant la catastrophe, qui avaient échoué dans leur lutte contre le doryphore, trouvaient là, comme par miracle, une solution à tous les problèmes. Confrontés aux drames quotidiens de la reconstruction et du rationnement, ils détenaient enfin la clé du succès et de la réhabilitation. Ils n'avaient d'ailleurs aucune raison impérieuse, malgré de premiers avertissements venus d'Amérique, de craindre la toxicité des nouveaux produits. Comment auraient-ils résisté ? Pourquoi se seraient-ils opposés ?

De nouvelles molécules par centaines

La Libération marque pour les pesticides davantage qu'un tournant. L'irruption des organochlorés s'accompagne en effet d'un complément mêlant publicité *made in USA* et propagande. D'un côté, le cinéma et Hollywood. De l'autre, les sinistres trouvailles des aventures totalitaires. Un homme incarne mieux qu'aucun autre ce basculement. Encore et toujours le même : Fernand Willaume.

1. P. Levi, *La Trêve*, in *Œuvres*, Robert Laffont, 2005, p. 304.

À la sortie de la guerre, Willaume représente à lui seul l'industrie des pesticides. C'est d'ailleurs ès qualités qu'il rejoint en 1945 le conseil d'administration de la Ligue nationale de défense contre les ennemis des cultures, la société savante de Paul Marchal et consorts. Le loup des pesticides entre dans la bergerie des bons professeurs. Dans la foulée, il crée le « Comité de propagande pour la défense des cultures » (rigoureusement *sic*) et une société d'édition, Ruralia, dont il devient le directeur général.

Ruralia n'est pas là pour inaugurer les chrysanthèmes. Il s'agit bien davantage de distraire et attirer par la pure propagande. Ce qui donnera un formidable outil, le journal *Phytoma*. Ce titre de presse est un chef-d'œuvre toujours inégalé. Créé par Willaume et son Comité de propagande, il accueille en son sein, pour commencer, l'essentiel des sociétés savantes de l'époque.

D'abord la Ligue, à laquelle Willaume propose en 1951, benoîtement et gratuitement, des actions de Ruralia. La Ligue accepte le pacte et entre dans le comité de rédaction de *Phytoma*. L'année suivante, les scientifiques de la Société française de phytiatrie et de phytopharmacie rejoignent le navire. Sont-ils crédules à ce point ? Les voilà en tout cas embarqués avec l'industrie, dans le rôle d'alibi et de caution morale. En 1953 enfin, le ministère de l'Agriculture accorde son parrainage à la revue.

Phytoma, organe de combat, peut enfin rayonner. Et le mot n'est point trop fort, car chaque livraison touche au bas mot trente-cinq mille personnes qui sont le cœur de cible de l'industrie des pesticides. En outre, le journal est l'organe des « Avertissements agricoles », structure décisive entre toutes. Car, dans chaque grande région, le ministère de l'Agriculture entretient des équipes chargées de prévenir les paysans des meilleures dates pour traiter leurs champs. Tout en donnant au passage des conseils « désintéressés » sur les produits efficaces contre telle ou telle infestation. On imagine l'intérêt stratégique d'une telle position.

Témoin précieux de cette époque, Daniel Matouret entre à l'École nationale d'horticulture, à Versailles, en 1946, à 21 ans, et intègre en 1949 l'INRA, qui vient d'être fondé. Lancé comme beaucoup d'autres dans la lutte contre les parasites, il passe en quelques années de l'artisanat aux méthodes industrielles. Dans un premier temps, il chasse le taupin en Bretagne, ou la mouche des fruits dans le Roussillon, essentiellement avec des pinces, des pioches et des pelles. « Évoquant les moyens de travail très frustes dont [Pierre Grison] disposait alors, explique Matouret, celui-ci m'a raconté souvent qu'à l'occasion de ces labos de campagne il avait été amené à construire une étuve en creusant un trou dans la terre, en la recouvrant avec un couvercle en bois et en mettant une lampe à pétrole dans le trou à côté pour la chauffer. Faute de matériel, il avait été conduit aussi à fabriquer une balance romaine avec une règle et du fil de fer [...]. Il fallait tout faire soi-même [1] ! »

Changement radical quelque temps plus tard : « Consécutivement à mes débuts, de grandes opérations phytosanitaires avaient été montées en vue d'accroître le rendement de grandes cultures, à l'aide d'insecticides organochlorés, DDT, HCH, etc., qui semblaient être la panacée universelle [...]. Il faut dire que les connaissances que l'on avait des populations et des interférences dans les chaînes alimentaires restaient encore très frustes et on commençait seulement à se préoccuper de l'action des traitements sur l'entomofaune [les insectes] utile, c'est-à-dire sur les ennemis naturels des ravageurs eux-mêmes. »

En Bretagne, à la même époque, un petit paysan intelligent et moderniste reprend la ferme de ses parents. André Pochon, très connu aujourd'hui dans les milieux agricoles et au-delà [2],

1. Entretien de D. Matouret avec D. Poupardin et P. Desbrosses, archives INRA.

2. Il est l'auteur de plusieurs livres, dont *Les Champs du possible* (Syros, 1998).

se souvient parfaitement des grands débuts de la chimie chez lui : « En 1947, notre grosse coopérative agricole, l'Office central de Landerneau, a proposé de nouveaux produits à utiliser sur nos pommes de terre de sélection. C'était une filière nouvelle, qui promettait de nous faire gagner davantage, mais, pour la suivre, il fallait traiter contre le taupin avec du HCH. Et puis contre le doryphore. On utilisait un pulvérisateur à dos, et inutile de dire qu'on en prenait plein la… figure. Il ne fallait pas plaisanter, car le contrôleur passait trois fois par an dans nos champs. Et quand il disait : “Là c'est foutu, je ne prends pas”, eh bien, c'était tant pis pour nous [1] ! »

Une machine paratotalitaire

Ainsi fut-il. Une formidable machine économique, commerciale, politique et finalement culturelle allait changer en quelques années la face de l'agriculture française. On appréciera à sa juste et grande valeur le cri d'angoisse du docteur Frankenstein regardant sa créature lui échapper. Marc Raucourt, celui-là même qui avait confirmé en 1942 les propriétés insecticides du HCH, déclare en 1954 à Gland (Suisse), au cours d'un symposium scientifique : « Trop préoccupés du but à atteindre qui est de protéger une culture ou un produit agricole de l'invasion d'un parasite, ou des ravages d'un déprédateur, la plupart des chercheurs, des vulgarisateurs et des praticiens ne songent pas à examiner attentivement les conséquences secondaires et lointaines de leurs interventions mettant en œuvre des agents chimiques. » Il est déjà trop tard.

Fernand Willaume était-il de bonne foi ? La question n'a guère de sens. Se doutait-il de quelque chose ? Avant de mourir, en 1957, il eut, quoi qu'il en soit, le temps de parachever son œuvre. Nous avons vu comment, dès 1945, il prit en main

1. Entretien avec les auteurs, 9 septembre 2006.

le dossier des pesticides. Durant les années suivantes, les masques tombent un à un. En 1947, par exemple, la Ligue, que Willaume a infiltrée, organise de vastes journées d'information. Et confie au lobby patronal que dirige Willaume le soin d'y présenter toutes les nouveautés du marché. *Idem* en 1949. Le reste n'est que litanie : toutes, rigoureusement toutes les organisations publiques ou privées qui s'occupent de pesticides finissent par manger dans la main de Willaume.

Les 28 et 29 novembre 1956, la consécration est totale. La Ligue, qui vient de changer de nom [1], organise de grandes journées techniques au musée Guimet, à Paris. Les (timides) précautions d'antan n'ont plus cours. La revue *Phytoma* écrira sans détour en mars 1957 : « Ces journées ont permis de mettre en lumière un nombre prodigieux de substances nouvelles pouvant, dans un avenir plus ou moins proche, prendre place parmi les techniques de destruction des mauvaises herbes. »

Pourquoi se gênerait-on puisqu'on est entre amis ? Lors de ces journées, la Shell, géant du pétrole et de la chimie, projette un film intitulé *Alerte aux insectes*. L'un des maîtres de cérémonie s'appelle Pierre Poignant, et il est chef de la section herbicides chez Pechiney-Progil. Suivez avec nous ce compte rendu d'anthologie tiré des archives de la Ligue (et exhumé par Rémi Fourche dans sa brillante thèse [2], que nous avons lue avec un grand profit) : cette réunion « est la preuve que le sujet intéressait aussi bien les producteurs-agriculteurs que les chercheurs des usines et des laboratoires, les services administratifs du ministère de la rue de Varenne, les fabricants de produits et d'appareils de traitements, les entrepreneurs de travaux de défense et les vendeurs qui sont au contact des usagers ».

1. Elle est devenue en 1955 la Fédération nationale de protection des cultures (FNPC) et sera plus tard la FNGPC, le G signifiant « groupements ».
2. R. Fourche, *Contribution à l'histoire de la protection phytosanitaire dans l'agriculture française, 1880-1970, op. cit.*

Le noyau dur de l'entreprise est là. Et il n'est pas interdit d'y voir une inspiration paratotalitaire. Admettons qu'elle aura échappé à ses fondateurs. Reste que tout l'espace est pris par les mêmes, que chaque position, comme sur un champ de bataille, est occupée. Il n'y a aucun recours possible, aucun contre-pouvoir établi. Qui pourrait, qui oserait critiquer une construction perpétuellement confirmée et légitimée par elle-même ? Ce qu'on appellera ensuite la « société civile », c'est-à-dire nous tous, est simplement nié. Et la plus élémentaire démocratie également.

On citera rapidement, pour ne pas trop vous lasser, d'autres épisodes pourtant lourds de conséquences écologiques et sociales. L'INRA par exemple, notre grand institut public, se compromet lui aussi, sans façon, avec le lobby. Exemple entre cent : le 18 mai 1961, c'est l'INRA lui-même qui organise à Versailles, avec les mêmes acteurs, un colloque consacré au désherbage.

Désherbage ? Eh bien, oui. Marchands et techniciens ont vite compris l'intérêt d'une nouvelle classe de produits tournés contre les mauvaises herbes. À la suite des journées techniques de 1956, un haut responsable du ministère de l'Agriculture, Charles Vezin, a eu l'idée d'une structure spécifique, interprofessionnelle, entièrement vouée aux herbicides.

Ce qui est extraordinaire, c'est que cet organisme imaginé par l'administration reste trois ans en gestation avant d'être lancé par la Ligue, association de droit privé elle-même dirigée en sous-main par l'industrie. Le 1er décembre 1959, une première réunion de ce qui deviendra le Comité de lutte contre les mauvaises herbes (Columa) est organisée. Par qui ? Mais par le successeur de Willaume, bien entendu.

François Le Nail est un étonnant personnage. Licencié de philo et de lettres pendant la guerre, il devient à la fin des années 1940 un technicien supérieur de la patate. Travaillant pour l'Institut technique de la pomme de terre, il publie en 1956 un *Guide pratique de lutte contre les ennemis des cultures*. Il est tout sauf scientifique. Mais c'est un excellent « communicant », tout prêt à prendre la place de feu Willaume.

Les places, plutôt. Car au fil des ans, changeant de casquette comme on change de veste, Le Nail sera tantôt secrétaire général de la Chambre syndicale des pesticides – le patronat –, tantôt responsable de la Ligue, tantôt seul employé de notre fameux Columa. Lequel Columa, refermons le cercle, sera longtemps présidé par Jean Bustarret, directeur général de l'INRA, public pourtant. Le royaume enchanté des pesticides est une farandole où chacun change de place au coup de sifflet du gentil organisateur. Et où tout le monde se tient par un coin de la barbichette. En tout bien tout honneur, cela va de soi.

M. Bouron devient journaliste

Nous allons nous arrêter là, car la (petite) liste des acteurs de premier plan de ce dossier terrible réserve une trop longue série de surprises. Ajoutons tout de même, pour notre bon plaisir, deux cas.

D'abord, celui de Jean Thiault. Nous reviendrons au chapitre 11 sur son rôle dans la supercherie de l'« agriculture raisonnée », dont il fut à la fin des années 1990, en tant que président du FARRE, une pièce maîtresse. Mais Thiault fut aussi directeur, à partir de 1980, du Service de protection des végétaux (SPV). Nous n'avons pu, hélas, vous détailler le rôle central de ce service du ministère de l'Agriculture. Le SPV, imposé par les Allemands pendant l'Occupation, fut chargé de pratiquement toutes les mesures de contrôle et d'homologation des pesticides en France pendant des décennies. De la police, de la justice, de la douane aussi bien.

Vous penseriez volontiers, avec nous, qu'une telle responsabilité implique des règles strictes de fonctionnement, la délimitation pointilleuse des frontières avec les domaines que l'on doit surveiller, éventuellement réprimer. Et vous auriez gravement tort. Cela ne se passe pas ainsi en France, surtout pas en matière de pesticides.

Jean Thiault, au demeurant un homme de bonne compagnie, qui a travaillé dans l'Algérie indépendante entre 1963 et 1965, à l'époque des pieds-rouges, fut également dès 1985 président fondateur de l'Association nationale pour la protection des plantes (ANPP). Indiscutablement, les défenseurs des pesticides aiment les sigles et adorent en changer. L'ANPP est, comme on l'imagine, un lieu où l'industrie laisse son rond de serviette, et rassemble évidemment les mêmes gens. Thiault y a été secondé, entre autres, par Robert Agulhon, au service des grandes coopératives viticoles, et Roger Bailly, un proche de Le Nail.

Deux phrases de plus au sujet d'Hubert Bouron, cas époustouflant s'il en est. Car ce fonctionnaire fit toute sa carrière au Service de protection des végétaux déjà cité, où il passa trente-huit ans au total. Et pas n'importe où : dans le Saint des saints de cette Commission d'étude de la toxicité que tous appellent la Comtox, chargée de la mise sur le marché français des pesticides. On l'admettra sans peine, voilà un poste important.

Or Bouron fut plus qu'aucun autre celui qui décidait. Chaque semaine, à la bonne franquette, il retrouvait son ami Élie Ventura, du laboratoire de phytopharmacie de l'INRA, pour examiner les dossiers d'homologation déposés par l'industrie [1]. Avaient-ils le temps ? Raisonnablement, non. On ne dépiaute pas des centaines, des milliers de dossiers techniques chaque année avec deux paires de petits bras. En avaient-ils les capacités ? Non, évidemment : quel miracle aurait pu doter deux hommes d'un savoir pareillement encyclopédique ? Et d'une telle force de travail ?

En avaient-ils au moins le droit moral ? Hum, on aimerait avant de répondre sortir un joker. En 1986, la revue *Phytoma*,

1. Nous nous appuyons là sur les indiscutables Pierre Grison et Jean Lhoste, auteurs de *La Phytopharmacie française, chronique historique*, INRA, 1989.

réacteur nucléaire du lobby français des pesticides, avait, comme il se doit, un comité de rédaction. Et qui en était le président ? Hubert Bouron.

Des millions de pulvérisateurs

Tout cela est bel et bon, c'est-à-dire triste à pleurer, mais n'est-ce pas le résultat qui compte ? Après tout, peut-être que les pestes agricoles ont finalement été vaincues ? Si vous êtes un peu fatigués par cette longue route, attrapez donc un morceau de sucre – bio –, et remontez en selle avec nous. Souvenez-vous que l'aventure a commencé avec Marchal et Feytaud, accroupis dans les vignes à la recherche de leurs damnés charançons. Les malheureux savants avaient donc été ridiculisés par des cohortes de doryphores venus d'Amérique, qui ne perdaient rien pour attendre. Le HCH et le DDT de l'après-guerre allaient enfin donner une leçon à ces malotrus et sauver la pomme de terre de France.

Au début des fumigations, pulvérisations et lâchers massifs, tout va bien, il est vrai. Des milliers d'hommes reçoivent au passage des doses élevées de produits fort dangereux, mais tous l'ignorent et chantent dans les nuages de DDT. Ils ignorent qu'en Amérique, patrie du doryphore, les choses commencent à mal tourner. Dès 1943 en effet, des doryphores résistant au DDT font leur apparition. Quatre ans seulement après la découverte du produit !

En France pourtant, et comme si de rien n'était, une véritable armada se met en place. Dès 1945, les services d'État se montrent enthousiastes et piaffent d'impatience. Et, en 1946, 3 millions de pulvérisateurs à dos, 14 000 à traction animale et 800 à moteur sont disponibles pour éradiquer le doryphore. En 1952, les pulvérisateurs à moteur seront 350 000. Une note officielle de l'Inspection générale de l'agriculture, en date du 15 mars 1946, affirme : « Le ministère de l'Agriculture tient à faire connaître que les méthodes de lutte contre le doryphore se sont malgré la guerre considérablement développées et perfectionnées. » Le 9 mai de la même année, le responsable du Service de protection des végétaux (SPV) dans la région de Rennes lance même un appel à la radio pour inciter à « essayer ces produits insecticides nouveaux ». Peut-être l'ami Pochon l'aura-t-il entendu, qui sait ?

En seulement quelques années, l'usage du DDT, et aussi du HCH, de la dieldrine, du lindane, se répand au détriment des vieux produits arsenicaux (arséniates de chaux et d'alumine). Mais il n'y a décidément rien de naturel dans cette révolution des traitements. Car, d'une part, les arsenicaux n'ont pas démérité à ce point et, d'autre part, ils restent beaucoup moins chers. Dans certains cas parfaitement documentés, leur usage coûte six fois moins que celui des organochlorés. Puis, si dément que cela paraisse, certains parmi ces derniers, dont le HCH, donnent un goût souvent détestable aux végétaux traités. Il y en a qui deviennent invendables !

Mais le pire est à venir. Entre 1957 et 1967, la résistance des doryphores en France devient générale. Les témoignages se multiplient : on manque de produits dès juin pour avoir trop épandu, on ne sait plus quoi faire et, pour finir, on appelle au secours. Qui ? Mais l'État impartial, cela va de soi.

Lequel va aider à la manœuvre grâce à ses dévoués services – Service de protection des végétaux en tête –, soutenus par les gens de la Ligue, elle-même phagocytée par le lobby patronal. Leurs conseils conjugués ne vous étonneront pas : il faut utiliser de nouvelles molécules. Le Gésarol de 1942 – le DDT – sera tantôt remplacé, tantôt associé au lindane, au toxaphène, à l'aldrine. La région (administrative) de Lyon annonce l'abandon du DDT en 1966. Celle d'Angers fait de même. L'heure est au grand passage (en force). Les organochlorés seront chassés par les organophosphorés et les carbamates, nouvelles classes de pesticides. Les marchands sont contents.

Mais nous, nos rivières, nos aliments, nos âmes ? Nul ne s'en soucie une seule seconde. Ne soyons pas injustes, il y aura quelques satisfaits, dont les acariens. Faut-il vous présenter ces animaux (presque) invisibles, qui habitent jusqu'à nos chambres à coucher et nos lits ?

Bien le bonjour des acariens

Avant la Seconde Guerre mondiale, ils sont si peu connus en agriculture que la littérature spécialisée les ignore. Mais, dès 1946, l'affolement s'empare des spécialistes. Au soixante-dix-septième congrès pomologique – la pomologie est l'étude des fruits –, cette année-là, un intervenant dénonce des « attaques d'araignées rouges en Auvergne à la suite d'emploi d'insecticides de synthèse ». Or ces araignées sont des acariens, dont on retrouve deux cents individus et autant d'œufs sous chaque feuille de vigne !

En 1957, c'est un responsable de l'INRA, M. Rambier, qui dénonce le pullulement d'araignées rouges dans le vignoble biterrois, accusant directement le parathion, insecticide de synthèse très toxique. Comment est-ce possible ? Des études attentives démontrent trois faits accablants. Et d'un : les nouveaux pesticides ont éliminé les prédateurs naturels des araignées rouges. Et de deux : ils ont du même coup libéré des niches écologiques qui peuvent être occupées par d'autres. Et de trois : les pesticides dopent la fécondité des acariens. Incroyable, mais vrai : les acariens profitent de la chimie de synthèse et prospèrent presque sans limite.

La seule solution, applaudie des deux mains par l'industrie, réside dans l'intensification, c'est-à-dire la fuite en avant. À chaque nouveau problème, clame la propagande *ad hoc*, correspond, comme dans le meilleur des mondes possibles du docteur Pangloss, une nouvelle molécule. Qui gagne à ce jeu infernal ? On ose à peine vous le demander. La contamination généralisée de la France par les pesticides trouve ici l'une de ses causes premières.

Fermons le ban, car c'en est trop, même pour nous. Voici

deux séries de chiffres contre lesquels personne ne peut rien. Même Fernand Willaume – paix à son âme – aurait eu du mal à riposter.

Selon des estimations officielles, en 1934, 236 espèces étaient classées comme parasites des cultures. Parmi elles, des virus, des bactéries, des champignons, des insectes, des mollusques, des oiseaux, des mammifères, des nématodes, des acariens. 236, donc, au total, dont 140 espèces d'insectes.

En 1972, après trente ans de bouleversement des écosystèmes par la chimie, elles étaient 643 au total, soit environ trois fois plus. Dont 278 espèces d'insectes. Un triomphe.

Autre merveille : entre 1961 et 2000, 255 matières actives de la chimie de synthèse – des molécules – ont été légalement retirées du marché français. La plupart étaient vieillies ou jugées plus assez rentables. Combien ont pu, grâce à M. Willaume et ses successeurs, être commercialisées dans le même temps ? 627. *Standing ovation.* Ovation debout pour les inventeurs d'un monde meilleur.

Chapitre 6

L'INRA sur le banc des accusés

Où l'on fait la connaissance des ancêtres de l'INRA, de bien braves gens. – Où l'on retrouve Fernand Willaume, agent de l'industrie, en très nombreuse compagnie. – Où l'on regarde par-dessus l'épaule de Jean Bustarret, créateur de l'INRA et grand adorateur des herbicides. – Où l'on voit apparaître, tout contre lui, Marcel Valtat, le grand désinformateur du dossier de l'amiante. – Où l'on espère qu'un certain rapport de 2005 va enfin changer les choses.

L'Institut national de la recherche agronomique a beaucoup à se faire pardonner, mais ce serait une grosse erreur que de se tromper d'époque. Car avant l'heure grave des bilans, il y eut l'élan des pionniers, le souffle épique de l'aventure, des idées, de l'enthousiasme. Oui, l'INRA est né dans l'enthousiasme de la jeunesse.

Quand ? En 1946, avec une seule et unique mission déléguée par une société exsangue : nourrir les hommes. Les nourrir aujourd'hui, et faire disparaître demain – objectif atteint en 1949 – ces coupons de rationnement qui ont été l'un des traumatismes de notre XXe siècle français. Entre 1940 et 1945, le pays du vin, du pain et du fromage a renoué avec ses pires frayeurs. On avait faim au cœur de la Ville lumière. On se bousculait pour un quignon, on se haïssait pour quelques haricots, on se battait pour une place dans la queue. L'INRA a donc été, avant toute autre chose, le héros collectif de la France.

Quelle en a été l'ossature ? Qui ont été les premiers ? Une poignée de vieux maîtres rescapés de toutes les erreurs et guerres passées, et de jeunes ingénieurs agronomes, fougueux, sans expérience, prêts à soulever un monde agricole qui venait de décevoir son peuple. La confrontation entre citadins et ruraux, sur fond de disette, ne fut pas d'une gaieté folle, quoi qu'aient pu écrire sur le sujet certains esprits pressés. Pour un beau geste, combien de surenchères sur le prix d'un litre de lait ou d'un jambon ?

On se souvient du cri des anciens de 14 : « Plus jamais ça ! » Plus jamais la boucherie, plus jamais l'horreur des tranchées. Ceux de l'INRA en 1946 ne sont pas loin de penser la même chose de l'agriculture française. Il ne faut pas la réformer, mais la révolutionner. Et toute la France du Conseil national de la résistance entonne peu ou prou le même refrain. Même de Gaulle tempête contre ces élites économiques qui se sont couchées devant les nazis. L'heure est aux nationalisations, au contrôle public, au Plan.

L'INRA naît ainsi de la rencontre entre une époque et une croyance. D'un côté, un grand sursaut historique, où le mot « révolution » est employé même par certains démocrates-chrétiens. De l'autre, ce bon vieux scientisme, dopé comme jamais par l'apparition miraculeuse de la technologie américaine, qui multiplie inventions et tracteurs comme autant de petits pains. La machine, alliée à l'intelligence de l'homme, aidera à construire un monde de paix et d'abondance universelles. Telle est la vision. Tel sera, en fin de compte, le dogme.

Revenons à nos jeunes impétueux des premiers jours. À la Libération, leurs maîtres se comptent sur les doigts des deux mains. Citons parmi eux Jean Bustarret, rapporteur du projet de création de l'INRA devant le Conseil d'État, dont on reparlera longuement, Luc Alabouvette ou encore Robert Mayer. Ce groupe microscopique de professeurs s'appuie sur une quinzaine d'ouvrages de base, dont, en langue française, *L'Hérédité* d'Émile Guyénot, *L'Espèce* de Lucien Cuénot ou *La Culture des tissus* de Roger Gautheret. Ils se feront vite admirer de leurs élèves, suscitant chez eux une reconnaissance qui résistera au temps. La chose est loin d'être anodine, car l'INRA des origines est un creuset d'où surgiront plus tard l'esprit de corps, la légitime fierté, mais aussi l'insupportable arrogance.

Le maïs envahit la France de 1950

Comment les choses se passent-elles entre les ancêtres de l'avant-guerre et les zazous de la renaissance ? Fort simplement, comme en témoigne l'académicien André Cauderon, alors tout jeune chercheur [1] : « Pour le maïs, Jean Bustarret, rentrant d'une mission en Amérique du Nord avec Luc Alabouvette, fin 1946, m'a dit : "J'ai vu là-bas des maïs précoces qui ont l'air intéressants. Voici quelques adresses. Vous écrivez, vous demandez des lignées, des hybrides, des documents et vous regardez ce qu'il y a derrière." C'est la seule directive que j'ai reçue, et je crois qu'elle était excellente [...]. Ces dirigeants ont eu le mérite de savoir faire confiance et d'ouvrir des pistes nouvelles, d'éviter le détail tout en maintenant le cap et en surveillant le mouvement. En dehors de l'INRA, la bureaucratie manifestait un certain scepticisme sur ces aventures. »

Cette citation nous semble essentielle. Et pour cause ! Elle marque le point de départ d'un foudroyant développement des hybrides de maïs, dont le paysage français, ses sols et ses

1. André Cauderon a appartenu à l'INRA de 1945 à 1989. Membre de l'Académie d'agriculture, il est considéré à juste titre comme l'un de nos meilleurs spécialistes de la sélection du maïs. Les propos qui suivent ont été tenus au colloque *L'Amélioration des plantes. Continuités et ruptures*, Montpellier, octobre 2002.

rivières ne se sont toujours pas remis. Petite cause apparente, immenses conséquences visibles.

Mais il faut ajouter des précisions. En 1946, Alabouvette et Bustarret prennent donc l'avion pour les États-Unis. Ils en rapportent « l'image d'une agriculture extrêmement mécanisée, et d'une mécanisation qui passe par l'introduction de nouvelles semences à hauts rendements, comme les hybrides de maïs. Une fois cette piste ouverte, l'introduction des hybrides américains va se faire en deux temps. De 1947 à 1951, il va s'agir d'importer des semences hybrides américaines, de les tester dans différentes régions françaises en les comparant aux variétés de populations pour montrer leur supériorité. À partir de 1951 et jusqu'en 1958, l'objectif est de créer des hybrides franco-américains en croisant les lignées américaines avec des lignées françaises [1] ».

Le maïs, ce maïs pollueur et goulu, ce maïs qui a détruit le Marais poitevin et ravagé tant de vieilles régions agricoles, a en somme été importé par des militants de sa cause, aveuglés par la puissance technique du Midwest américain. Les premiers hybrides développés par l'INRA portent le doux nom de W240 et W255. Triomphe garanti : les surfaces de maïs passent de 300 000 à 700 000 hectares entre 1950 et 1960. La France n'aura plus faim de sitôt, mais elle va connaître de nouveaux problèmes, que les promoteurs du maïs et des pesticides feront tout pour nier. Car la vérité est simple et cruelle : l'INRA a joué un rôle moteur dans la contamination généralisée de l'Hexagone.

Pour mieux comprendre, il faut nous concentrer sur la personnalité de Jean Bustarret. C'est avant tout un provincial, dont la famille est puissamment enracinée depuis au moins le XVIe siècle à Brassempouy, un village landais de la Chalosse, entre Béarn et Adour. Bustarret, tout au long de sa carrière, entretiendra la maison familiale, qui date de 1840. Mais il

1. F. Thomas, « L'introduction et l'expansion des hybrides en France, 1930-1970 », *ibid.*

n'est pas le premier de la lignée à tourner le dos à la terre. Son grand-père avant lui a gagné Bordeaux, où il est devenu courtier maritime. C'est d'ailleurs dans cette grande ville qu'est né Bustarret, le 25 janvier 1904. Il est un élève brillant, en particulier au lycée Montaigne, mais une santé fragile lui interdit les voies royales qu'il aurait probablement préférées. Ce sera donc l'Institut national agronomique, cet INA de l'avant-guerre dont le prestige reste faible.

Il y entre en 1924 et en sort ingénieur agronome en 1926. En 1930, il est embauché par un laboratoire d'études agricoles, à Époisses, près de Dijon, mais sa carrière prend un tournant capital en 1938. Il rejoint cette année-là le Centre de recherche agricole de Versailles, où bat le cœur de la recherche agronomique française. Versailles deviendra le berceau de l'INRA.

Bustarret a l'âme d'un chercheur, obsédé par la sélection, l'hybridation, l'amélioration des semences et des variétés. Il sera récompensé par des découvertes importantes, dont celle de la patate BF-15, résistante aux virus et d'un goût excellent. Il jouera également un rôle clé dans l'élaboration de l'Étoile de Choisy, une remarquable variété de blé. En 1944, il publiera un texte qui fera de lui un penseur de la sélection agricole, *Variétés et Variation*.

Jean Bustarret et son ami Robert Mayer, auxquels se joindront Luc Alabouvette, Gustave Drouineau, Pierre Limasset, font du centre de Versailles une université par laquelle passeront les principaux chercheurs de l'après-guerre. Les témoins de l'époque parlent du «cycle de Versailles» – mêlant lectures, visites sur le terrain, discussions et controverses – comme d'une merveille de pédagogie. Bustarret, malgré un caractère parfois singulier, impressionne tous ses interlocuteurs. Multipliant les activités de recherche et d'enseignement, il est désormais un grand, peut-être le plus grand de la recherche agronomique française. Il sera d'ailleurs inspecteur général de l'INRA de 1949 à 1964, puis directeur général de 1964 à 1972.

Bustarret et les deux amis

Voilà pour les compliments, et ils sont mérités. Mais Bustarret est aussi, sans le savoir, un puissant idéologue. Fasciné par l'exemple américain, héritier direct d'une tradition parfois naïve qui a inspiré des générations de chercheurs français, il croit avec ferveur dans la science appliquée et la technique. Et sur cette route-là, fatalement, il va croiser comme beaucoup d'autres l'industrie et ses méthodes de persuasion.

Nous avons raconté plus haut comment le lobby des pesticides a fait main basse sur la totalité des centres de décision à partir de 1945. Nous n'y reviendrons donc pas en détail. Mais ajoutons que deux personnalités très influentes de l'INRA de l'après-guerre, Marc Raucourt et Bernard Trouvelot, ont accepté d'emblée un étroit compagnonnage avec les industriels. Le premier est directeur du laboratoire de phytopharmacie. Le second est le patron de la zoologie agricole à l'INRA. Dans l'entre-deux-guerres, ils travaillent côte à côte dans deux labos du Centre national de la recherche agronomique, à Versailles déjà.

Or, dès le début des années 1920, Trouvelot est un grand ami de Fernand Willaume, le fondateur du lobby des pesticides en France. Embauché comme préparateur à la station entomologique de Paris en 1922, il y a été suivi en 1923 par ce dernier. Les deux hommes signent ensemble en 1926 un *Guide des traitements des arbres fruitiers*. À ce moment de l'histoire, il ne s'agit que de sympathie réciproque entre jeunes chercheurs. Car Willaume, ingénieur agronome, n'a pas encore rejoint l'industrie. Mais les choses vont changer.

Pendant les années 1920 et 1930, croisant sans cesse leurs trouvailles – l'un sur les plantes, l'autre sur les animaux –, confrontant leurs points de vue, animant et réanimant leurs équipes, Trouvelot et Raucourt cherchent sans fin de nouvelles formulations de pesticides. Car telle est leur (légitime) obsession : trouver le meilleur moyen de contenir les dommages que les « ravageurs » font subir aux cultures. Ils travaillent ainsi sur la meilleure manière d'appliquer la matière active des nouveaux produits, en particulier sous forme de poudre.

Dès 1929, Raucourt – mais Trouvelot n'est pas loin derrière – pousse les autorités françaises à légiférer sur les pesticides. Il réclame la création d'un service spécial du ministère de l'Agriculture, chargé d'en vérifier la qualité à un moment où les préparations, souvent artisanales, varient énormément dans leur composition et leur efficacité. L'idée de base du Service de protection des végétaux (SPV), dont le rôle dans la diffusion des pesticides, jusqu'à nos jours, est capital, est probablement née à cette époque. Créé pour de bon en 1941, sur l'initiative des Allemands, ce service ne sera réellement développé qu'après 1945.

En attendant, les deux chercheurs rassemblent leur énergie pour mieux combattre le doryphore d'abord, et plus tard le hanneton, deux ennemis jurés des cultures. En 1929, une résolution du Sénat convie le ministère de l'Agriculture à créer un Comité spécial du doryphore, ce qui est accepté. Trouvelot y excelle tant qu'on parlera bientôt, à ce sujet, d'une « école Trouvelot ». Il lance avec quelques autres des laboratoires de campagne très efficaces. Son ami Raucourt est de la partie, mais aussi Willaume, qui a franchi le Rubicon en rejoignant une entreprise industrielle, Pechiney. Ce trio mettra au point, en travaillant sur le doryphore, la méthodologie qui servira de base à toute la réglementation sur les pesticides. Excusez du peu !

Pendant la guerre, le travail continue. Trouvelot s'enthousiasme pour le DDT, dont il reçoit un échantillon depuis la Suisse en 1942. Cette même année, Raucourt publie une étude sur les vertus insecticides d'une nouvelle molécule miracle, un organochloré, le HCH (hexachlorocyclohexane). Et Willaume, qui comprend instantanément qu'une révolution se prépare, propose à Raucourt de mettre les installations de son employeur Pechiney au service du HCH. Ce sera chose faite avant la libération de Paris.

Rassemblons nos données. En 1946, lorsque naît l'INRA, les jeux sont presque faits. Raucourt et Trouvelot, deux des piliers de la nouvelle institution, sont tout acquis aux nouveaux pesticides et à l'industrie qui les fabrique. Bustarret, comme on va le voir, partage sur le fond les mêmes options.

Sous l'œil d'un ministre de la République

Dans ce registre, 1952 apparaît comme une date clé. Willaume et son lobby n'ont cessé depuis 1945 de marquer des points. Comme l'écrira plus tard le successeur de Willaume, François Le Nail : « De 1949 à 1952, des actions de lutte contre les ennemis des cultures avaient été conçues et réalisées dans un remarquable esprit interprofessionnel : ce furent en particulier les grandes opérations "hannetons" d'Étrépagny, de l'Oise, de l'Aisne. Jean Achard, ancien ministre de l'Agriculture, fondateur et président de l'Institut technique de la betterave, véritable promoteur de ces manifestations spectaculaires, était parvenu à faire œuvrer dans le meilleur climat de collaboration les laboratoires de l'INRA, le Service de protection des végétaux, les organisations professionnelles agricoles et, bien entendu, les industries phytosanitaires [1]. »

On aurait du mal à mieux résumer l'intelligence du remarquable lobby des pesticides, mélangeant politique, économie, science et société. Sous son contrôle strict. Fin 1951, Willaume parachève sa mainmise par la création de la Société française de phytiatrie et de phytopharmacie (SFPP). « Phyto » vient du grec *phuton*, qui signifie « plante », et « phytiatrie » est synonyme de « phytopathologie ». Cette nouvelle société savante entend donc parler des maladies des plantes et des

1. F. Le Nail et Y. Defaucheux, in *L'Industrie phytosanitaire (1918-1986). Soixante-huit ans d'organisation syndicale en France*, UIPP.

meilleurs moyens de les soigner. C'est proprement génial. Car Willaume, aidé de Trouvelot et Raucourt, va réussir en un clin d'œil à y rassembler tout le monde.

La SFPP réunit les scientifiques de pointe, mais sous le patronage direct de l'INRA, du ministère de l'Agriculture, de celui de l'Éducation nationale et du puissant Service des eaux et forêts. Willaume et sa Chambre syndicale de l'industrie en assurent – c'est touchant – le secrétariat administratif. Et le Comité de propagande pour la défense des cultures que Willaume a créé quelques années auparavant cède gentiment à la SFPP la moitié des actions du grand journal agronomique *Phytoma*, pure excroissance des industriels. Tout est, dès lors, définitivement entortillé. L'INRA n'est plus libre, en tout cas pas dans le sens que nous donnons à ce mot, mais lié. Sans le comprendre, l'Institut fait désormais partie d'une stratégie de développement industriel et commercial.

La réunion inaugurale de la SFPP a lieu le 17 octobre 1951 dans la glorieuse et officielle salle des Actes de la faculté de pharmacie. Willaume siège à la tribune comme vice-président ; Trouvelot en sera le président dès 1953. Nombre d'instituts de recherche publique, les Académies d'agriculture et des sciences sont là, de même que le député Jean Lecanuet, appelé à un certain avenir national. Le président de séance annonce d'une voix ferme : « Dès notre premier contact, je vous ai dit que nous avions l'ambition de construire et de travailler dans l'union. Nous ne serons jamais assez d'ingénieurs et de bons ouvriers pour bâtir l'édifice que nous projetons [...]. Sur le plan international, notre société prend une part prépondérante dans l'organisation du troisième congrès international de phytopharmacie qui se tiendra du 15 au 20 septembre 1952 à la Sorbonne. »

Jusqu'à sa disparition en 1985, la SFPP restera le plus souvent dirigée, sur le papier, par de hauts responsables de services d'État. N'est-ce pas pure merveille, n'est-ce pas idéal pour les affaires ? Les mêmes – souvent hélas – seront également chargés en bonne part du contrôle des pesticides. Citons parmi eux Guy Viel et René Truhaut. La SFPP aura magnifiquement servi la cause de la chimie de synthèse. Et des chiffres d'affaires consolidés.

Pour commencer, et comme il se doit, le congrès de la Sorbonne en septembre 1952 est un triomphe. Willaume préside le comité d'organisation et le secrétariat général est directement installé dans les locaux de la Chambre patronale des pesticides, boulevard Lannes. L'occasion est unique de constituer un carnet d'adresses mondial, tête de pont d'un réseau de soutien à la chimie de synthèse. Elle ne sera pas gaspillée.

1 500 personnes venues de 38 pays, pour l'essentiel des chercheurs, font le voyage. Parmi les communications, certaines intéressent au plus haut point le lobby, dont celle sur « La responsabilité civile des fabricants de produits antiparasitaires à usage agricole ». Faut-il vous faire un dessin ? On visite au passage Paris et la tour Eiffel, on assiste à une grande réception à l'Hôtel de Ville, on court à Senlis admirer un défilé de spahis et une démonstration des nouveaux engins de traitement par les pesticides. La culture et les cultures.

Peu après, Pierre Pflimlin, ministre de l'Agriculture sous huit gouvernements de la Quatrième République, déclare en public, à l'attention de Fernand Willaume et de ses amis : « Il est très agréable de constater qu'il y a des cas où se réalise une parfaite concordance entre la défense d'intérêts particuliers infiniment respectables et cet intérêt général que chacun, à notre manière et à notre place, nous voulons servir. Oui, vous vous êtes engagés dans une voie qui, incontestablement, est celle de la prospérité et de l'intérêt français [1]. » La messe, ainsi servie par le fervent chrétien qu'est Pflimlin, est dite. Produire des pesticides, en ce début des années 1950, c'est servir la France.

1. Cité *ibid.*

En novembre 1952, la SFPP de Willaume, Raucourt et Trouvelot crée un outil supplémentaire, sous la forme d'un Comité de terminologie. Marc Raucourt en sera le président [1]. À quoi peut donc servir ce «machin»? Mais à nommer, bien sûr! Dans le domaine des pesticides, tout neuf et tout beau, même les mots restent à inventer ou à valider. Ce pouvoir grandiose accordé aux naïfs et aux marchands permettra de forger et d'imposer comme noms communs quantité de termes passés depuis dans la langue courante, comme le « DDT » ou le «lindane». Qui dit mieux?

Comment vendre des herbicides?

Pardon aux mânes de Jean Bustarret pour l'avoir si longtemps laissé de côté. Et reprenons l'ouvrage avec lui. Nous sommes au début des années 1950, et Bustarret est l'étoile montante de l'INRA. Comment va-t-il, comment doit-il se comporter par rapport au pouvoir croissant et déjà dominant de l'industrie des pesticides? Nous allons voir, sans aucunement juger. Impossible en effet de distinguer rétrospectivement la conviction, l'ambition, l'éventuelle arrogance envers les ignorants et son proche cousin, le mépris. Ce qui apparaît est en tout cas fort net : Bustarret va peser de son poids, qui est grand, pour aider à la diffusion des pesticides en France.

Après avoir supervisé jusqu'en 1953 diverses opérations lourdes, notamment contre les hannetons, il va s'illustrer dans la création du Comité de lutte contre les mauvaises herbes (Columa). L'histoire est éclairante. Les 28 et 29 décembre 1956, la Fédération nationale de défense des cultures (FNPC), qui est un autre pseudopode de l'industrie, organise au musée Guimet, à Paris, des journées techniques sur le désherbage

1. Marc Raucourt mourra brusquement en 1956. Bernard Trouvelot continuera sa longue carrière à l'INRA jusque dans les années 1960. Il décédera en 1977.

par des herbicides de synthèse. Jean Bustarret ouvre la séance inaugurale du 28 à 9 heures pétantes. On présentera pendant deux jours des produits comme le 2,4-D ou encore des carbamates. C'est nouveau et ça va rapporter gros. « Pour la première fois, déclarera en décembre 1961 François Le Nail, successeur de Willaume à la tête du lobby, était présentée au public de techniciens, de conseillers, de vulgarisateurs une vaste mise au point sur un problème d'ensemble encore assez mal connu des agriculteurs. »

Officiellement en tout cas, c'est un membre éminent du ministère de l'Agriculture, Charles Vezin, qui aura l'idée d'une nouvelle structure, tout entière vouée aux herbicides. Quel audacieux fonctionnaire ! Inspecteur général de l'agriculture, véritable fondateur du Service de protection des végétaux à la sortie de la guerre, Vezin préside jusqu'en 1960 la Commission d'homologation, ainsi que le comité du même nom. C'est donc lui qui donne les autorisations de mise sur le marché des pesticides. Et cela ne l'empêche pas de siéger à la tête du comité de direction de *Phytoma*, organe central du lobby, dès son premier numéro, en janvier 1948. Ne cherchez pas l'erreur, il n'y en a pas. Tout le monde partage la table de tout le monde.

Vezin aurait donc eu, seul, l'idée de créer le Columa, qui va devenir la machine de guerre des herbicides en France. Ce n'est déjà pas si mal. Mais le meilleur arrive : le premier président du Columa s'appelle Jean Bustarret. Son secrétaire général, Pierre Poignant, travaille pour Pechiney-Progil, ce qui tombe admirablement bien. En effet, après avoir fusionné, Pechiney et Progil ont enfin réussi ensemble à mettre au point, en 1956, un désherbant pour le lin. L'un des vice-présidents de Bustarret, François Le Nail, est l'homme du lobby, directement appointé par cette chambre patronale qui deviendra l'Union des industries de la protection des plantes (UIPP).

C'est navrant, mais Bustarret, aveuglé, va gaillardement servir de paravent aux industriels. Lisez plutôt cet extrait de l'un de ses discours, en décembre 1963, au cours d'une conférence : « L'une [des missions du Columa] est de préparer des conseils à diffuser très largement auprès des agriculteurs pour leur donner des directives, leur indiquer certaines précautions et fixer les normes d'emploi. » Voilà l'essence du lobby, sa pure quintessence : l'administration publique d'un grand pays agricole, dûment cornaquée, incite les paysans à acheter et utiliser des produits industriels. Nous n'en rajoutons pas : le Columa est d'emblée partagé entre les puissances du secteur. Sur les trente postes prévus, huit sièges reviennent de droit à l'administration, quatre à des sociétés savantes au moins en partie manipulées et huit à l'industrie. Est-ce croyable ? Ça l'est.

Toute l'histoire du Columa se confondra avec des « séances d'information » organisées deux fois par an, qui sont autant d'occasions de « propagande » pour les herbicides de synthèse. D'innombrables groupes de travail se spécialisent dans les cultures maraîchères, les arbres fruitiers, les céréales, les cultures méditerranéennes, les plantes tropicales, etc. Bustarret couvre de sa haute autorité le déferlement de nouvelles spécialités. Au milieu des années 1960, les herbicides représentent en France 40 % des ventes de pesticides ! Pendant tout le temps qu'il dirigera l'INRA, Bustarret présidera aussi le Columa. Et François Le Nail, appointé par l'industrie, sera au départ le seul « permanent » du Columa, pure machine de guerre économique.

Valtat et le spectre de l'amiante

La barque de Bustarret est si lourdement chargée qu'elle devrait avoir coulé depuis longtemps. Mais non. Et il y a pire. Notre personnage va en effet prêter son concours, en 1970, à une opération géante de désinformation, probablement sans guère d'équivalents. On préférera admettre qu'il n'en a pas conscience.

Commençons par lire Pierre Grison, l'un des anciens de l'INRA, auteur d'une histoire hagiographique sur le sujet [1]. « L'année 1970, écrit-il, était l'année consacrée à la conservation de la nature. Le *Printemps silencieux* de Rachel Carson venait de paraître et avait entraîné une résonance toute particulière, pour ne pas dire excessive, parmi les médias. »

Ajoutons pour le contexte notre propre commentaire. Pour la première fois depuis le début de ses discutables aventures, l'industrie des pesticides doit faire face à la critique sociale et politique. Le choc est rude. Mai 68 et l'apparition de courants écologistes permettent à d'autres points de vue d'émerger enfin sur la place publique. Et, surtout, le produit phare de l'industrie des pesticides, le DDT, est désormais considéré comme un insupportable poison universel !

Tout a commencé par une conférence scientifique à Stockholm en mars 1969. Des savants aussi savants que Bustarret ont osé révéler au public que le DDT est un toxique redoutable. Toute la presse occidentale s'empare de la question et rapporte que l'on trouve du DDT désormais d'un bout à l'autre de la planète. Dans la graisse des manchots de l'Antarctique. Dans les coquilles de faucons pèlerins, devenues si fragiles qu'elles se brisent avant l'éclosion. Dans le lait maternel des femmes.

Pour le lobby, c'est un signal, très grave. Il faut contre-attaquer. Pour réussir un coup parfait, les industriels, représentés par François Le Nail, vont faire appel à un cabinet bien particulier de relations publiques. Nous révélons ici pour la première fois qu'il s'agit du cabinet Marcel Valtat. Si nous nous permettons d'insister sur cette information exclusive, c'est que Valtat est plus qu'aucun autre la face noire du lobby de l'amiante. Grâce à Communications économiques et sociales (CES), son cabinet de la rue de Messine, à Paris, il va aider les industriels de cette fibre cancérigène à gagner du

1. P. Grison et J. Lhoste, *La Phytopharmacie française, chronique historique*, *op. cit.* Ce livre nous a été des plus précieux.

temps. Beaucoup de temps, presque trente ans, avant l'interdiction définitive de 1997. Soit le temps de latence moyen d'un cancer. Or, on le sait, l'amiante tuera encore environ cent mille personnes en France.

Comment Valtat s'y est-il pris ? En créant le Comité permanent amiante (CPA), qui regroupe tout à la fois l'administration, les industriels, les scientifiques et même des syndicalistes. On retrouve là l'archétype des ruses successives du lobby des pesticides. Il s'agit de tenir, de circonvenir, d'étouffer. Et d'acheter ? Nous ne le savons pas.

Voici en tout cas un résumé rapide tiré du journal *Le Monde*, que nous reprenons volontiers à notre compte : « Pour les industriels, il convient de ne plus se laisser dépasser par les événements. Un homme va notamment s'y employer : Marcel Valtat. "C'était un personnage assez remarquable, d'une habileté considérable", estime Henri Pézerat, un toxicologue qui a été son plus farouche contradicteur. "Il était flamboyant", assure Jean-Pierre Hulot, son ancien collaborateur [...]. Au milieu des années 1960, ce précurseur crée Communications économiques et sociales (CES), un des premiers cabinets spécialisés qui se chargera de la promotion des entreprises. L'Association française de l'amiante (AFA), qui regroupe les industriels du secteur, figure parmi ses clients. Les capacités d'entregent de Marcel Valtat culminent, fin 1982, avec la création du Comité permanent amiante (CPA). Cette sorte d'ovni structurel, officiellement "groupe informel, sans pouvoir et sans statuts", sans existence juridique non plus, financé par les industriels, a conduit *de facto* la politique française sur le sujet pendant des années [...]. Dans les faits, un échange de lettres démontre le rôle central joué par Marcel Valtat [1]. »

Quand François Le Nail fait appel à Valtat à la fin de l'année 1969, il sait parfaitement ce qu'il fait. Il s'agit de

1. B. Hopquin, *Le Monde*, 23 avril 2005.

contrer les premières critiques contre le DDT, il s'agit de défendre le chiffre d'affaires de l'industrie. Et Valtat va trouver dès 1970 une occasion extraordinaire. Souvenez-vous ! En 1952 se tenait à Paris le troisième congrès international de phytopharmacie, déjà organisé en sous-main par Willaume et l'industrie. Le quatrième a lieu à Hambourg, le cinquième à Londres et le sixième à Vienne.

Ah, Vienne ! Quel souvenir ! Les congressistes, en cette année 1967, ont droit à Mozart et Schubert à l'opéra, visitent la fameuse Pinacothèque et valsent même, au cours d'un grand bal au Rathaus. Décidément, l'industrie sait vivre. Mais où aura lieu le congrès suivant, prévu justement en... 1970 ? À Paris. Et Valtat en sera le grand maître, le grand ordonnateur, le grand manipulateur. D'abord, trouver un lieu. Ce sera la faculté de médecine, rue des Saints-Pères, très pratique pour accueillir les mille huit cents participants. Ensuite, soigner le plan de table. Sur ce terrain-là, Valtat va réussir un chef-d'œuvre.

La Garde républicaine joue pour le lobby

Jean Bustarret, patron de l'INRA, accepte en effet de présider le bureau du congrès de Paris. Imparable : l'INRA en puissance invitante. Mais elle n'est en réalité, cela ne surprendra guère, qu'un faux nez des lobbyistes. Voyons en détail la liste des autres organisateurs. François Le Nail, devenu secrétaire général de la Chambre patronale, en est. Ainsi que son chef, Jean Colas. Ainsi que son trésorier, Roger Bouchet. Ainsi que Jacques Borduge, du Groupement des industriels de fabrication des pesticides (GIFAP). La liste complète des membres du lobby qui s'agitent dans les coulisses est plus longue encore.

Côté administration, ce n'est pas glorieux. Tous les chefs de département de l'INRA font partie du comité scientifique du congrès. Le responsable de ce dernier n'est autre que Guy Viel, l'homme qui a pris la suite de Marc Raucourt à la tête du labo de phytopharmacie de l'INRA en 1956. Celui qu'on retrouvera dans les années 1970 au sein du comité de direction de la revue *Phytoma*, avec Jean Colas l'industriel, au milieu de publicités pour Prochim, Geigy ou Ugine-Kuhlmann ! Preuve que l'ingénuité et la naïveté ne sont pas de vains mots, Émile Biliotti est là également. Successeur de Trouvelot à la tête de la zoologie à l'INRA, ce brave homme, excellent entomologiste, alertera toute sa vie sur les dangers de la lutte chimique contre les insectes. Et il le fera aussi, sans comprendre qu'il est un pur alibi, depuis la tribune du congrès de Paris ! Le vrai, le seul centre de gravité du congrès « scientifique » demeure évidemment caché.

Où ? Pas très loin. Le comité scientifique du congrès de 1970 se permet ainsi d'accueillir en son sein, ès qualités, le directeur scientifique de Rhône-Poulenc et celui de Pepro, qui avait encore, à cette date, une existence indépendante. Le secrétaire du Comité n'est autre qu'Élie Ventura, de l'INRA, qui jouera un rôle essentiel dans les autorisations de mise sur le marché des pesticides pendant des décennies.

Nous avons pu examiner certaines des photos prises autour du congrès de 1970. Si le sujet n'était pas si grave, il y aurait de quoi rire un peu. On voit par exemple Jean Bustarret signer le livre d'or de la Ville de Paris, sous l'œil amusé de Jean Colas, fabricant de pesticides. On voit Charles Chabrolin, ancien directeur de labo à l'INRA, devenu directeur scientifique de Pechiney-Progil – oui, l'entreprise d'où tout est parti, celle de Fernand Willaume –, se faire remettre la médaille du congrès de Paris des mains de René Truhaut. Or Truhaut, haute figure de ce minuscule milieu, dirige à ce moment, depuis des lustres, la commission de toxicologie de la SFPP, dont il est d'ailleurs le président en 1970. C'est même lui et nul autre qui créera le terme « écotoxicologie » ! Faut-il ou non parler de consanguinité généralisée ?

Un autre cliché montre ce même Truhaut remettre une médaille à Bernard Trouvelot, notre homme des années 1920 et 1930, l'ami de Willaume. La boucle n'est-elle pas bouclée ? En vérité, tout le petit monde industrieux et industriel des pesticides est là. On croise Hubert Bouron, vieil ami de Ventura, qui a régné pendant trente-huit ans sur l'homologation des pesticides en France, côté ministère. Et Lucien Bouyx et Pierre Journet, deux chefs successifs du surpuissant Service de protection des végétaux imaginé quarante ans plus tôt par Raucourt et Trouvelot, qui travaillent ou travailleront pour *Phytoma*, le grand journal du lobby.

Ce congrès est réellement un sommet. Jacques Duhamel, alors ministre de l'Agriculture de Georges Pompidou, poussera l'amabilité jusqu'à prononcer une allocution de bienvenue à la Salle Pleyel, accompagné par l'orchestre symphonique de la Garde républicaine. Quel spectacle !

Les journalistes, eux aussi

Quels sont les résultats ? Cela demanderait une étude spécifique, exhaustive, qui sera peut-être tentée ailleurs. Il faudrait lire et relire les comptes rendus, examiner à la loupe l'évolution des médias sur le sujet et, surtout, tenir compte de ce qui ne fut jamais écrit par la suite dans la presse dite libre d'un pays officiellement libre. Reste le jugement direct, brut et brute, du lobby lui-même. Il est éclairant, et même aveuglant.

Voici exactement le bilan du congrès de 1970 que tire François Le Nail, entre-temps devenu responsable de l'UIPP, lobby industriel qui existe toujours, ô combien (voir le chapitre 10). Lisez, cela sonne comme un aveu insupportable : « Ce congrès a servi le prestige de notre profession, mais le plus grand avantage que nous ayons recueilli de cette manifestation ne doit pas passer inaperçu : pendant ces trois années de préparation, les réunions des comités, commissions et groupes de travail, les innombrables rapports avec les chefs de département et les responsables de l'INRA, de hauts fonctionnaires, les journalistes de différentes origines [...] nous ont permis d'approfondir nos liens avec certains et d'accroître un capital de relations utiles sur le plan des intérêts professionnels [1]. »

Tout est dit, et fort bien résumé. L'industrie des pesticides, soutenue au plus haut niveau de l'État, clouant le bec à ses (rares) critiques, s'appuyant sur la collaboration honteuse, sans retenue, de l'INRA et des services les plus officiels, les plus essentiels du ministère de l'Agriculture, peut continuer son œuvre.

Elle le fera en compagnie de Marcel Valtat, et grâce à ses aimables méthodes de manipulation de masse. C'est lui qui aidera le lobby des pesticides à créer dans la foulée du congrès de 1970 une nouvelle structure appelée Protection des plantes et environnement (PPE).

PPE sera aux pesticides, jusqu'à son autodissolution, ce que le CPA a été à l'amiante. Un attrape-nigaud – soyons charitables –, mais aussi une arme de guerre pour tromper la société et continuer de vendre massivement des pesticides. Cela marchera, parfaitement, comme dans un conte de fées cauchemardesque. Le conte de fées pour eux, le cauchemar pour nous.

PPE finira par rassembler en son sein (1, rue Gambetta, à Boulogne) tout ce qui compte, tout ce qui bouge, amis et pseudo-adversaires réunis comme par miracle. Détail qui n'en est nullement un : Henri Rey sera jusqu'en 1977 le président de PPE. L'homme n'est pas un subalterne. Ministre d'État en charge du Tourisme en 1968, il sera de 1969 à 1971 ministre de l'Outre-Mer. *Last but not least*, Rey préside le groupe UDR de l'Assemblée nationale de 1963 à 1969. Un gros calibre de la politique française est donc le commis voyageur de l'industrie des pesticides pendant de longues années. En serez-vous étonnés ?

1. F. Le Nail et Y. Defaucheux, in *L'Industrie phytosanitaire (1918-1986)*, *op. cit.*

Attention, ces dates – entre 1968 et 1974 – sont décisives entre toutes. Le souvenir du cri d'alarme de Rachel Carson dans *Printemps silencieux* n'est pas encore totalement estompé. Des paysans de France se lancent dans la bagarre des Paysans-Travailleurs, qui conduira à la Confédération paysanne de Bové. René Dumont s'apprête à passer du productivisme à l'écologie. *Le Nouvel Observateur* ne tardera plus à lancer *Le Sauvage*, poussé au derrière par le formidable Michel Bosquet/André Gorz. Le Larzac n'attend plus que ses chevelus. L'agriculture biologique sort pour la première fois du ghetto de ses origines. La France de 1970 pourrait se poser de fondamentales questions sur l'avenir, le sort de la nature, les grands équilibres, le destin de la planète et de l'humanité. Mais il n'en sera rien.

En 1970, après le congrès truqué, la porte se referme avant d'avoir été ouverte : nous irons tous nous noyer dans le purin et le lisier, nous compterons nos cancers, nous tournerons le dos à nos rivières, nous verrons mourir les fleurs, les papillons et les abeilles. Nous aurons tous l'abominable gueule de bois des lendemains de fête ratée. Ou de congrès trop réussi. La faute à qui ?

Tout bouge et rien ne change

Nous ne sommes pas en train d'écrire une histoire de l'INRA. Laquelle, menée d'un point de vue critique, serait aussi dérangeante que passionnante. Nous ne détaillerons donc pas la chronique des événements entre 1970 et 2006. Dans ce laps de temps, malgré les efforts de quelques-uns, pas si rares mais tellement seuls, l'INRA n'a guère bougé. Deux politiques agricoles communes (PAC) successives n'ont pas entravé la marche en avant du productivisme ni l'usage fou de pesticides qui lui est associé. Certes, quelques signaux ont pu clignoter de temps à autre. En 1972, par exemple, Jacques Poly, successeur de Jean Bustarret à la tête de l'INRA, a remis au premier ministre de l'Environnement de notre histoire, Robert Poujade, un livre blanc sur les rapports entre l'INRA et l'environnement. Mais ce n'était que cosmétique, faux-semblant.

L'agronome à la retraite Georges Toutain, ancien de l'INRA et ami de l'un des auteurs de ce livre, François Veillerette, estime qu'à cette époque « les obtenteurs de variétés de blé étaient uniquement obsédés par la recherche de variétés à hauts potentiels de rendement. La qualité ou les critères de résistance aux maladies ne les intéressaient pas [1] ». En somme, rien de bien nouveau sous le soleil vert de l'industrie pesticide. On put croire, en 1986, à un petit tournant, avec la création du *Courrier de l'environnement*, grosse revue trimestrielle de l'INRA. Son responsable, Patrick Legrand, en a fait une publication très lue et respectée. Legrand, écologiste convaincu, lui a permis d'aborder quantité de sujets nouveaux et même intéressants.

Mais le noyau dur de l'institution demeurera hors d'atteinte. 1986 sera même l'année d'un certain déclin de l'esprit public, à en croire Toutain. L'État manquant de moyens, il aurait poussé un peu plus les organismes de recherche publics, dont l'INRA, à se tourner vers le privé pour boucler leurs budgets. On peut être certain que cette régression organisée n'aura pas amélioré l'indépendance de la recherche et la santé du bien public.

Parallèlement, on assistera, comme ailleurs dans la science, à l'ultraspécialisation de chercheurs de plus en plus éloignés de la société. On aurait aujourd'hui le plus grand mal à croiser à l'INRA des généralistes, des naturalistes à l'ancienne capables de synthèses, capables d'embrasser de vraies vastes perspectives. On aurait du mal, c'est dit, à y rencontrer des Trouvelot et des Raucourt. Eh oui ! L'histoire des hommes et des structures est complexe, et ces deux personnalités, que nous avons copieusement étrillées, avaient pourtant leurs grands mérites.

1. Entretien avec les auteurs.

Au service des biotechnologies et des OGM ?

Ceux de l'INRA d'aujourd'hui en ont aussi, bien entendu. Et nous ne voudrions pas passer pour leurs ennemis, car nous ne le sommes pas. Mais force est de constater que l'INRA a poursuivi le chemin tracé il y a soixante ans. L'irruption dans le champ des biotechnologies et des OGM n'a fait qu'aggraver des tendances très lourdes à inverser. Ce n'est certes pas à l'INRA et à ses personnels de reprendre le flambeau de 1946, quand tout semblait encore possible. Chez eux comme chez nous tous, l'esprit de la Résistance reste à réinventer. Nous en sommes loin, mais des craquements se font désormais entendre chaque année un peu plus.

Les crises alimentaires des années 1990, le doute croissant sur les choix faits par l'agriculture intensive, la révolte de consommateurs littéralement empoisonnés par l'industrie ont secoué tout l'édifice. L'INRA n'habite pas la Patagonie, il est de son temps, malgré tout. Et des signes objectifs montrent qu'il existe en son sein au moins deux lignes différentes, sinon réellement antagonistes.

La crise du Gaucho et du Régent, que nous avons exposée au chapitre 3, révèle deux logiques à l'œuvre dans le monde officiel de l'agriculture. La première est symbolisée par Thierry Klinger, préfet et président actuel du Cemagref. Cet ancien patron de la Direction générale de l'alimentation, place forte du ministère de l'Agriculture, n'a rien appris et ne veut rien changer. Son modèle est celui de la cogestion, sur fond de mort programmée des paysans. Son horizon est celui du marketing et de la poudre aux yeux, façon « agriculture raisonnée ». Son credo est celui de l'État fort, méprisant, écrasant comme à l'habitude ceux qui ne marchent pas au son du canon et des transnationales. Nul ne sera étonné que Klinger soit le héros, le grand homme de l'UIPP, lobby essentiel des pesticides en France. On peut lui préférer la représentante de la seconde logique : Marion Guillou.

Marion Guillou contre Thierry Klinger

Très haute fonctionnaire, honnie du lobby, ancienne patronne – comme Klinger – de la DGAL, Marion Guillou est fort loin d'être notre madone. On l'a vu, sa gestion de l'affaire du Gaucho fut dans l'ensemble très contestable. Et nul doute que ses (grandes) ambitions ne la poussent, à l'occasion, dans des chemins mal fréquentés. Il n'empêche que, devenue présidente et directrice générale de l'INRA en 2004, elle y a apporté un souffle différent. Neuf? Tout de même pas. Mais Guillou, polytechnicienne et IGREF [1], a beaucoup réfléchi sur les crises de confiance alimentaire, et compris au passage jusqu'où ne pas aller trop loin avec la société française.

On lira avec intérêt cet extrait de propos tenus à Toulouse, au cours d'un débat public, en juin 2000. Marion Guillou est alors directrice générale de l'alimentation au ministère de l'Agriculture : « Je voulais montrer qu'on était à un tournant. Je suis convaincue que dans le domaine alimentaire on est en train de recréer un nouveau modèle. Et comme dans toutes les périodes de transition, on a effectivement beaucoup de questions à résoudre. Il faut les résoudre ensemble et c'est là qu'on aurait besoin des sociologues. Dans cette histoire de risques acceptables, par exemple, on a besoin d'avoir une entrée dans le système, au-delà de la toxicologie et de la microbiologie, une entrée "groupe de consommateurs" qui dise par exemple : "Écoutez, moi, pour la listeria, j'accepte un risque du moment que je suis informé, parce que j'ai envie de garder des produits vivants. En revanche, pour la dioxine, ma tolérance au risque est beaucoup plus faible." En tout cas, on sent bien qu'on a besoin d'écouter au-delà des sciences dures qui nous disent ce qu'elles savent – elles ne savent pas tout –, on a besoin d'écouter aussi une composante qui soit plus proche de l'expression sociale [2]. »

---

1. Ingénieur du génie rural et des eaux et forêts.

2. M. Guillou, in *Complexité de la décision et de la gestion publique en cas de crise alimentaire*, Mission Agrobiosciences, juin 2000.

La patronne de l'INRA sait visiblement écouter son monde, et elle a visiblement compris qu'en matière de pesticides l'« acceptabilité sociale » se rapprochait dangereusement de ses limites. On lui reconnaîtra sans détour, avec un coup de chapeau en prime, la maternité d'un exceptionnel document, publié en décembre 2005. Pour la première fois depuis soixante ans, en effet, clairement bien qu'avec des pincettes, l'INRA prend de réelles distances avec l'usage des pesticides.

Le rapport qui change tout... peut-être

De quoi s'agit-il ? D'un rapport d'expertise collective réalisé par une trentaine de chercheurs de l'INRA et du Cemagref sur les pesticides [1]. Nous permettra-t-on de sourire ? L'INRA est présidé par Guillou, le Cemagref par Klinger. Les deux pôles, les deux visions concurrentes de l'avenir de l'agriculture. Selon nos informations, les tensions et pressions n'ont pas manqué tout au long de l'élaboration de ce travail. Mais le résultat, présenté au cours d'une conférence de presse, est bel et bien là. Les experts de l'INRA et du Cemagref réclament une forte réduction de l'usage des pesticides. Ce n'est pas une révolution – les conséquences eussent été autres –, mais c'est un tournant, le premier qui soit enfin positif.

Dès l'avant-propos, ça cogne, et dur si l'on tient compte de la langue de bois inhérente à cette littérature : « Mais aujourd'hui l'utilisation systématique de ces produits est remise en question, avec la prise de conscience croissante des risques qu'ils peuvent générer pour l'environnement, voire pour la santé de l'homme. Dans son rapport *Risques sanitaires*

1. *Pesticides, agriculture et environnement. Réduire l'utilisation des pesticides et en limiter les impacts environnementaux*, rapport de l'expertise collective réalisée par l'INRA et le Cemagref à la demande du ministère de l'Agriculture et de la Pêche et du ministère de l'Écologie et du Développement durable, décembre 2005. Téléchargeable sur le site de l'INRA : http://www.inra.fr.

liés à l'utilisation des produits phytosanitaires[1] [...], le Comité de la prévention et de la précaution considérait la présomption de risques pour la santé humaine suffisamment sérieuse pour justifier l'application du principe de précaution. Ces risques [...] ont été à nouveau soulignés dans le rapport du 12 février 2004 de la commission d'orientation du Plan santé-environnement. Le développement de la surveillance met par ailleurs en évidence l'ampleur de leur dispersion dans l'environnement : le sixième rapport IFEN sur les pesticides dans les eaux[2] pointe ainsi une contamination quasi généralisée des eaux par ces produits. »

Par Dieu ! On parle de contamination. Et d'une contamination « quasi généralisée » ! L'essentiel est ensuite passé en revue. Le rapport évoque pêle-mêle : les risques avérés pour la santé humaine, qui commandent le lancement d'études épidémiologiques ; l'apparition de résistances aux principales familles de pesticides dans les cultures ; le rôle de l'intensification des cultures dans l'apparition de nouveaux risques phytosanitaires ; la présence de pesticides dans l'eau, on l'a dit, mais aussi dans l'air et les sols ; la dégradation des écosystèmes ; la nécessité d'explorer d'autres voies, comme l'a fait avec succès le Danemark[3], qui a diminué de 47 % sa consommation de pesticides entre 1987 et 1997 ; etc. Au passage, et entre les lignes, on se moque de l'« agriculture raisonnée », ultime trouvaille du lobby des pesticides. Et l'on place l'agriculture biologique au rang des « stratégies alternatives », de même que la production intégrée.

---

1. Comité de la prévention et de la précaution, *Risques sanitaires liés à l'utilisation des produits phytosanitaires*, 2002. Consultable sur Internet : http://www.ladocumentationfrancaise.fr/rapports-publics/024000113/index.shtml.
2. IFEN, « Les pesticides dans les eaux », *op. cit.*
3. Voir à ce sujet le document de PAN Europe, *Danish Pesticide Use Reduction Programme – to Benefit the Environment and the Health*, sur Internet : http://www.pan-europe.info/publications/index.htm ; prochainement en français sur le site du MDRGF : http://www.mdrgf.org.

L'INRA condamne sans appel l'INRA

Mais le rapport se révèle d'une certaine manière plus cruel encore à propos du coût réel des pesticides pour la société française. Les oreilles ont dû sérieusement siffler au siège de l'UIPP, à Boulogne. Car nos experts, madrés, on va le voir, commencent par un propos d'évidence que nous vous conseillons de déguster calmement : «Théoriquement, disent-ils, toute politique publique de régulation des pollutions devrait être fondée sur une analyse coûts/bénéfices générale, c'est-à-dire, en l'occurrence, sur l'évaluation économique de tous les coûts (pour les agriculteurs et la société) et tous les bénéfices (pour les agriculteurs, les autres acteurs économiques) de l'utilisation des pesticides.»

Eh oui, il suffisait de le rappeler ! Est-ce que les pesticides, au fond, ne nous coûtent pas plus cher qu'ils ne nous rapportent ? Il conviendrait fort de le savoir, mais on ne le peut.

D'abord, parce que «même les bénéfices de l'utilisation des pesticides pour la production agricole sont difficiles à évaluer en l'absence de références sur les performances possibles de systèmes qui seraient conçus pour réduire les risques phytosanitaires». En effet, comment comparer ce qui existe à ce qui n'existe pas ?

Cependant le gros morceau reste à venir : «Étant donné la complexité du problème, l'incertitude entourant certains effets des pesticides et le caractère éthique (effets sur la santé humaine, responsabilité vis-à-vis des générations futures...) de certains des impacts, une analyse coût/bénéfice de l'utilisation des pesticides n'est pas concrètement réalisable.»

C'est un authentique et mémorable coup de pied de l'âne de l'INRA à... l'INRA. Car nos chevaliers blancs de 2005 écrivent noir sur blanc que leurs aînés ont contribué à bâtir un système de fous, un vaste édifice shadok où d'innombrables serviteurs de l'État ont soutenu l'entreprise privée sans seulement savoir si c'était bon pour la collectivité. Pire : sans pouvoir le savoir ! L'INRA a donc aidé l'industrie des pesticides à contaminer gravement les eaux, les sols, l'air et nos pauvres corps d'humains, sans rien comprendre à ce qu'elle faisait. C'est tragique, c'est affreux, c'est insupportable.

Mais c'est aussi, et pour la première fois, public. L'Histoire ne repassera pas les plats. Dire que les pesticides sont une plaie nationale, un gigantesque problème pour toute la société, est une parole officielle, ou presque. Presque, car, à la vérité, le combat continue et n'est pas près de s'arrêter. La conférence de presse de l'INRA en décembre 2005 fut aussi un théâtre d'ombres extraordinaire. On y vit une Marion Guillou radieuse parce que victorieuse. On y vit un Thierry Klinger défait, mangeant son chapeau en public, contraint et forcé. Lui qui avait su si bien défendre les intérêts de Bayer dans l'affaire du Gaucho ! Lui qui avait su vanter l'usage aux Antilles du paraquat, l'un des pires poisons qui soient ! On y vit enfin le représentant du ministère de l'Agriculture tenter de remettre un peu d'ordre dans cette gentille chienlit. Il annonça d'emblée, fermement, sûr du pouvoir accumulé depuis 1945 rue de Varenne, siège du ministère, que l'augmentation de la fiscalité sur les pesticides « ne constitue pas le principal axe de travail » de l'administration française. Surtout, surtout ne pas toucher au chiffre d'affaires ! On entendit enfin Jean-Charles Bocquet, directeur de l'UIPP et donc grand manitou du lobby, regretter vivement que les experts des transnationales qu'il représentait n'aient pas été associés à l'étude. Et d'ajouter, *mezza voce* : « Il n'est pas impossible que cette expertise soit biaisée. » Quel talent, n'est-ce pas ?

Chapitre 7

Menaces, magouilles et compagnie

Où l'on fait la connaissance d'un taureau rugissant. – Où l'on comprend qu'on peut être scientifique, avoir peur… et être menacé. – Où l'on apprend, abasourdi, que les savants sont des hommes comme les autres. Et que certains trichent comme les autres. – Où l'on a la confirmation que la dioxine est la reine du bal et qu'elle compte beaucoup de soupirants.

En attendant que l'INRA poursuive son évolution – ne parlons surtout pas de révolution –, sachez que pour les scientifiques indépendants la situation demeure tendue. Presque impossible, en vérité. Commençons notre édifiant voyage en compagnie de Jean-François Narbonne. Mais attention, taureau ! Il n'est pas seulement l'un de nos grands toxicologues, bardé de diplômes, de bosses et de plaies. À 60 ans, il continue de rugir, de taper du pied, d'employer des expressions savoureuses – et vives – avec un accent toulousain dont il ne se débarrassera plus. Narbonne a tout vu, tout entendu, et connaît tout le monde ou presque. Après une première thèse soutenue en 1972, consacrée à la « régulation de la synthèse protéique chez le poisson », notre homme commence un virage qui va le mener à l'écotoxicologie.

Kézaco, dites-vous ? On vous explique. Jusqu'à la fin des années 1960, la toxicologie environnementale ne concernait que les effets des produits toxiques sur l'homme. On voulait savoir – dans le meilleur des cas – si telle molécule pouvait se révéler embêtante pour nous. Mais en 1969, un an après certain printemps tumultueux et barricadier, révolution : René Truhaut invente le terme « écotoxicologie ». Il s'agit de relier par quantité de fils la toxicologie et l'écologie. De comprendre comment des produits créés par l'homme ou modifiés par lui peuvent s'attaquer aux écosystèmes. L'étalon ne sera plus l'individu, mais la population, c'est-à-dire l'ensemble. On sort de la tragédie japonaise de Minimata, on découvre que l'homme peut attaquer des équilibres complexes, comme ceux des Grands Lacs américains.

« Et merde, quoi ! résume Jean-François Narbonne. Personne ne parlait encore d'écotoxicologie. Pour les maîtres de l'université, à l'époque, ce n'était pas une science. C'était une connerie. Mais mon patron, qui ne trouvait pas de candidat, m'a offert un poste. J'ai foncé [1]. »

Heureusement pour nous. Car Narbonne va s'imposer comme un grand. Grâce au soutien du professeur Roger Derache, il se lance dans une passionnante étude sur les transferts de PCB (polychlorobiphényls) dans les chaînes alimentaires. Et comme il est malin, très malin, il obtient en 1974 des sommes folles pour le faire. En tout, 500 000 francs de l'époque : un pactole. « J'étais assistant stagiaire, et je faisais rentrer des camions de matos ultramoderne au labo sous les yeux des confrères, qui ne me l'ont jamais pardonné. J'ai semé cette année-là des germes de jalousie éternelle. »

Bah ! Il galope, étudie, trouve, publie. Et en 1977, comme naturellement, il crée avec le professeur Camille Coste le Groupe français des pesticides, une structure qui regroupe des chimistes, des écotoxicologues, des physiologistes végétaux

1. Entretien avec Fabrice Nicolino, 8 juin 2006.

venus de vingt-deux labos au total, dont ceux de l'INRA et du CNRS. Génial ? Génial. « Des tas de gens travaillaient sur les pesticides sans se parler. Enfin, ils se rencontraient. »

Aussitôt ou presque, les nouveau-nés rendent une visite au ministère de l'Environnement et lui demandent des subsides. Ah, mince ! « On nous répond : "Voyez les gens de Rhône-Poulenc." Il faut savoir qu'en ce temps-là le ministère était une annexe de Rhône-Poulenc. Et moi, moi, je n'aimais pas ça ! C'est d'ailleurs pour cela, parce que j'avais protesté contre ce voisinage, que je me suis fait virer du comité scientifique du ministère. »

Voilà. N'allons pas plus loin pour le moment. L'essentiel est dit : Narbonne est une grande gueule et un fameux scientifique qui a beaucoup œuvré pour le bien commun. Toxicologue, on l'a dit, expert à l'AFSSA [1], docteur en nutrition, docteur ès sciences, il est au cœur de bien des dossiers, dont celui du Gaucho, déjà évoqué. Malheureusement, nous ne pouvons publier tout ce qu'il a sur le cœur, car nous finirions fatalement en prison. Quand il cite certaines personnalités, certaines structures, lorsqu'il parle corruption et enveloppes pour des rapports bidon, nous sommes obligés de poser nos crayons. Car les preuves manquent, et nous ne sommes pas policiers. Il n'empêche que Narbonne sait ce qu'il dit, visiblement. Et que, à le suivre, il faut admettre que des gens de renom, mille fois hélas, touchent de bien étranges subventions qui n'apparaissent pas sur les déclarations fiscales.

Contentons-nous, avant de le quitter provisoirement, de quelques points de vue généraux, fortement sentis. Lisons attentivement : « Dans le domaine des pesticides, que je connais depuis trente ans, c'est le règne de l'omerta. Les entreprises du secteur bloquent tout, tout. Très souvent, les professionnels, comme dans les fruits et légumes, ne savent même pas ce qu'ils utilisent. Je le sais de source certaine,

1. Agence française de sécurité sanitaire des aliments. Site Internet : http://www.afssa.fr/.

croyez-moi. Et vous savez quoi ? Je vous ai parlé de ces vingt-deux laboratoires que nous avions pu réunir en 1977. Eh bien, il y a deux ans, nous avons dû faire un constat très dérangeant. Ils ont tous été fermés ou leur activité a été réorientée. Vous trouvez ça normal ? »

Nous vous posons la même question : en votre âme et conscience, vous trouvez ça normal ? Poursuivons notre chemin, cahots compris. Avec, pour commencer, cette révélation qui ne manquera pas de vous bouleverser : les scientifiques sont des hommes (presque) comme les autres. Dans un monde où tout s'achète et se vend à l'encan, il arrive que certains succombent. À l'argent, à la minute de célébrité, au délire ambiant fait d'image, d'extrême rapidité, de bluff et de paillettes.

Eh oui, les scientifiques se trompent plus souvent qu'on ne croit. Témoin, cette incroyable étude publiée dans la revue *Nature* au printemps 2005. Des milliers de biologistes, répondant à une enquête anonyme, ont reconnu avec bonne volonté leurs fautes, qui ne sont pas légères. Car, au total, 33 % ont commis au moins l'un des dix écarts justifiant sanction dans la recherche. Certains avouent au passage avoir changé une partie de leurs résultats pour complaire à leurs commanditaires.

Dans ce domaine, personne ne fera mieux que Jon Sudbo. Début 2006, la presse annonce que ce chercheur norvégien a fabriqué, à l'aide de centaines de faux patients, une étude sur le cancer de la bouche. Pas mal, penserez-vous, et vous aurez raison. Mais la suite est meilleure : l'étude bidon a été publiée dans l'un des journaux scientifiques les plus réputés au monde, *The Lancet*, à l'automne 2005. Et ce travail en tous points remarquable a été cosigné par treize collègues norvégiens et étrangers ! Lesquels n'ont rien vu ni compris : ils se contentaient d'espérer un retour sur gloire, comme on attend un retour sur investissement. Cette grandiose supercherie n'a été repérée que par le plus pur hasard. Sans ce coup de main providentiel, Sudbo serait encore un grand homme.

Combien d'autres ? Faut-il rappeler l'affaire Dolly, cette brebis qui fut le premier mammifère cloné, en 1997 ? Son « père », le Britannique Ian Wilmut, a dû reconnaître devant un tribunal en 2006, piteux, qu'il n'était pas le principal créateur de l'animal. Qui était l'auteur de l'article publié dans *Nature* révélant au monde la naissance de cette pauvre Dolly ? Lui.

Faut-il rappeler l'infernale truanderie attribuée désormais au biologiste coréen Hwang Woo-suck ? Il a bel et bien falsifié le résultat de deux « expériences » décisives sur la création d'embryons humains avant de publier un triomphal article dans *Science*, finalement retiré en janvier 2006.

Faut-il rappeler l'affaire Robert Lanza ? *Nature* a été contraint, fin novembre 2006, de rectifier sur des points importants une étude que le grand journal scientifique avait pourtant acceptée trois mois plus tôt. Disons pour simplifier que Lanza et son équipe prétendaient avoir réussi une percée dans le domaine des cellules souches. Mais ce n'était pas vrai. On renverra pour une éventuelle explication à *La Recherche.* Dans son édition de novembre, ce magazine réputé rappelle les « énormes enjeux économiques » du sujet, susceptible de faire gagner un « jackpot ».

Nous ne voulons pourtant pas dire que les scientifiques, à l'égal de telle ou telle catégorie malmenée dans les journaux, seraient en large part des « ripoux ». Non, trois fois non. Mais il faut garder en tête, à tout instant, cette évidence : la science d'antan n'est plus. Celle qui a surgi des décombres – de la guerre, de la bombe, des petites puis grandes compromissions – a sombré corps et biens. L'industrie et les armées tiennent désormais de trop nombreux manches en main pour que nous continuions à croire au Père Noël. C'est ainsi.

Mais voyons plus avant le cas Zmirou-Navier. Denis Zmirou-Navier est professeur de santé publique et chercheur à l'INSERM. C'est un homme réputé pour ses connaissances, mais aussi son savoir-faire. Car il est ambitieux, ce qui n'est aucunement un crime, et il entend bien réussir, exercer des pouvoirs, briller un peu plus que ses voisins. La vérité commande d'ajouter qu'il a parfois été contesté pour une supposée souplesse face aux pouvoirs établis.

C'est pourtant lui qui, en mai 2005, décoche une flèche assassine à l'un des derniers-nés de notre panoplie bureaucratique : l'Agence française de sécurité sanitaire environnementale (AFSSE) [1]. Il s'agit d'« un établissement administratif public de l'État placé sous la tutelle des ministres chargés de l'environnement et de la santé ». Et son but est noble : « Assurer la protection de la santé humaine, contribuer à assurer la sécurité sanitaire dans le domaine de l'environnement, évaluer les risques sanitaires liés à l'environnement. »

Denis Zmirou-Navier devient le directeur scientifique de cette grandiose et philanthropique agence. Mais quelque chose se met à clocher assez vite. Quoi ? Eh bien, Zmirou-Navier l'explique lui-même dans un cri du cœur publié en mai 2005 [2]. On le cite avec autant de tristesse que de gourmandise : « La fertilité de l'homme, qui se dégrade dans de nombreux pays développés, la fréquence de certains cancers, qui augmente depuis vingt ans en France, sont-elles influencées par les agents chimiques ou physiques libérés en quantité par l'homme dans ses milieux de vie ? Après les crises des années 1980-1990, qui ont mis à nu l'incurie de notre système de sécurité sanitaire, c'est pour éclairer l'action publique face à de telles questions qu'a été créée l'AFSSE, la “petite dernière” des agences de sécurité sanitaire. »

Bon, jusque-là tout va bien. L'AFSSE a peut-être – sûrement – une petite taille, mais elle est potentiellement d'une formidable utilité sociale. Seulement, Zmirou change de ton et annonce sans reprendre son souffle : « J'ai démissionné de la direction scientifique de l'AFSSE. Mon départ résulte

1. Devenue depuis l'Agence française de sécurité sanitaire de l'environnement et du travail (AFSSET). Site Internet : http://www.afsset.fr/.
2. Tribune publiée dans le journal *Le Monde* le 9 mai 2005.

de désaccords profonds et anciens avec sa directrice générale, portant sur l'orientation et la gestion de l'Agence. »

Ah, quel dommage ! Une si belle aventure, et si bien partie ! Pourquoi cette démission, monsieur Zmirou ? Disons le plus avouable tout de suite : l'Agence n'avait pas les moyens de sa mission, avec près de la moitié de ses soixante postes – tout compris – en CDD ou missions diverses. « Comment, écrit avec bon sens Zmirou, comment une agence dont la mission est de construire l'ingénierie du système de sécurité sanitaire environnemental peut-elle faire reposer cette responsabilité grave sur des scientifiques en emploi précaire ? Imagine-t-on les scientifiques les plus expérimentés accepter de tels postes ? Aucun emploi stable n'a été créé en 2005. » Bon, l'État se moque, ce qui n'est pas renversant d'originalité. Et le reste ?

Le reste est lourd : « Alors que la faible taille de l'Agence devrait être compensée par une forte réactivité et une grande souplesse dans la gestion des groupes d'experts et de travail, elle souffre d'une hypertrophie bureaucratique qui décourage son personnel et la bonne volonté de nombreux experts. » Entendu, professeur Zmirou, mais on a envie d'ajouter : et alors, c'est tout ? Eh bien, non, ce n'est pas tout.

Voici le plat de résistance : « L'instauration de règles sur la traçabilité et la transparence des procédures d'expertise vise à permettre à toute partie intéressée de vérifier leur caractère non biaisé. » Hé, hé, on s'approche de zones singulièrement minées, attention aux éclats de roquette. Traçabilité, transparence : où veut en venir Zmirou ? Ici, c'est-à-dire là, c'est-à-dire loin : « Dans tous les cas, la direction de l'agence d'expertise doit s'interdire de s'ingérer dans la production scientifique en suggérant telle interprétation ou présentation des faits. Elle doit s'obliger à exposer le résultat de ce travail difficile dans les meilleurs délais, après pleine validation par les experts, en l'accompagnant des recommandations qu'elle juge nécessaire de formuler. » On relit bien calmement, deux fois de suite, avec toujours le même malaise. Ainsi donc, une direction administrative, totalement soumise à ses tutelles politiques, pourrait intervenir dans des études « scientifiques » ? Allons donc !

Mais si, mais oui, et plutôt trois ou quatre fois qu'une. « Ces principes n'ont malheureusement pas été scrupuleusement respectés par la direction de l'AFSSE. » Qu'en termes prudents... En tout cas, même si Zmirou – rappelons qu'il n'est ni boutefeu ni anarchiste – se refuse à tout balancer, comme on dit dans les vieux polars, il nous délivre bel et bien un message clé : « Le champ de l'environnement et de la santé est, par nature, propice aux jeux d'influence pour la défense d'intérêts variés. Les sujets traités ont souvent des implications socio-économiques importantes. »

On aurait aimé qu'une démission publique de cette qualité éthique provoque un sursaut, mais il n'en a rien été. Faut-il oublier donc l'AFSSE et passer à un autre sujet ? Pas encore. Dès sa création, l'AFSSE avait été moquée par un groupe de scientifiques critiques réunis dans l'association Sciences citoyennes [1]. Le 24 juin 2003, par exemple, cette dernière tenait une conférence de presse « au sujet des conditions dans lesquelles a été émis l'avis de l'AFSSE sur les risques liés aux antennes-relais et aux téléphones portables ». Suivait un communiqué méchant : « Les principes de l'expertise contradictoire n'ont pas été respectés et l'avis émis représente un point de vue unilatéral. Il est par ailleurs très critiquable du point de vue éthique que trois des auteurs de ce rapport se soient prêtés à une opération publicitaire avec un opérateur. »

Quand Paillotin fait des confidences en public

Ne nous lâchez pas encore, même si – nous en sommes conscients – les portables n'ont que peu de rapports avec les pesticides. Voici la suite. Le 10 octobre 2005, un colloque

1. Voir sur Internet : http://sciencescitoyennes.org/article.php3?id_article=43.

organisé par l'association Orée et le magazine *Valeurs vertes* se tient au Sénat. Thème majestueux : le rôle de l'expertise. On interroge M. Guy Paillotin, ci-devant patron de l'INRA – voilà un homme qui connaît les pesticides ! –, devenu par la grâce de la démocratie le président de l'AFSSE. On l'interroge donc, notamment sur la qualité des experts sollicités par son agence, et quelqu'un l'égratigne sur le rapport évoqué au cours de la conférence de presse de Sciences citoyennes.

On se dit que Paillotin, sans surprise, va défendre mordicus la boutique. Or pas du tout. Le voilà qui se met à parler librement. Comme un irresponsable. Comme un homme débarrassé de tous les fils qui l'entravent et lui cousent la bouche. Prenez le temps de savourer cette exceptionnelle leçon de choses. Paillotin, dans le rôle de Jules Bonnot, sort sa carabine et fait feu : « L'AFSSE est effectivement un lieu de pouvoir, mais, comme tout lieu de pouvoir, il est creux. Vous indiquez que l'expertise sur la téléphonie mobile n'est pas bonne, ne vous plaît pas. L'expertise de l'AFSSE sur la téléphonie mobile n'a jamais suivi, ni de près, ni de loin, les règles que l'AFSSE s'est fixées à elle-même ; donc c'est une expertise que je considère, en tant que président du conseil d'administration, comme n'existant pas, n'étant pas le fait de l'AFSSE, puisqu'elle ne correspond pas aux textes que le conseil d'administration a lui-même adoptés. Vous allez me dire que c'est terrible. Eh bien, c'est tout le temps comme ça. Le CA fixe des règles, mais n'est pas habilité à les mettre en œuvre [...]. Comme partout ailleurs, on s'assoit dessus. »

Ah bon, on s'assoit donc sur les règles en matière de santé environnementale ? La juge Marie-Odile Bertella-Geffroy, qui a instruit plusieurs affaires concernant les pesticides, est présente au Sénat ce 10 octobre 2005 et ne peut s'empêcher de s'exclamer : « Mais quelles sont les bonnes expertises, alors ? » Sous-entendu de notre propre cru : n'y en aurait-il aucune ? Voici la réponse de Guy Paillotin, digne d'une grande comédie de Molière : « Hé, c'est la question posée depuis le début de ce colloque ! » Sublime, forcément.

Autre histoire digne du plus haut intérêt, celle de la dioxine. En juin 2000, une autre agence, l'AFSSA, publie un rapport attendu : *Dioxines, données de contamination et d'exposition de la population française*. L'AFSSA, bien plus crédible pourtant – il n'y a pas de mal – que l'AFSSE, se fait épingler par des journalistes du *Point*, qui reprennent les accusations d'un militant écologiste, Pierre-Emmanuel Neurohr[1]. Selon l'AFSSA, créée en 1999 après l'énorme scandale de la vache folle, la situation est sous contrôle et l'exposition moyenne de la population française « proche de l'objectif de qualité recommandé par l'Organisation mondiale de la santé ». Or donc, circulons de concert.

Mais *Le Point* critique lourdement le rapport et observe, entre autres, que la contamination par les PCB n'a pas été prise en compte[2]. Au total, la contamination des Français pourrait être bien pire qu'annoncé. Nous n'insisterons pas ici sur le bilan de l'AFSSA, qui nécessiterait bien trop de place. Appuyons-nous charitablement sur un avis autorisé, celui du professeur Lucien Abenhaim, directeur général de la santé jusqu'en 2003 et lâchement débarqué pour cause de canicule. Dans son livre justement intitulé *Canicules*[3], il écrit à propos de l'AFSSA, dont il assurait une partie de la tutelle, ces mots réfrigérants : « La faiblesse de la réforme majeure de la sécurité sanitaire qui a eu lieu ces dix dernières années est qu'elle reste inachevée. » Et il ajoute un peu plus loin sur un ton un rien désabusé, nous semble-t-il : « La mission laissée à l'AFSSA en matière de sécurité sanitaire se limite donc à l'évaluation des risques et à la vérification de la conformité des décisions générales des ministères – leurs arrêtés – aux

1. À l'époque directeur du CNIID, Centre national d'information indépendante sur les déchets. Site Internet : http://www.cniid.org.
2. « Dioxine : le rapport qui ne dit pas tout », *Le Point*, 8 décembre 2000.
3. L. Abenhaim, *Canicules. La santé publique en question*, Fayard, 2003.

principes découlant de cette évaluation. Sans qu'elle ait les moyens de vérifier si ces décisions sont bien appliquées, ni même la capacité de les définir de façon opérationnelle. C'est extrêmement regrettable. »

Notons en tout cas que deux agences créées pour rassurer, l'AFSSE et l'AFSSA, peinent – à des degrés divers, il est vrai – à atteindre ce résultat. Et repartons à l'assaut de la dioxine. Cette incroyable saloperie bénéficie en France, de longue date, d'une bienveillante compréhension. Rappelons qu'on trouve de la dioxine dans de nombreux herbicides et pesticides. Les Vietnamiens victimes de l'« agent orange » pendant la guerre américaine en savent quelque chose.

En France, on s'est bien davantage intéressé à d'autres sources de dioxine, notamment l'incinération des déchets, qui en produit beaucoup. Ah ! ces chers, si chers déchets. Pendant des lustres, sans remonter à Mathusalem, les décharges ont été des pactoles pour une poignée de margoulins d'un côté, mais aussi, de l'autre, de grands groupes industriels. Las ! les meilleures choses ont une fin et, dès le milieu des années 1980, la colère gronde si fort dans nos provinces que les élus renoncent un à un à accepter une décharge sur leur territoire. Surtout après la révolte de Montchanin, petite cité martyre, en 1989.

En 1992, une loi mort-née impose la fermeture de la quasi-totalité des décharges à l'horizon 2002. Il faudra – il aurait fallu – développer massivement le recyclage et diminuer les déchets. Faute de quoi, *last but not least*, il n'y a plus qu'à brûler ce qui reste. L'eldorado des incinérateurs est bel et bien lancé, et des géants industriels, dont la Générale des eaux, la Lyonnaise, EDF, Atochem, Lafarge, se lancent dans la bataille.

Bataille ? Que oui ! Car les incinérateurs ont une fâcheuse tendance à cracher du poison, dont la dioxine. Laquelle a toutes les probabilités de devenir, en ce début des années 1990, un frein pesant au développement serein des affaires. Très vite on découvre qu'un grand nombre d'incinérateurs existants dépassent allégrement les normes de rejet. Au reste, la dioxine sera au centre, jusqu'à ces toutes dernières années, de scandales retentissants. Le drame de Gilly-sur-Isère, en Savoie, continue de menacer, au moment où nous écrivons, la carrière politique de Michel Barnier, ancien ministre. Pourquoi, dans ces conditions, avons-nous le plus grand parc d'incinérateurs de déchets ménagers de toute l'Union européenne ?

Le détail est passionnant, regardez donc. En 1991, première alerte, plutôt rude. Le placide Conseil supérieur d'hygiène publique, qui dépend de la Direction générale de la santé, publie une toute première étude sur la dioxine [1], qui insiste sur ses effets tératogènes – elle peut créer des monstres –, cancérigènes, immunologiques, neurotoxiques. Excusez du peu !

Hasard ? En ce cas il est providentiel. Dans la foulée, la même année, l'une de nos plus belles institutions décide d'étudier elle aussi les dangers de la dioxine. L'Académie des sciences retrousse ses manches et planche pendant trois ans. Elle publie le 20 septembre 1994 un rapport officiel appelé *La Dioxine et ses analogues*. Bien, fort bien : on va enfin tout savoir sur ces maudites molécules.

Ô surprise, nos sages exonèrent la dioxine d'à peu près tout, et ils estiment dans leur conclusion qu'en « l'état actuel des connaissances, et compte tenu des faibles quantités en jeu, on a les moyens d'identifier et de contrôler le risque lié aux dioxines, et ces produits ne posent pas un problème majeur pour la santé publique ».

L'Académie adore la dioxine

C'est un moment historique, n'ayons pas peur des mots. N'écoutant que son courage, l'Académie des sciences assume pleinement d'être à contre-courant de tout ce qui s'écrit

1. *Rapport du Conseil supérieur d'hygiène publique de France sur les dioxines*, 1991.

ailleurs dans le monde. Pour vous aider à mieux applaudir ce geste, sachez, par exemple, que cette même année 1994 l'agence américaine chargée de l'environnement, la puissante EPA, publie de son côté un Himalaya de deux mille pages consacré à la dioxine [1]. Et les Américains, s'appuyant sur des dizaines d'études concordantes, contredisent violemment, bien qu'à distance, nos valeureux académiciens. La dioxine est pour eux un terrible danger qui menace, même à des doses infimes, le fœtus humain, le système immunitaire, le cerveau. Elle favorise l'infertilité féminine et diminue puissamment le nombre de spermatozoïdes chez l'homme.

Qui a raison ? Vous allez devoir répondre par vous-mêmes. Mais voici de nouveaux indices. Page 65 du rapport de l'Académie, une phrase qui rompt avec le ton résolument « scientifique » du document. On la dirait droit sortie d'un dépliant commercial ou industriel. La voici : « Il est donc très souhaitable que soit évitée une réglementation excessivement contraignante (par exemple imposant une teneur en PCDD/F [la dioxine] inférieure à 0,1 ng/Nm^3 dans les fumées des UIOM [les incinérateurs] qui risquerait de freiner la poursuite du développement raisonnable de l'incinération en maintenant artificiellement la compétitivité d'un enfouissement même contrôlé). »

Ce n'est pas du Maupassant, mais ça se laisse lire. L'Académie, dans ses œuvres, s'intéresse donc aussi au sort de l'industrie. Excellente introduction à la suite. Car un vilain petit canard s'est glissé dans la noble assemblée, au risque évident de gâcher la fête. Il s'appelle André Picot, et il est toxicologue, directeur de recherches au CNRS. Grand spécialiste de la dioxine, il a été convié à faire partie du groupe de travail chargé du rapport. Mais voilà que « le cave se rebiffe » et qu'au moment de la publication, par un geste

1. Département de l'Environnement des États-Unis, *Rapport d'évaluation de l'impact sur la santé de la 2,3,7,8 TCDD et des composés similaires*, rapport préliminaire public, juin 1994, vol. II et III.

de révolte sans précédent dans ce discret cénacle, il refuse d'apposer sa signature.

Pourquoi ? Parce que sa contribution a tout simplement été censurée. « J'ai assisté à presque toutes les séances de travail, déclarera-t-il à l'un des auteurs en 1995, et j'ai fourni trois rapports, dont l'un sur les effets immunologiques de la dioxine. À l'arrivée, il ne restait plus que quelques lignes. »

Censure, donc, et sursaut d'André Picot. Ensuite ? Eh bien, voilà ce qui ressemble à une cerise sur ce si bon gâteau. Après la conférence de presse qui accompagne la publication du rapport de l'Académie – nous sommes donc le 20 septembre 1994 –, un témoin affirme avoir vu un inconnu hilare entourer de son bras un certain Thierry Chambolle, l'un des cadres très supérieurs de la Lyonnaise des eaux. Il lui aurait dit : « Alors, on va pouvoir construire des incinérateurs, hein ? »

Notez que M. Chambolle, dans une lettre à l'un des auteurs (le 4 août 1999), dit tout ignorer de cet inconnu, ajoutant que le rappel de cet épisode pourrait bien le « déconsidérer ». Il est vrai que Thierry Chambolle n'est pas seulement, ce 20 septembre 1994, le numéro trois de la Lyonnaise. Il est aussi, et peut-être surtout en cette occurrence, membre à part entière du groupe de travail de l'Académie des sciences. Laquelle le présente d'ailleurs avec brio comme siégeant au « Comité des applications de l'Académie des sciences », oubliant opportunément ses responsabilités industrielles.

Picot en pleine galère

Faisons un court point. Chambolle, patron de la Lyonnaise, qui veut ouvrir de nombreux incinérateurs, est aussi un membre éminent du groupe de travail de l'Académie chargé d'étudier les effets de la dioxine. Où est le mal ? D'autant qu'il est en excellente compagnie. La majorité des membres du groupe de l'Académie travaillent ou ont travaillé avec l'industrie. Et plusieurs d'entre eux avec des entreprises qui ont des intérêts dans les incinérateurs, comme Rhône-Poulenc, Elf, les ciments Lafarge, Atochem, la Lyonnaise ou la Générale. Une mention spéciale pour deux personnalités.

La première s'appelle Pierre Fillet. Il a coordonné l'ensemble du rapport. Cet ancien ingénieur de l'usine Rhône-Poulenc du Pont-de-Claix, en Isère, a été la victime d'une pollution directe par la dioxine en 1953, dont il conserve des traces. Mais, au moins, il n'est pas rancunier.

La seconde a pour nom Guy Ourisson. Il n'est pas encore, en cette année 1994, le président de l'Académie des sciences – il le sera en 1999 et en 2000 –, mais ce chimiste réputé, décédé en novembre 2006, a derrière lui une déjà longue carrière. En 1989, par exemple, il a mené une bagarre de chiffonnier contre un autre scientifique, Roland Carbiener, qui avait eu la très mauvaise idée de publier une étude sur la toxicité des phosphates contenus dans les lessives. Ourisson était à la même époque président du conseil scientifique de Rhône-Poulenc, leader dans le secteur des lessives. Mais il faudrait être injuste, méchant et même irresponsable pour relier des choses aussi différentes, n'est-ce pas ? Que diable venait faire Picot dans cette galère ?

Juste encore deux ou trois mots. Thierry Chambolle n'est pas seulement presque académicien, ingénieur des Ponts et Chaussées, grand industriel. Directeur d'une administration centrale du ministère de l'Environnement de 1978 à 1987 – la Direction de la prévention des pollutions, si –, il est entré immédiatement après à la Lyonnaise des eaux, dont il contrôlait pourtant, ès qualités, une partie des activités. Une loi censée lutter contre le « pantouflage » dans le privé de nos hauts fonctionnaires exige en principe un délai de cinq ans avant de se mettre au service d'une industrie dont on a eu à connaître. Mais la loi est pour les plébéiens. Et d'ailleurs, au-delà de la lettre, il y a l'esprit de la loi. Ne jamais confondre lorsqu'on entend réussir sa carrière.

Voulez-vous rire jaune, et noir ? Le 3 avril 1998, soit trois ans et demi après le bon rapport de ces messieurs de l'Académie, le Comité de la prévention et de la précaution – structure officielle liée au ministère de l'Environnement d'alors – évalue entre 1 800 et 5 200 le nombre annuel de morts provoquées par les dioxines [1]. En France, et par la grâce de cancers venus par les voies respiratoire et alimentaire.

Redevenons sérieux, quoique… La question que nous nous posons, que nous vous posons aussi, à vous, lecteurs, est simple et tragique : que savons-nous réellement ? Que pouvons-nous savoir dans ce monde où la vérité, fût-elle scientifique, est habillée en permanence par des officines, des professionnels de la désinformation et de la propagande, des rois et reines du mensonge enrubanné ?

Souvenez-vous de tout ce qui paraît aujourd'hui derrière nous. Souvenez-vous des dizaines d'années qu'a gagnées l'industrie du tabac en truquant des études, en achetant des consciences et des journaux, en infiltrant tant de lieux publics, de cérémonies, de laboratoires ? Le tabac tue des dizaines de milliers de personnes par an en France.

Souvenez-vous de l'amiante, bien sûr. Une coalition malodorante de tueurs – « scientifiques », « syndicalistes », « journalistes », « politiques », industriels – nous a empêchés d'obtenir l'interdiction de ce produit avant 1997, bien que les premières alertes aient été lancées en… 1906. 100 000 personnes en mourront avant 2020.

Souvenez-vous du plomb dans l'essence, qui nous empoisonna pendant des décennies, alors qu'on savait tout depuis le départ. Souvenez-vous des éthers de glycol, souvenez-vous du distilbène et de tant d'autres médicaments maudits, souvenez-vous de ces nitrates présentés comme inoffensifs, souvenez-vous de l'air des villes et des champs

1. Annexe à la recommandation « Dioxines », Comité de la prévention et de la précaution, ministère de l'Aménagement du territoire et de l'Environnement, 3 avril 1998.

et des maisons, souvenez-vous du nuage de Tchernobyl et de tous les autres, souvenez-vous des ondes électromagnétiques et des portables, souvenez-vous de ces porcs nourris avec des boues de stations d'épuration, souvenez-vous des boues d'épuration elles-mêmes, épandues sur les champs, souvenez-vous de ces millions de salariés français exposés sur leur lieu de travail à des produits cancérigènes. Surtout, souvenez-vous du reste, de ce reste que personne ne saura jamais.

Et souvenez-vous de ce sel que l'industrie alimentaire ajoute massivement à ses produits pour gagner un peu plus d'argent. L'affaire, révélée en 2001 par des journalistes du *Point*[1], est un peu plus folle que d'autres encore, car 25 000 morts et des dizaines de milliers d'accidents cardio-vasculaires pourraient, semble-t-il, être évités chaque année en France. Commentaire textuel de notre si prudente AFSSA : « Il n'apparaît pas nécessaire de lancer des campagnes publiques alarmistes et médiatiques sur le sel, au détriment d'autres enjeux de santé publique. » Les chiffres sont pourtant établis. Contrairement à ce que dit l'AFSSA – elle parle de 7,9 grammes –, les Français consomment en moyenne entre 10 et 12 grammes de sel par jour, ce qui est prodigieux. Personne ne leur a rien demandé, et l'augmentation aurait été – en 2001 – de 10 à 15 % sur cinq ans. Pour le seul profit de l'agroalimentaire.

Chers lecteurs, comment pourrait-on espérer qu'il n'en va pas de même avec les pesticides, dont l'enjeu économique est énorme ? Avant d'achever ce lourd chapitre, nous vous devons une ultime piqûre de rappel. Dans l'affaire du Gaucho, à laquelle nous avons consacré notre chapitre 3, plusieurs scientifiques de valeur se sont succédé, tentant de comprendre pourquoi les ruchers mouraient par milliers. Eh bien, méditez ce qui suit.

1. « Overdose de sel dans l'assiette des Français », *Le Point*, n° 1483, 16 février 2001.

Silence contraint et même forcé

En 1998, le vétérinaire Marc-Édouard Colin participe aux premiers travaux sur le Gaucho. Ce chercheur de l'INRA démontre qu'un milliardième de gramme d'imidaclopride – la molécule active du Gaucho – par gramme de pollen suffit pour paralyser une abeille. C'est un des tournants de cette si longue histoire. L'année suivante, il demande logiquement à poursuivre son travail, jugé jusque-là remarquable. Or l'INRA exige soudain qu'il change de sujet et qu'il quitte au plus vite son labo. On lui annonce même, à lui, si grand spécialiste des abeilles, que l'écotoxicologie lui est désormais interdite à l'INRA – l'INRA qui appartient au public, à l'État, aux Français que nous sommes. Colin partira pour Montpellier, s'occuper d'acariens. Gentils, les acariens.

Jean-Marc Bonmatin, chercheur au CNRS à Orléans, a lui aussi cherché. *A priori*, c'est pour cela qu'il est payé. Mais, pour son malheur, Bonmatin a également trouvé. Et prouvé la présence d'imidaclopride dans le capitule et le pollen d'un tournesol traité au Gaucho. Et, d'évidence, il y avait assez de pesticide pour intoxiquer une abeille.

La réaction de Bayer, l'entreprise directement mise en cause par ses travaux – le Gaucho, c'est elle –, est immédiate, aussi fulgurante que l'effet de son produit sur les insectes sociaux. Bayer, en effet, tempête et menace Bonmatin d'une plainte en diffamation, qui serait assortie d'une demande de dommages et intérêts colossaux. Cela s'appelle de l'intimidation, et nul ne peut dire dans combien de cas elle a atteint ses objectifs.

Bonmatin est assommé. À la demande instante de Bayer – ces gens, tout de même, quel pouvoir ! –, ses travaux seront examinés à la loupe sept fois. Sept fois ! Il dira plus tard, après que ses crédits auront été sévèrement rognés – l'opération du Saint-Esprit ? –, combien son labo en a été marqué :

« Dès que nous avons pu exposer nos découvertes, la première réaction de Bayer a été de nous discréditer. Pour eux, il ne pouvait s'agir que d'une erreur, nous nous étions trompés. Puis sont venues les menaces : j'ai reçu une lettre parlant de diffamation et de dommages et intérêts si je continuais à m'exprimer publiquement sur le sujet. On s'attendait, certes, à un contexte difficile, mais je ne pensais pas que cela pourrait prendre des proportions pareilles de la part de l'État français et de Bayer. »

Nous avons eu connaissance de quantité d'autres cas, dont ne souhaitent pas parler publiquement les protagonistes, c'est-à-dire les scientifiques qui ont osé malmener les intérêts industriels et commerciaux des puissants et de leurs si nombreux obligés. Comment disait Jean-François Narbonne, au fait ? Le monde des pesticides serait celui de l'omerta ? C'est un mot à tiroirs, qui en rappelle bien d'autres. Où sommes-nous donc tombés ? Jusqu'à quelle profondeur ?

Chapitre 8

Combien faudra-t-il d'études ?

Où l'on apprend tout sur la malheureuse et fabuleuse Rachel Carson. – Où l'on découvre que la lutte contre la fourmi rouge réserve bien des surprises à l'Amérique du bulldozer. – Où l'on radote autour de centaines d'études scientifiques qui racontent toutes la même chose.

Connaissez-vous Rachel Carson ? Non ? Vous n'êtes pas seuls dans ce cas, mais c'est tout de même bien dommage. Rachel est en effet une femme d'exception. Cette zoologiste, née en 1907, commença sa carrière au Bureau fédéral des pêches américain, où elle écrivit pendant la Grande Dépression des scripts pour des émissions de radio, ainsi que des articles de presse sur l'histoire naturelle. Mais elle était une femme curieuse de tout, ignorant les frontières communes et singulièrement fascinée par le spectacle de la nature. Avec une grande logique, elle papillonna. Elle fut ainsi, entre autres, océanographe – on lui doit le livre *Cette mer qui nous entoure* –, journaliste, écrivain. En somme, Rachel Carson fut une grande vulgarisatrice de connaissances scientifiques.

En 1952, elle prit une retraite anticipée pour mieux se consacrer à son œuvre sur la nature. À la différence de tant d'autres, Rachel regardait. Et voyait. Dès 1945, elle s'intéressa de près aux effets du DDT, découvert six ans auparavant. En ce temps de triomphe mécanique et technologique, le nouvel insecticide était considéré comme un miracle. Mais Rachel Carson, qui avait entendu parler de tests menés près de chez elle, dans le Maryland, se posait des questions. Déjà. Elle proposa un article au *Reader's Digest*, qui fut refusé.

Treize ans plus tard, en 1958, un ami du Massachusetts lui envoie une lettre dans laquelle il décrit une hécatombe d'oiseaux dans la région du cap Cod, à la suite d'un épandage de DDT. Elle tente une nouvelle fois de publier un article sur le sujet, lui aussi refusé. Ce n'est pas tout à fait anecdotique, car Rachel est alors déjà un auteur connu, populaire, « commercial » même. Si elle ne peut publier sur la question, qui le pourra ?

Un autre événement, la même année, marque durablement l'Américaine. Le département de l'Agriculture se lance en 1958 dans ce qui restera sous le nom de « guerre des fourmis de feu ». En deux mots, une fourmi rouge originaire d'Amérique du Sud, la fourmi de feu *Solenopsis invicta*, a commencé d'envahir les États-Unis dans les années 1920, probablement depuis le port de Mobile, en Alabama. En un peu plus de trente ans, elle s'est solidement installée dans la plupart des États du Sud. Certes, sa piqûre est cruelle et même parfois mortelle pour les humains, dit-on. En 1955, un pauvre gosse, mordu à trois reprises, en serait mort. Certes, ses nids, sous forme de monticules de 30 centimètres de haut, peuvent localement gêner les travaux agricoles. Mais cet envahisseur apparaît surtout comme un ennemi de l'Amérique et de son extraordinaire enthousiasme des années 1950.

L'historien Comer Vann Woodward a trouvé une formule choc pour décrire ce qui se passe dans le sud des États-Unis après la guerre : c'est la « révolution du bulldozer ». Tout doit disparaître – forêts, zones humides, espaces naturels –, et tout doit être rebâti sous la forme de cultures, de routes, de villes. La fourmi s'attaque sans le savoir au mythe national et à l'un de ses plus fervents alliés : la science revue et corrigée par le scientisme.

Une fourmi rouge accusée de communisme

Abattre cette sournoise étrangère, c'est proclamer le triomphe de la machine, prouver que rien n'arrêtera le progrès en marche. En avant, comme au temps des pionniers et des guerres indiennes ! D'un côté, un tout nouveau service du département américain de l'Agriculture : le Plant Pest Control. Ses (rares) opposants l'accuseront d'avoir exagéré le danger pour obtenir de gros budgets, condition essentielle pour s'installer en force dans la machinerie bureaucratique fédérale. De l'autre, des industriels de la chimie qui ne demandent qu'à tester les nouvelles molécules fraîchement sorties de leurs laboratoires.

Une grande folie patriotique commence. Le département de l'Agriculture – c'est la mobilisation, voyez-vous – lance des bordées de communiqués, d'articles et de proclamations. Nous sommes en pleine guerre froide, ce qui fouette les imaginations. On parle dans la presse, à propos des fourmis, de « péril rouge » – colossale finesse rappelant la couleur de l'insecte –, de « cinquième colonne ». Un article affirme même textuellement que « cette féroce petite fourmi a mené le communisme jusqu'à son point ultime, et son action suggère une intelligence pleine de sang-froid[1] ». Un fait indiscutable ramène l'affaire à ses véritables dimensions idéologiques et commerciales : avant le début de la campagne, aucune publication spécialisée du département de l'Agriculture ne considérait la fourmi comme une menace contre l'homme et les récoltes.

De 1958 à 1978, pourtant, d'abord dans la ferveur, ensuite dans le train-train, 8 millions d'hectares sont traités, y compris par avion. Avec, pour commencer, deux produits neufs et bien entendu géniaux, la dieldrine et l'heptachlore, des organochlorés. Nul ne sait, en cette fin des années 1950, quels sont

1. Cité par Joshua Blu Buhs dans un livre remarquable non traduit, *The Fire Ant Wars*, The University of Chicago Press, 2004.

les effets de ces pesticides sur le milieu naturel, mais cette ignorance ne retiendra pourtant personne. L'alliance des bureaucrates, des industriels et de certains savants ivres de puissance permet l'aventure, une gigantesque aventure.

Peu à peu, très lentement, on commence à se rendre compte que ces pesticides organochlorés sont plus toxiques que le DDT, et qu'ils s'accumulent dans le lait, le poisson, la graisse des mammifères. À moins qu'on n'ait sciemment mené une expérience criminelle ? Car ne croyez pas que personne ne proteste. Des professeurs, des biologistes crient halte au feu, prouvant que des poulets, des vers de terre, des tortues sauvages sont gravement contaminés.

D'autres rappellent au passage que dans la nature la fourmi de feu s'en prend surtout à d'autres insectes, dont certains très nuisibles, comme l'anthonome du cotonnier. En outre, les grosses fourmilières de *Solenopsis invicta* seraient utiles au sol, car elles l'aéreraient et le draineraient. Le docteur Franck S. Arant, de l'Institut polytechnique de l'Alabama – il sera président en 1961 de la Société d'entomologie d'Amérique –, déclare carrément n'avoir jamais entendu parler de dégâts réels sur les récoltes causés par les fourmis de feu. Mais ces mauvais citoyens préféreraient sans doute que Nikita Khrouchtchev soit installé à Washington.

Quoi qu'il en soit, dans les années 1960, le mirex prend la place de la dieldrine et de l'heptachlore. C'est pire encore. Bien des années plus tard, ces trois compères seront inscrits sur la liste des « douze salopards », ainsi appelés parce que ces polluants organiques persistants (ou POP [1]) sont parmi les pires poisons de la vie sur terre. Une convention internationale réunie à Stockholm en 2001 finira par obtenir leur interdiction à compter de l'année… 2004.

1. Pour des détails sur les POP, voir sur le site Internet de l'ADEME : http://www.ademe.fr/entreprises/polluants/polluants/polluant.asp?ID=49&o=1, ou sur celui du réseau international d'ONG travaillant sur cette question, l'IPEN : http://ipen.ecn.cz/.

Au fait, la campagne contre la fourmi de feu a-t-elle au moins été efficace ? Rions ensemble, si nous en avons encore la force. Pendant deux décennies – de 1958 à 1978 –, les bureaucrates du département de l'Agriculture publient des bulletins de victoire… locale, avant d'avouer piteusement leur défaite on ne peut plus globale. L'Arkansas est ainsi « gagnée », puis « perdue », puis « reprise ». Et tout à l'avenant, *ad nauseam*. Au total, plus de 200 millions de dollars ont été (officiellement) dépensés en pure perte avant l'abandon du plan d'extermination.

Au début du programme, 9 États du Sud abritaient des fourmis de feu rouges. Ils sont 13 aujourd'hui, sans compter Porto Rico. 8 millions d'hectares ont été traités, mais 130 millions sont aujourd'hui envahis par la fourmi. Et le réchauffement climatique en cours, qui ouvre de nouveaux territoires chaque année, promet bien des (mauvaises) surprises aux éradicateurs. Lesquels s'en moquent peut-être, car désormais 157 produits chimiques différents sont vendus aux États-Unis pour combattre les fourmis de feu. *Business, business as usual*. Mais cessons de persifler, car il s'agit d'un terrible désastre écologique, politique, économique. Selon la forte expression du grand naturaliste Edward O. Wilson, cette guerre perdue est un « Vietnam de l'entomologie », c'est-à-dire un combat « aux buts mal définis et sans vainqueur bien clair, avec seulement des pertes ».

Avons-nous perdu Rachel Carson en route ? Nullement. Car dans son ouvrage le plus connu, *Printemps silencieux* [1], paru en 1962, elle consacre des phrases terribles à cette fourmi rouge : « C'est le type même de l'opération mal conçue, mal exécutée et même nuisible ; elle a fait perdre au ministère de l'Agriculture la confiance du public, et a coûté si cher en dollars et en vies d'animaux qu'il est inimaginable que des fonds lui soient encore consacrés. »

1. R. Carson, *Printemps silencieux*, *op. cit.*

Dans un autre passage, évoquant les effets délétères du DDT, elle décrit pour une des premières fois au monde le grand massacre en cours : « La même séquence mortelle a été remarquée partout : odeur du DDT dans la forêt, film huileux à la surface de l'eau, truites mortes le long des berges des ruisseaux. Tous les poissons analysés, vivants ou morts, avaient du DDT dans leurs tissus. L'une des plus sérieuses conséquences de la désinsectisation était, comme au Canada, l'extermination des organismes servant de nourriture à d'autres animaux : les insectes aquatiques et la faune du fond des cours d'eau se trouvaient réduits parfois des neuf dixièmes. Or, ces pertes se réparent lentement; à la fin du second été, la faune aquatique était encore rare – et même nulle dans l'une des rivières où 80 % des poissons avaient disparu. »

Avouez-le, vous avez l'impression d'un pur radotage. Mais nous sommes en 1962, et jamais personne n'a encore osé s'attaquer à la magnificence de l'industrie chimique. Jamais. Personne. Carson, en (vraie) pionnière, trace le signe = entre la mort des écosystèmes et l'utilisation de plus en plus massive des pesticides. Son livre, qu'on nous permette cet hommage, est génial. Fabuleux. Prophétique. Unique. Qu'attend-on pour le rééditer ?

Folle, hystérique, agent du KGB

À l'époque, la réplique ne se fait pas attendre. Quels cris ! Quelle honte pour la société des hommes ! L'industrie chimique ouvre en grand les robinets de la désinformation. Monsanto, par exemple, publie à des milliers d'exemplaires un petit livre censé parodier *Printemps silencieux*. Son titre ? *L'Année de la désolation*. On y raconte un monde ravagé par la famine, les maladies et les insectes parce qu'on aurait eu la sottise d'interdire les pesticides de synthèse. Le département de l'Agriculture aboie, lui aussi, et les scientifiques embrayent, du moins certains d'entre eux, comme Robert

White-Stevens, biochimiste, qui déclarera simplement : « Si les hommes devaient suivre les enseignements de Mlle Carson, nous retournerions à l'âge des ténèbres. »

Certains chimistes iront plus loin, mettant en doute son savoir de la manière la plus basse, ou la traitant de « vieille folle ». Beaucoup de grands journaux, de leur côté, dont *Time*, présenteront Carson comme une femme surmenée, instable, voire hystérique. Elle sera même dénoncée comme un agent du communisme international, à la solde du KGB. La liste des multiples pressions, menaces et coups tordus inventés contre *Printemps silencieux* vous fatiguerait. Juste un mot : *Time*, après l'avoir honnie, a placé en 2000 Rachel Carson sur sa liste des cent personnalités les plus influentes du XXe siècle.

En France même, la parution du livre provoquera une jolie tempête dans les milieux « bien informés », ceux qui sont travaillés en coulisses par le lobby des pesticides. En effet, l'édition française de 1963 est assortie d'une préface du grand Roger Heim, alors directeur du Muséum d'histoire naturelle et président de l'Académie des sciences. Heim est un pur, Heim est un vrai.

Dès 1952, il a publié chez Armand Colin un livre introuvable et magnifique : *Destruction et Protection de la nature*. Il y décrit ce que nous appelons la « crise écologique ». Dix ans plus tard, il rédige la préface du livre de Carson. Heim y rugit comme le vieux lion qu'il aurait aimé être. Nous reprenons d'ailleurs cet extrait en ouverture de notre livre : « On arrête les "gangsters", on tire sur les auteurs de "hold-up", on guillotine les assassins, on fusille les despotes – ou prétendus tels –, mais qui mettra en prison les empoisonneurs publics instillant chaque jour les produits que la chimie de synthèse livre à leurs profits et à leurs imprudences ? »

En France, les soutiens de l'industrie des pesticides, presque tous au contact direct du lobby, hurlent à la mort. Parmi eux, citons le directeur du laboratoire de phytopharmacie de l'INRA, Guy Viel, qui a cette phrase sublime : « Il faut d'abord souligner que les documents [de Rachel Carson] sont essentiellement américains. Il est alors déplorable de laisser croire au public de langue française que les mêmes excès se sont retrouvés chez nous. »

Un autre charmant personnage, Lucien Bouyx, réclame ce qui ressemble bien à une censure d'État. Ce chef du puissant Service de protection des végétaux (SPV), qui dépend du ministère de l'Agriculture, demande en effet que le livre de Carson ne soit plus cité dans les publications officielles. Il faut préciser que Bouyx collabore à la même époque au journal *Phytoma*, tenu et financé par l'industrie des pesticides. La palme revient à Henri Siriez, administrateur du SPV, et à ce titre haut fonctionnaire de la République. Sa diatribe contre Carson montre que les intérêts en jeu et la passion qui les accompagne sont franchement montés à la tête des plus virulents : « La campagne haineuse et hystérique promue actuellement contre les produits agrochimiques par des environnementalistes paniquards et irresponsables a ses origines dans un best-seller, un hybride de science et de fiction, *Printemps silencieux*. »

Vous comprendrez qu'avant de vous parler des études, innombrables, qui portent sur les dangers des pesticides, il fallait d'abord saluer l'admirable clairvoyance de Rachel Carson, et son courage. Car, dans ce domaine si particulier, il ne faut jamais oublier que tous les moyens sont bons, et qu'ils sont et seront utilisés.

Passons donc à la suite. Il est tout à fait inconcevable de seulement résumer ce qui a été publié au cours des quarante dernières années. Dans une certaine mesure, qui vous appartient, il faut donc nous faire confiance pour la (courte) sélection que nous vous offrons. Et voici pour commencer une déclaration saisissante, connue sous le nom de Wingspread Statement[1]. En juillet 1991, vingt et un scien-

1. Voir *Environment and Health Weekly*, n° 3, ou sur Internet : http://www.sehn.org/wing.html.

tifiques de premier plan se réunissent au centre de conférences de Wingspread, à Racine, dans le Wisconsin. L'heure est si grave à leurs yeux qu'ils déclarent entre autres : « Une grande quantité de produits chimiques de synthèse qui ont été relâchés dans l'environnement, aussi bien que quelques autres d'origine naturelle, a le pouvoir de perturber le système endocrinien des animaux, y compris les humains. Et, parmi eux, on trouve des composés persistants comme certains pesticides (fongicides, herbicides, insecticides), des produits chimiques industriels, des produits de synthèse et certains métaux lourds. »

En somme, un cri d'alarme, d'autant plus impressionnant qu'il est poussé par de très hautes personnalités des sciences : médecins, biologistes, pharmaciens, toxicologues, mammalogistes, venus des plus prestigieuses universités. Parmi eux, le docteur Theo Colborn, dont nous allons reparler après quelques mots sur l'inconcevable déclin du sperme humain.

En 1992, le docteur Niels Skakkebaek, un Danois, publie avec quelques collègues une étude fracassante dans le *British Medical Journal*[1]. La quantité moyenne de spermatozoïdes dans le sperme humain aurait décliné d'à peu près 50 % entre 1938 et 1990. Au passage, cette étude révèle que le taux de cancers testiculaires a triplé entre 1940 et 1980, au Danemark toujours. Ébahis, et pour certains sceptiques, d'autres scientifiques cherchent la faille – le fameux biais des chercheurs – et travaillent sur des échantillons différents, en France et en Belgique notamment.

Mais c'est en réalité une confirmation qui sera publiée en 1995 dans *The New England Journal of Medicine*[2]. Entre 1973 et 1992, la concentration des spermatozoïdes de 1 351 hommes

1. E. Carlsen, A. Giwercman, N. Keiding et N. Skakkebaek, « Evidence for decreasing quality of semen during past 50 years », *British Medical Journal*, 305, 1992, p. 609-613.

2. J. Auger, J.M. Kustmann, F. Czyglik et P. Jouannet, « Decline in semen quality among fertile men in Paris during the past years », *The New England Journal of Medicine*, 332, 1995, p. 281-285.

de la région parisienne a baissé en moyenne de 2 % chaque année, chiffre proprement terrifiant. Un tel affaissement, sur une si courte période, ne saurait avoir des causes génétiques. Il faut donc impérativement chercher dans des modifications soudaines de l'environnement. Mais quoi ? Mais qui ? Bien entendu, un tel cataclysme ne peut, en toute hypothèse, être rapporté à une seule cause simple. Pourtant demeure cette évidence : quelque chose se passe, qui est très rapide.

Et revoici le docteur Colborn, l'un des signataires du Wingspread Statement. En 1996, trente-quatre ans après celui de Carson, elle publie avec Dianne Dumanoski et John Peterson Myers un autre livre, *L'Homme en voie de disparition ?*[1]. Préfacé par le vice-président américain Al Gore, il provoque un vrai débat outre-Atlantique, mais fait un flop retentissant chez nous.

Appuyé sur une montagne d'études parues dans les meilleures revues scientifiques, il met en évidence avec une grande clarté la perturbation du système hormonal provoquée par de nombreux pesticides. Des animaux comme le vison, le cormoran, le goéland sont touchés.

Mais aussi, et d'une sidérante manière, les alligators du lac Apopka, en Floride. Pollué en 1980 par un insecticide appelé difocol, l'Apopka voit chuter sa population d'alligators. Et même après que l'eau a retrouvé sa qualité antérieure, de gros problèmes apparaissent : ainsi, 60 % des alligators mâles se retrouvent « dotés » d'un pénis anormalement petit, phénomène jamais rapporté auparavant.

Le puma, l'ours et le phoque... Et l'homme dans tout ça ?

D'autres observations comparables sont faites à propos du puma, du dauphin, du phoque, de l'ours, etc. En résumé, il

1. T. Colborn, D. Dumanoski et J. P. Myers, *L'Homme en voie de disparition ?*, Terre vivante, 1996.

apparaît certain que des produits chimiques de synthèse, parmi lesquels, au premier rang, les pesticides, provoquent une grave perturbation hormonale qui prend quantité de formes différentes : féminisation des mâles et masculinisation des femelles, anomalies des organes reproducteurs, augmentation du volume de la thyroïde, anomalies congénitales, changements comportementaux, affaiblissement du système immunitaire et vulnérabilité accrue aux maladies infectieuses et aux cancers.

Or les animaux les plus touchés sont ceux qui sont situés en haut de la chaîne alimentaire, comme nous. En raison d'un phénomène bien connu sous le nom de « bioaccumulation », ces êtres « supérieurs » peuvent subir des concentrations inouïes de certains polluants dans leur graisse. Jusqu'à vingt-cinq millions de fois ce qu'on trouve dans l'environnement immédiat ! Par un miracle que personne – et pour cause – ne peut expliquer, l'homme serait le seul à ne pas souffrir de cette contamination généralisée.

Bien entendu, et tout au contraire, nous sommes en première ligne. Nous vous proposons ci-dessous cinq clés, c'est-à-dire cinq domaines où les études – on les compte aujourd'hui par centaines – ont beaucoup à nous dire. Avant de détailler, en voici la liste : les cancers, les anomalies congénitales, la reproduction perturbée, les troubles neurologiques et cognitifs, les dysfonctionnements du système immunitaire. À chaque fois, volontairement, nous nous contenterons d'une brève synthèse des faits les plus marquants. Mais il n'est pas interdit d'aller consulter le reste sur le site Internet de notre livre [1], bien entendu.

• Les cancers

On le répète sans jamais être entendu : nous assistons à une explosion du nombre de cas de cancers en France, qui

1. http://www.pesticides-lelivre.com ; et dossier « Pesticides » sur : http://www.mdrgf.org/. Pour les anglophones, lire absolument *Systematic Review of Pesticide Human Health Effects*, déjà cité.

atteignent 278000 par an, pour 150000 décès. Selon des chiffres on ne peut plus officiels, l'augmentation a été de 63 % entre 1978 et 2000. Certes, ce chiffre brut doit être corrigé, en tenant compte par exemple du vieillissement de la population. Mais même en ce cas, il reste une augmentation sur la période de 35 %, ce qui est d'autant plus considérable que la mortalité globale s'accroît également. Et certains types de cancers, très sensibles à l'environnement, explosent. Celui du sein a vu son incidence augmenter de 97 % (de 1978 à 2000 toujours) et celui de la prostate de 271 % !

Le sujet est violemment polémique et oppose, comme souvent, deux visions.

La première, incarnée pour le meilleur et pour le pire par le professeur David Khayat, responsable du Plan cancer, est très simple : il n'y a pas de question. Le grand responsable – et coupable – est le fumeur, le buveur. Heureusement, la médecine et la chirurgie ont fait de tels progrès que nous allons malgré tout dans la bonne direction. Caricature ? Non pas. Invité sur l'antenne de France Inter à l'automne 2005, Khayat déclare textuellement : « La pollution [comme cause de l'apparition des cancers], c'est-à-dire ce que nous, en France, nous appelons l'"environnement", ce n'est presque rien. »

De l'autre côté, le professeur Dominique Belpomme [1], lui aussi cancérologue, très réputé. Pour lui, une grande partie des cancers est clairement due à notre mode de vie et d'alimentation, et à la pollution chimique. Quelle proportion ? Au moins de 60 à 70 % des cancers seraient causés par la pollution au sens large. Bien entendu, personne ne connaît la réponse exacte. Mais il nous est impossible de balancer entre les deux approches, pour de multiples raisons, dont l'une s'appelle le bon sens. Nous savons – tous – que les sociétés humaines ont répandu massivement dans les milieux de vie des produits

1. Lire *Ces maladies créées par l'homme*, Albin Michel, 2004.

toxiques et cancérigènes, dont les pesticides. Il est donc inconcevable – oui, inconcevable – que ce changement brutal n'ait pas des conséquences directes, indirectes, immédiates et lointaines sur notre santé.

Et du côté des études ? Eh bien, elles ont tout simplement changé d'avis. Au début des années 1980, des chercheurs tout à fait sérieux comme Doll et Peto [1] estimaient que de 1 à 3 % des cancers seulement avaient des causes environnementales. Il serait aisé de polémiquer avec eux à distance, mais, de toute façon, les cartes ont été depuis rebattues, ô combien ! Ainsi, des études faites sur de vrais jumeaux montrent clairement que pour des cancers comme ceux de l'utérus, de l'ovaire, de la vessie, de l'estomac, du sein, plusieurs leucémies, les causes environnementales sont les plus fréquentes, et de loin (plus de 60 % des cas). On se rapportera avec profit, sur le sujet, au livre de Cicolella et Benoit Browaeys [2].

D'autres travaux comparent la prévalence du cancer dans des populations au patrimoine génétique similaire mais ayant des lieux de résidence différents. Ainsi, les Japonaises vivant à Hawaii ont quatre fois plus de cancers du sein que celles qui vivent au Japon. Les cas sont même six fois plus nombreux chez les malheureuses qui vivent aux États-Unis. N'est-ce pas un argument fort en faveur de causes environnementales – mode de vie, alimentation, exposition à différents produits – au sens large ?

N'insistons pas, n'insistons pas davantage. Qui veut savoir, dans ce domaine, peut savoir. Mais avant de passer à la suite, trois informations précises, qui vous feront sans doute réfléchir. L'Institut national de la santé et de la recherche médicale, autrement dit l'INSERM, a montré chez nous, en France, que l'exposition de la mère enceinte à des insec-

---

1. R. Doll et R. Peto, « The cause of cancer. Quantitative estimates of avoidable risks of cancer in the United States today », art. cité.

2. A. Cicolella et D. Benoit Browaeys, *Alertes santé. Experts et citoyens face aux intérêts privés*, *op. cit.*

ticides ménagers conduit à un risque doublé qu'une leucémie infantile aiguë se développe chez l'enfant qu'elle porte [1]. Cette étude en confirme bien d'autres réalisées à l'étranger ces dernières années.

Autre contribution française : l'épidémiologiste Isabelle Baldi, de Bordeaux, a découvert à partir d'un échantillon de 221 adultes vivant en Gironde atteints d'une tumeur cérébrale que le risque de cancer du cerveau était multiplié par 2,58 pour les sujets les plus exposés aux pesticides, et même par 3,21 pour le gliome, une tumeur du cerveau au pronostic sombre [2].

Enfin, la Lymphoma Foundation of America (une fondation américaine qui lutte contre le lymphome) a dressé la liste de toutes les études épidémiologiques disponibles sur la relation entre lymphome (cancer des lymphocytes) et pesticides. Sur 99 études, 75 indiquent une relation positive entre les pesticides et la maladie.

• Les anomalies congénitales

Douteuse particularité. En France, dès qu'on met en question les pesticides, on attire très vite une réponse, laquelle ressemble bien souvent à une riposte. Le professeur Charles Sultan est un endocrinologue pédiatrique du CHU de Montpellier. Est-il meilleur qu'un autre ? Franchement, nous l'ignorons. Mais le fait est que, à la différence de tant de médecins, il se pose de vives questions sur ce qui l'entoure, et qu'il ne dédaigne pas le risque.

En 2001, Sultan s'alarme du nombre important de malformations urogénitales observées chez les garçons nouveau-nés,

1. F. Menegaux, A. Baruchel, Y. Bertrand, B. Lescœur, G. Leverger, B. Nelken, D. Sommelet, D. Hemon et J. Clavel, « Household exposure to pesticides and risk of childhood acute leukaemia », *Occup. Environ. Med.*, janvier 2006.

2. I. Baldi, « Pesticides et tumeurs cérébrales de l'adulte », étude Cerephy à l'occasion du colloque *Cancers professionnels* organisé par l'ARC et la FNATH, Paris, 22 mars 2006.

plus spécialement les fils d'agriculteurs. Il soupçonne les pesticides d'être pour partie responsables de ce phénomène, et l'écrit. En 2004, un rapport de l'Institut national de veille sanitaire – organisme public vigilant mais de plus en plus contesté – le contredit. Les pesticides seraient innocents.

Fort bien. Mais il faut tout de même détailler cette affaire, car elle le mérite. Premier acte : une étude montre qu'entre 1985 et 2000, en Hongrie, en Grande-Bretagne et au Danemark, certaines malformations des nouveau-nés mâles ont doublé. Doublé ! Les trois affections répertoriées sont le micropénis (verge courte), la cryptorchidie (testicules non descendus) et l'hypospadias (l'orifice de l'urètre n'est pas au niveau du gland).

Les pesticides jouent-ils un rôle dans cette flambée? C'est d'autant plus envisageable que les recherches récentes démontrent sans conteste leurs effets œstrogénomimétiques (ils miment les hormones femelles) et anti-androgéniques (ils bloquent l'effet des hormones mâles).

En 1999, Sultan lance avec la pédiatre Claire Jeandel une étude régionale qui dure dix-huit mois. Sur les 1 600 nouveau-nés mâles suivis, 39 présentent des malformations. Pour le professeur, le chiffre est considérable, et après de multiples interrogations il émet l'hypothèse que les pesticides sont les principaux responsables.

Sultan égale charlatan? Hum. Fin 2001, il publie un article dans une revue on ne peut plus sérieuse, *European Society of Human Reproduction and Embryology* [1]. Et voici ce qu'il écrit : « De plus en plus de preuves indiquent que l'utilisation de produits chimiques industriels et agricoles a des effets délétères sur la différenciation sexuelle masculine. » Le mot important, selon nous, est celui de « preuves ».

1. C. Sultan *et al.*, « Disorders linked to insufficient androgen action in male children », *European Society of Human Reproduction and Embryology*, 7, 2001, p. 314-322.

Mais, pour son grand malheur, Sultan ne peut prouver un lien de cause à effet entre pesticides et malformations. La relation qu'il met au jour est seulement probable, et ce point est décisif car on le retrouve constamment. Sauf cas d'espèce, on ne peut pas rapporter de preuves directes du fait qu'un être humain se retrouve doté d'un minuscule pénis parce que lui ou son père – ou sa mère – auraient été exposés à des pesticides.

N'empêche : en homme honnête, en scientifique consciencieux, Sultan fait part de ses observations à la Direction générale de la santé, qui saisit alors l'Institut national de veille sanitaire. Et l'Institut, comme nous l'avons dit, va clouer le bec du professeur. Provisoirement, pensons-nous. On prend date ?

Ce n'est pas de la forfanterie. Le fœtus, en effet, peut être exposé à des pesticides *in utero*, dans le placenta ou par le sang. Chez l'être humain, la période de l'organogenèse, qui s'étend de la troisième à la huitième semaine de la gestation, est celle pendant laquelle l'embryon est le plus sensible. Pour les malformations congénitales majeures, la période critique concernant les substances toxiques commence dès le début de la troisième semaine pour le système nerveux central ; au milieu de la troisième pour le cœur ; au milieu de la quatrième pour les bras, les jambes, les yeux, l'ouïe ; à la fin de la sixième pour les dents, le palais ; à la moitié de la septième pour les organes génitaux [1].

Or, à des niveaux d'exposition très bas, qui ne produisent pas d'effets permanents chez l'adulte, l'exposition du cerveau en développement à des substances chimiques peut perturber le développement neurologique et comportemental du fœtus. Et, par conséquent, le potentiel de l'enfant.

De très nombreuses études, à l'étranger, montrent que l'exposition *in utero* peut conduire à un avortement spontané,

1. Cf. J. Sténuit et M.-L. Van Hammée, *Aperçu sur l'épidémiologie des pesticides*, 2005.

à des retards de croissance ou encore à des handicaps à la naissance. Elle est même soupçonnée de pouvoir modifier le sexe de l'enfant à naître. En effet, des chercheurs se sont aperçus que la proportion de bébés mâles par rapport à l'ensemble des nouveau-nés, normalement de 106 sur 206, était en train de décliner doucement depuis vingt ans dans de nombreux pays industrialisés ou en voie d'industrialisation. Rien que ça ! Ces équipes pensent que ce changement est causé par l'exposition du fœtus à des perturbateurs endocriniens comme les pesticides, les dioxines ou les solvants.

Encore un mot, sinistre. Gilles-Éric Séralini, que nous avons déjà rencontré, est professeur en biologie moléculaire à l'université de Caen [1]. Ce scientifique de bonne réputation a conduit avec le professeur Annie Leszkowicz des recherches passionnantes, et voici ce qu'il déclare dans un entretien paru le 3 décembre 2003 dans *Télérama* : « Les fœtus humains peuvent emmagasiner plusieurs centaines de polluants sur leurs gènes. Ces résidus industriels, pesticides, toxines, gaz toxiques et cancérigènes se fixent sur les gènes les plus utilisés, ce qui va empoisonner en douce l'ensemble des fonctions de notre organisme, sans que l'on puisse prévoir quel organe ils vont toucher. »

• La reproduction perturbée

L'homme pourra-t-il continuer à se reproduire comme il l'a toujours fait ? Rien de moins sûr. La baisse ahurissante du nombre de spermatozoïdes dans l'éjaculat des humains, déjà évoquée, devrait faire chaque semaine les gros titres. La presse en parle à peine. Pourquoi ? Mystère. Mais les études tombent comme à Gravelotte, qui démontrent des liens nets entre baisse de la fertilité et exposition aux pesticides. Là

1. Il est aussi président du conseil scientifique du CRII-GEN, Comité de recherche et d'information indépendante sur le génie génétique (voir sur Internet : http://www.crii-gen.org/) et l'auteur de nombreux livres, comme *Génétiquement incorrect*, Flammarion, 2003.

encore, nous vous proposons une synthèse des principaux travaux.

Cette première étude [1], portant sur 800 couples tentant une fécondation *in vitro*, montre que les hommes modérément ou fortement exposés aux pesticides dans leur profession avaient des taux de fertilité diminués de manière significative comparés aux hommes non exposés.

Cette autre [2], menée par une équipe franco-argentine auprès de 225 hommes ayant consulté pour infertilité, montre que l'exposition aux pesticides est significativement associée à une altération de la qualité du sperme (volume, mobilité et nombre de spermatozoïdes), dont l'analyse indique des valeurs bien en dessous du seuil de fertilité masculine.

Et comme cela ne saurait suffire, sachez que ces résultats sont pleinement corroborés par de plus récents travaux américains.

Ainsi, une étude de 2004 [3] démontre une association entre la présence de métabolites d'insecticides dans les urines et une concentration réduite de spermatozoïdes dans le sperme, ainsi que leur moindre mobilité.

Une autre [4], de 2006, établit que les niveaux de métabolites urinaires de chlorpyrifos (insecticide très courant) et de carbaryl sont inversement proportionnels aux niveaux de testostérone des hommes testés. Et ce à des niveaux d'intoxication bas, comparables à ce que l'environnement induit chez nombre d'entre nous.

---

1. E. Tielemans, R. Van Kooij, E.R. Velde et D. Heederik, « Pesticide exposure and decreased fertilization rates *in vitro* », *Lancet*, 354, 1999, p. 484-485.

2. L. Multigner et A. Oliva, in *Human Reproduction*, publication de la Société européenne de reproduction humaine et d'embryologie, vol. 16, août 2001, p. 1768.

3. J.D. Meeker, L. Ryan, D.B. Barr, R.F. Herrick, D.H. Bennett, R. Bravo et R. Hauser, « The relationship of urinary metabolites of carbaryl/naphthalene and chlorpyrifos with human semen quality », *Environmental Health Perspectives*, vol. 112, 17, décembre 2004.

4. J.D. Meeker, L.R. Dana, B. Barr et R. Hauser, « Exposure to non persistent insecticides and male reproductive hormones », *Epidemiology*, 17, 2006, p. 61-68.

Une autre étude encore [1], de 2003, trouve une relation, dans une population étudiée, entre la proportion d'hommes affligés d'une mauvaise qualité de sperme et le nombre de pesticides présents dans leur organisme. Enfin, ce travail [2] de 2005, étudiant les conséquences de l'exposition d'ouvriers agricoles à des insecticides organophosphorés, prouve que ces pesticides altèrent la fonction reproductive des ouvriers en perturbant les fonctions endocrines hypothalamique et pituitaire.

Les femmes n'échappent pas à cette menace et une enquête [3] publiée par la revue *Epidemiology* en 2003 signale que, dans une population de femmes connaissant des problèmes de reproduction, le facteur de risque le plus important était le fait d'avoir préparé et employé des herbicides ! Le risque d'infertilité était alors presque vingt-sept fois plus élevé que chez les autres femmes.

Et cetera, et cetera, et cetera.

• Les troubles neurologiques et cognitifs

Il est prouvé que des pesticides peuvent affecter le système nerveux central et le système nerveux périphérique chez les animaux et les humains lors d'intoxications aiguës. Certains pesticides comme les organophosphorés et les carbamates ont d'ailleurs été conçus pour endommager le fonctionnement neurologique des insectes dits « ravageurs ». Ce n'est guère compliqué à comprendre : ils sont neurotoxiques pour l'homme à cause des similarités entre le fonctionnement du système nerveux des insectes et le nôtre. Ces pesticides inhibent la cholinestérase et interfèrent avec la transmission de l'influx nerveux. De nombreux témoignages de personnes

1. S.H. Swan *et al.*, « Semen quality in relation to biomarkers of pesticide exposure », *Environmental Health Perspectives*, vol. 111, 12, septembre 2003.

2. R. Recio *et al.*, « Pesticide exposure alters follicle-stimulating hormone levels in Mexican agricultural workers », *ibid.*, vol. 113, 9, septembre 2005.

3. A.R. Greenlee, T.E. Arbuckle et P.H. Chyou, « Risk factors for female infertility in an agricultural region », *Epidemiology*, vol. 14, 4, juillet 2003, p. 429-436.

ayant eu à subir une exposition directe à ces neurotoxiques dans leur environnement ou leur profession montrent amplement leurs terribles dangers. Et ils sont confirmés par des études scientifiques sérieuses, comme celle, publiée en août 2001, appelée *Phytoner*[1]. Elle s'intéresse aux effets de l'exposition à long terme aux pesticides employés en viticulture sur les fonctions cognitives des professionnels concernés. La population étudiée était divisée en trois groupes : d'abord, les personnes directement exposées ; ensuite, celles exposées par contact avec les plantes et/ou l'environnement des vignobles ; enfin, un groupe témoin non exposé. En conclusion sont mis en évidence des résultats à des tests neuropsychologiques significativement plus bas dans le premier et le deuxième groupe que dans le troisième. Sans surprise, les personnes directement exposées avaient les scores les plus faibles. Des fonctions comme l'attention sélective, différents types de mémoire, la fluidité verbale et les capacités d'abstraction étaient spécialement mises à mal.

Depuis *Phytoner*, Isabelle Baldi a montré que les personnes âgées ayant été professionnellement exposées aux pesticides avaient 5,6 fois plus de risques de développer la maladie de Parkinson et 2,3 fois la maladie d'Alzheimer[2]. Ce n'est pas rien, demandez plutôt aux familles ! D'autant que ces chiffres sont une fois de plus confirmés par une méta-analyse de cas témoins réalisée en 2000.

D'autres travaux insistent, quant à eux, sur les effets neurocognitifs des pesticides organophosphorés : troubles de la mémoire, anxiété, irritabilité et dépression[3]. Plusieurs

1. I. Baldi *et al.*, « Neuropsychologic effects of long term exposure to pesticides : results from the French *Phytoner* study », *Environmental Health Perspectives*, vol. 109, 8, août 2001, p. 839-844.

2. I. Baldi, P. Lebailly, B. Mohammed-Brahim, L. Letenneur, J.-F. Dartigues et P. Brochard, « Neurodegenerative diseases and exposure to pesticides in the elderly », *American Journal of Epidemiology*, 157, 2003, p. 409-414.

3. G.A. Jamal, « Neurological symptoms of organophosphorus compounds », *Adverse Drug React Rev.*, 16, 1997, p. 133-170.

autres pointent la survenue d'anomalies neurologiques chez des usagers exposés de manière chronique à des pesticides neurotoxiques : déséquilibres, amoindrissement des réflexes, retard de conduction de l'influx nerveux [1]. Sans compter des désordres mentaux graves pouvant conduire à la mort [2]. Elle est pas belle, la vie ?

• Les dysfonctionnements du système immunitaire

Les pesticides contre les défenses immunitaires ? Le lien est mal connu et il ouvre sur un gouffre. Car un système immunitaire affaibli conduit à toutes sortes de maladies infectieuses. Et aussi, parfois, au cancer [3].

Un rapport scientifique [4] résume les résultats de plus de cent études concernant les effets de divers pesticides sur le système immunitaire. Dans leur large majorité, ces études mettent en évidence des effets immunosuppresseurs. Un autre rapport [5] conclut qu'il « existe un ensemble important de preuves, accumulées durant les vingt dernières années, selon lesquelles l'exposition à des polluants environnementaux, parmi lesquels de nombreux pesticides [...], peut produire un dysfonctionnement du système immunitaire chez l'animal de laboratoire ».

---

1. K. Steenland, B. Jenkins, R.G. Ames *et al.*, « Chronic neurological sequelae to organophosphates pesticide poisoning », *Am. J. Pub. Health*, 84, 1994, p. 731-736.

2. E. Van Wijngaarden, « Mortality of mental disorders in relation to potential pesticide exposure », *J. Occup. Environ. Med.*, vol. 45, 5, 2003, p. 564-568.

3. Une liste très complète des effets immunosuppresseurs de nombreux pesticides peut être consultée *in* R. Repetto et S. Baliga, *Pesticides and the Immune System. The Public Health Risks*, World Resources Institute, mars 1996 (un excellent ouvrage).

4. J. Barnett et K. Rodgers, « Pesticides », in *Immunotoxicology and Immunopharmacology*, 2e éd., Raven Press, 1994, p. 191-211.

5. P. Thomas *et al.*, « Immunologic effects of pesticides », in *The Effects of Pesticides on Human Health*, Princeton Scientific Publishing Company, 1988 ; *Advances in Modern Environmental Toxicology*, vol. XVIII, p. 261-295.

Des études récentes affirment qu'il en est de même pour l'homme adulte [1] et même pour l'enfant [2]. D'autres indiquent que des expositions à certains pesticides sont suffisantes pour enclencher ces phénomènes d'affaiblissement du système immunitaire. Ainsi, dans le nord de la Caroline (États-Unis), les personnes habitant près d'un site largement contaminé par des pesticides organochlorés, des solvants et des métaux lourds présentaient des déficiences de leur système immunitaire [3].

La littérature scientifique déborde d'informations vérifiées sur les effets immunotoxiques de certains pesticides [4]. Et notamment :

– des cancers associés à la suppression immunitaire;

– des réactions allergiques (dermites, asthme, anaphylaxie);

– des réponses auto-immunes;

– la suppression de la fonction immunitaire et une plus grande sensibilité aux agents pathogènes. Ainsi, les populations des régions de culture du coton, en Ouzbékistan, très exposées aux pesticides, souffrent de davantage d'infections respiratoires, gastro-intestinales ou rénales que des populations moins exposées. Une étude réalisée auprès des personnes vivant en bordure des champs de coton montrait une augmentation de 51 % des problèmes respiratoires par rapport à la population témoin [5].

---

1. V. Daniel, W. Huber, K. Bauer, C. Suesal, J. Mytilineos, A. Melk, C. Conradt et G. Opelz, « Association of elevated blood levels of pentachlorophenol (PCP) with cellular and humoral immunodeficiencies », *Arch. Environ. Health*, 5, 2001, p. 77-83.

2. T.M. Phillips, « Assessing environmental exposure in children : immunotoxicology screening », *J. Expo. Anal. Environ. Epidemiol.*, 10, 2000, p. 769-775.

3. M.F. Vine *et al.*, « Plasma-1,1 Dichloro-2,2-bis (p-chlorophenyl) ethylene (DDE) in levels and immune response », *Am. J. of Epidemiol.*, vol. 221, 153, 2001, p. 53-63.

4. Pour plus de détails sur ce sujet, lire F. Veillerette, *Pesticides, le piège se referme*, *op. cit.*, chap. 6.

5. A.C. Babadzanov, *Studies of the Influence of Pesticides on the Health of Rural Populations*, 1988.

Morale de l'histoire : tout est écrit, l'essentiel est connu, même s'il faut, bien entendu, continuer les études. Et c'est terrible. La science a tranché un débat qui n'a jamais eu lieu sur la place publique, laquelle est habitée, comme le Temple, par les marchands, avec une armée d'irresponsables arnaqueurs à leur service exclusif. Vous, lecteurs, vous au moins, ne vous laissez plus troubler par les mensonges continuels. Vous, au moins, refermez ce livre avec la volonté d'en faire un pavé. Car c'est exactement ce qu'il est. Un pavé.

Chapitre 9

Cupides, stupides, pesticides, homicides

Où l'on fait la rencontre d'un formidable salaud, Prix Nobel de chimie. – Où l'on comprend enfin l'histoire du chlore, du phosphore, du DDT, de l'« agent orange » et du Zyklon B. – Où l'on suit nos géniaux inventeurs jusqu'au cœur de l'Irak, en passant par Auschwitz et le Vietnam. – Où l'on pleure toutes les larmes qui nous restent.

Nous venons de voir comment les scientifiques qui osent affirmer leur liberté sont traités. Puis la manière dont les pouvoirs en place ignorent les unes après les autres les études dérangeantes. Pourquoi tant de violence ? Pourquoi tant de méthodes détestables ? Ne faut-il pas en rechercher la cause dans le temps long ? C'est l'hypothèse que nous formulons ici : il y a probablement plus d'un lien entre le déni de démocratie et la malhonnêteté, d'un côté, et l'impitoyable déploiement des pesticides tout au long du siècle passé, de l'autre.

L'histoire qui suit est incroyable et tragique, comme si souvent l'Histoire elle-même. Qui est Fritz Haber ? Un très grand scientifique. Qui est Fritz Haber ? Un juif allemand honteux, nationaliste jusqu'au délire, décidé à tout pour parfaire son intégration dans cet Empire germanique pourtant promis à l'effondrement. Qui est Fritz Haber ? Un épouvantable salaud, qui a mis son intelligence de feu au service du massacre collectif par le gaz [1].

Né en 1868 dans la ville de Breslau – aujourd'hui Wroclaw la polonaise –, le petit Fritz grandit dans une famille qui prône l'assimilation, c'est-à-dire la disparition pure et simple de la tradition juive. Son père se prénomme du reste Siegfried, comme le grand héros mythologique de la culture allemande. Fritz, pour notre malheur, se révèle peu à peu un génie. Il passe en 1891 un doctorat de chimie organique et, dans la foulée, se convertit l'année suivante au protestantisme, seule solution pour entrer dans la fonction publique, déjà fermée aux juifs.

En quelques années, il manifeste une inventivité rare, passant de la réduction du nitrobenzène dans une cellule électrochimique à l'invention de la cellule de verre pour mesurer le pH. En 1904, il réussit une petite révolution qui permet enfin la synthèse de l'ammoniac à partir de l'azote contenu dans l'atmosphère.

Ici, un arrêt s'impose : cette découverte ouvre une voie royale aux engrais azotés, lesquels entraînent indiscutablement la multiplication des rendements et l'amélioration parfois considérable du sort des paysans. Mais elle a également une part d'ombre inconnue. En effet, elle rend possible – Haber le sait mieux que quiconque – la synthèse de l'acide nitrique. Or ce dernier remplace sans grand mal les nitrates dans la fabrication d'explosifs. Le sujet, en cette année 1904, n'est pas anodin, car, en cas de guerre et de blocus, l'Allemagne risque de ne plus pouvoir importer de nitrates chiliens.

1. Nous utilisons, pour reconstituer la vie de Haber, des éléments biographiques dispersés. Signalons, entre autres, une note en anglais du comité officiel du prix Nobel, qui manie le plus souvent l'euphémisme, consultable sur Internet : http://nobelprize.org/chemistry/laureates/1918/haber-bio.html. Une autre note bien plus complète, qui forme une vraie petite biographie signée par Bretislav Friedrich, est disponible en anglais sur : www.fhi-berlin.mpg.de/history. Une bonne biographie a été éditée en 2005 : D. Stoltzenberg, *Fritz Haber, Chemist, Nobel Laureate, German, Jew. A Biography*, Chemical Heritage Foundation.

Une production locale d'acide nitrique lui assurerait un avantage considérable, celui d'une industrie d'explosifs enfin indépendante de l'étranger. Au reste, l'ingénieur Carl Bosch, s'appuyant directement sur les travaux de Haber, parviendra à produire dès 1912 une tonne d'ammoniac par jour. Certains spécialistes y verront l'une des causes directes du déclenchement de la guerre en 1914.

Roi du gaz, empereur de la barbarie

Revenons à Haber. En 1906, déjà très connu, il devient directeur de recherche d'une grande école, la Technische-Hochschule de Karlsruhe. En 1911, le voilà directeur de l'Institut Kaiser Wilhelm à Berlin, où il devient l'ami d'un certain Albert Einstein, pourtant son parfait opposé. Quand le conflit mondial éclate, en 1914, Haber se met aussitôt au service du ministère de la Guerre. Tout indique qu'il y trouve une occasion unique de servir son pays, de prouver une fois de plus son patriotisme. Rien ne résume mieux la pestilence de l'époque qu'un « Appel au monde civilisé » signé au début du conflit par quatre-vingt-treize grands noms allemands de la science, dont plusieurs prix Nobel présents et à venir. Admonestant avec hauteur le camp d'en face, les signataires affirment : « Ceux qui s'allient aux Russes et aux Serbes, et qui ne craignent pas d'exciter des Mongols et des nègres contre la race blanche, offrant ainsi au monde civilisé le spectacle le plus honteux qu'on puisse imaginer, sont certainement les derniers qui aient le droit de prétendre au rôle de défenseurs de la civilisation européenne. » Haber signe, contrairement à Einstein. Il commence au même moment des essais secrets avec des collègues chimistes, et s'il renonce finalement à l'utilisation du phosgène et de l'arsenic pour tuer l'ennemi, c'est parce qu'ils se révèlent délicats à employer. Il choisira finalement le chlore, gaz très lourd et suffocant.

Le 22 avril 1915, Haber obtient de l'état-major des travaux pratiques sur le front des Flandres, en Belgique. Le secteur choisi, Ypres, abrite des troupes franco-sénégalaises coincées depuis des mois dans leurs tranchées. L'idée est simple : il s'agit de profiter du vent du sud et de la configuration du terrain pour épandre sur ces hommes un nuage toxique. 167 tonnes de chlore sont déversées depuis des milliers de récipients judicieusement disposés. Il est 17 heures lorsque commence l'opération. Une heure plus tard, 20 000 hommes ont été gazés, dont 5 000 mourront [1]. Les témoins décriront les victimes comme des « noyés sur la terre ferme ». Ne parlons pas des survivants, ni de leur interminable calvaire.

La suite n'est que répétition : 500 tonnes de gaz utilisées au printemps 1916 ; 300 tonnes au printemps 1917. Répétition, mais aussi variation sur le même thème, avec des gaz tantôt irritants, tantôt suffocants, tantôt « grands toxiques » ou vésicants. Parmi lesquels l'immortelle ypérite, appelée aussi « gaz moutarde ». La femme de Haber, Clara, ne supporte pas le carnage qu'il orchestre et le supplie d'arrêter. Il refuse. Elle se tue avec le pistolet militaire de son mari et sera découverte par son fils de 13 ans, baignant dans son sang. Haber continue.

Une nouvelle parenthèse s'impose, car l'enthousiasme du grand chimiste et de ses bons amis provoque, sans qu'on le devine sur l'instant, une révolution mondiale de l'industrie chimique. Le chlore est, à ce moment de l'Histoire, dans ce qu'il faut nommer une impasse. Probablement découvert, sous sa forme gazeuse, au XIIIe siècle, le chlore connaît ses premières applications après 1774 grâce au chimiste Carl Wilhelm Scheele. Cette petite merveille peut en effet blanchir le bois, les végétaux, les fleurs. Où se cache-t-il ? En

---

1. Les chiffres demeurent incertains. Certaines sources évoquent plutôt 1 000 morts ce premier jour de la guerre des gaz, suivis par 4 000 autres deux jours plus tard, « grâce » à des vents plus favorables.

particulier dans les sols, sous forme de sels, mais surtout dans l'eau de mer et les lacs salés.

À la fin du XIXe siècle, une nouvelle technologie s'impose, qu'on appelle aujourd'hui encore « chlore-alcali ». Par électrolyse de solutions de sel, des industriels audacieux parviennent à produire de la soude caustique, dont la demande explose. Petit problème, qui se révélera longtemps insoluble : le procédé entraîne la production massive de chlore. Pour chaque tonne de soude, on obtient en plus 0,9 tonne de chlore, un gaz aussi instable qu'explosif. Comment s'en débarrasser ? On ne sait.

Au début du XXe siècle, de premiers usages sont trouvés, notamment pour la désinfection de l'eau. Mais ce n'est pas suffisant, et l'industrie de la soude, si prometteuse, végète faute de débouchés pour le… chlore [1]. L'usage de ce gaz pour tuer les soldats de la guerre de 14-18 sera un accélérateur indiscutable, même si aucune étude ne semble avoir été faite sur le sujet [2]. Quoi qu'il en soit, la production mondiale de chlore ne dépasse pas 35 000 tonnes vers 1895. Et elle décolle dans le sillage de la Première Guerre mondiale, jusqu'à atteindre 44 millions de tonnes aujourd'hui. Le chlore est utilisé dans plus de 50 % de la production chimique industrielle. Sans lui, pas de chimie et pas de pesticides.

Mais il serait injuste d'oublier ce petit coup de pouce décisif sans lequel les meilleures inventions sont parfois bonnes pour le placard : la publicité. Elle n'est pas née avec la chimie, on s'en doute, mais la chimie en a bien profité. Au sortir de la Première Guerre mondiale, cette noble industrie, qui a le vent en poupe, doit faire oublier les effets « indésirables » de ses nouveaux produits. Sans jeu de mots, elle a bien besoin de

1. Sur le chlore, son histoire, les impacts environnementaux de sa chimie, lire la somme de Joe Thornton, *Pandora's Poison*, MIT Press, 2000. La référence.

2. Pour plus de détails sur la guerre chimique, lire *Guerre et Terrorisme chimique* d'Armand Lattès, professeur à l'université Paul-Sabatier, sur Internet : http://www.sfc.fr/Articles/GuerreTerro1.pdf.

se donner de l'air. Et c'est ce qu'elle réussit magnifiquement en s'appuyant sur les chimistes eux-mêmes, des hommes légitimement fiers d'inventer sans cesse des molécules et des usages inédits. L'American Chemical Society, grande association professionnelle scientifique, crée aux États-Unis, dès 1920, la première agence de presse scientifique. Le News Service doit servir à « informer » un public aussi vaste que possible des bienfaits de la nouveauté [1]. C'est d'autant plus nécessaire que, ne l'oublions jamais, le passage à la chimie est tout sauf naturel. Il faut par exemple abandonner l'indigo ou la garance et leur préférer des colorants synthétiques. Rejeter le bois ou l'écaille au profit de matières plastiques. Et se détourner de ce que l'homme a toujours porté ou presque, comme la laine, le coton, la soie, en achetant massivement des matériaux aussi bizarres que le nylon, qui sera mis au point la même année que le DDT. C'est-à-dire en 1939, l'année du déclenchement de la Seconde Guerre mondiale.

L'inventeur du Zyklon B

Excusez le détour, mais il était nécessaire. Et retrouvons cet excellent Allemand nommé Fritz Haber. Quand arrive l'armistice, en 1918, il se cache, menacé d'un procès, se déguise même, en s'affublant d'une fausse barbe. Il finira par franchir la frontière suisse avant d'obtenir une citoyenneté d'opérette, celle de Saint-Moritz, qui pourrait, pense-t-il alors, le protéger de poursuites judiciaires.

Mais Haber s'inquiète pour rien : en 1920, l'Académie Nobel lui décerne l'un de ses fameux prix, de chimie bien entendu. Pour l'année 1918. Pas pour son nuage de chlore, tout de même pas. Haber est salué pour sa découverte de 1904, cette fameuse « synthèse de l'ammoniac à partir de ses éléments ». La décision des jurés du prix Nobel provoque

1. Nous utilisons ici, pour partie, les travaux de Bernadette Bensaude-Vincent.

un formidable tollé. Et la remise du prix se fait – c'est une première – sous les huées du public présent. Haber va pouvoir reprendre du service, c'est bien là l'essentiel.

Il retrouve sans l'once d'un problème son poste de directeur à l'institut de Berlin, où il va créer un centre de recherches probablement unique au monde. Son but principal est d'aider les agriculteurs à lutter contre les rats et les insectes, notamment dans ces immenses silos où s'entassent par milliers de tonnes les céréales. Ces animaux sont appelés *pest* en anglais, et c'est ce mot qui servira de base – en 1960 – à la formation d'un vocable nouveau, « pesticide ». Mais, dans le plus grand secret, l'Allemagne de Weimar poursuit parallèlement, malgré ses engagements internationaux, ses recherches sur les armes chimiques. Haber y tiendra un rôle central.

Il n'est pas le seul en Europe et peut compter sur des émules même chez les révolutionnaires qui viennent de prendre le pouvoir en Russie ! Confrontés à une révolte paysanne dans la région de Tambov, les bolcheviks ne reculent devant aucun moyen disponible. En juin 1921, le général Toukhatchevski, qui sera plus tard victime de Staline, ordonne de gazer les rebelles. De les gazer, oui, son ordre du jour officiel précisant que « tout doit être calculé pour que la nappe de gaz pénètre dans la forêt et extermine tout ce qui s'y cache [1] ». Des responsables du nouveau pouvoir, effarés, interdiront cette barbarie au bout de quelques semaines seulement.

Haber n'aura pas cette retenue. En marge – mais est-ce le mot juste ? – de ses recherches officielles, il continue de travailler sur les gaz toxiques, dont la composition est étrangement proche des premiers pesticides. Tuer un homme ou un rat, n'est-ce pas, après tout, une affaire de dose ?

Haber et son équipe ne sont pas des monstres, pas seulement. Car il faut vraiment lutter contre la prolifération

---

1. S. Courtois *et al.*, *Le Livre noir du communisme*, Robert Laffont, 1997, p. 133.

des rats. Et il est tout aussi certain que les poux transmettent le redoutable bacille du typhus. Dans un autre monde, Haber aurait été un bienfaiteur : il a également inventé un fabuleux pesticide anoxiant, c'est-à-dire suffocant. Composé en large part de cyanure d'hydrogène, il ne laisse aucune chance à ces terribles insectes que sont les poux. On l'appelle aussi Zyklon B. Haber sera finalement le père incontestable des pesticides modernes et des organochlorés, qui continuent d'être utilisés dans le Sud, après avoir été largement interdits dans le Nord à cause des ravages qu'ils provoquent. Haber peut être fier. Il est un précurseur. Un précurseur absolu.

Au fait, qu'est-ce qu'un organochloré ? Une combinaison chimique à base de carbone, dans laquelle des atomes d'hydrogène ont été remplacés par des atomes de chlore. Le carbone est l'un des éléments de base de la vie, car ses atomes ont une capacité inouïe à s'unir entre eux et à se mélanger à d'autres. Ce qui explique pour partie la stupéfiante diversité des formes vivantes, depuis la paramécie jusqu'aux 150 tonnes de la baleine bleue.

La chimie, des années 1930 jusqu'à nos jours, ne cessera de jouer avec le carbone, en substituant ou en introduisant de nouveaux atomes dans de nouvelles molécules. Après les organochlorés, ce sera le tour des organophosphorés, suivant le même principe. L'heure de gloire des premiers couvre la période 1930-1970. Monsanto met en effet au point les PCB en 1929 : ce sont des organochlorés. Ils deviendront – songeons au pyralène, qui en fait partie – un cauchemar sanitaire, un désastre écologique. Du Pont invente les CFC au début des années 1930 : des organochlorés, eux aussi. On les utilisera massivement dans la réfrigération, avant de découvrir qu'ils détruisent à grande vitesse la couche d'ozone, sans laquelle nous ne serions pas là. Le PVC est synthétisé en 1936 : c'est un organochloré. On en trouve de nos jours dans la moindre bouteille en plastique, dans la moindre application de travaux publics. Et dans les innombrables décharges que notre monde lègue à sa descendance. Le DDT enfin – la liste exhaustive est interminable –, fleuron d'entre les fleurons, commence à être commercialisé à la fin des années 1930 : un organochloré, évidemment.

Entre 1914 et 1939, entre les deux guerres monstrueuses qui ont ravagé l'Europe, un pacte inédit, « moderne » en diable, a été signé entre les milieux militaires et politiques, l'industrie et certains savants nullement fous. Le chlore devient la base de toutes les chimies, la promesse d'un monde parfait, saturé de solvants, de plastiques et de pesticides. Nous y sommes encore.

Et Haber, au fait, qu'est-il devenu ? L'Allemagne nazie, qui se moque bien de reconnaître quelque mérite que ce soit à un juif, fût-il devenu protestant, le chasse de toutes ses responsabilités dès 1933. Haber ne comprend pas, ne comprend rien, et s'exile en Angleterre. Il meurt à Bâle (Suisse) au cours d'un voyage l'année suivante.

Désespéré sans doute, mais avant d'avoir vu la suite, qui est terrifiante de bout en bout. Car lorsque MM. Hitler, Himmler et compagnie entreprennent le génocide des juifs, ils se trouvent confrontés à un problème pratique : comment faire ? Le monoxyde de carbone n'étant pas à la hauteur des espérances, on teste à Auschwitz, en décembre 1941, le gaz mis au point par Haber, le Zyklon B. Sur des prisonniers soviétiques, qui ne valent après tout, dans la hiérarchie décrétée par le régime, pas davantage que des poux. Rudolf Höss, le commandant du camp, s'enthousiasme. Ce pesticide fait merveille et tue massivement, rapidement, sans complication. Voilà la Shoah bien engagée. L'invention de Fritz Haber permettra l'élimination de 6 millions d'êtres humains en seulement trois ans.

La victoire contre la barbarie nazie nous a tous sauvés. Gloire, sans hésitation, aux soldats alliés, Anglais et Américains en tête. Mais leur triomphe a également eu de curieuses conséquences et entraîné une consécration. Le commerce, en effet, n'était pas très loin derrière les GI de 1944. Les firmes américaines, souvent devenues géantes pendant le conflit, ont déferlé sur l'Europe avec – bien entendu – les meilleures intentions du monde. Il fallait reconstruire, au plus vite, en s'appuyant sur le Plan Marshall. Lequel n'était pas que philanthropique. Il était là pour aider, certes, mais aussi pour indiquer la bonne direction, celle des produits *made in America*. Dans le domaine de l'agriculture, les États-Unis étaient bien décidés à exporter un modèle clés en main, avec des tracteurs, des engrais et des pesticides. L'Europe à genoux n'avait pas le choix, et, d'ailleurs, qu'aurait-elle fait si elle l'avait eu ?

Libération, importation, expiration

Pas de malentendu, surtout pas. Il serait irresponsable d'oublier les malheurs du Vieux Continent après cette guerre horrible. En 1945, les hommes avaient faim, froid, et ils avaient soif du confort que personnifiaient si bien les soldats de l'armée américaine de libération.

Lesquels emportaient dans leurs bagages des organochlorés comme le DDT, l'hexachlorobenzène (HCB), le chlordane, l'aldrine ou le lindane, qui allaient être épandus massivement sur nos champs, dans l'enthousiasme général [1]. Bientôt, une autre famille de pesticides fit son apparition. Les organophosphorés, comme leur nom l'indique, reposent sur la chimie du phosphore. Moins persistants dans les milieux que les organochlorés, ils s'attaquent au système nerveux de leur cible, et leur toxicité aiguë est souvent terrible, même à de très petites doses.

D'où viennent-ils ? De l'intelligence des hommes, comme toujours. En 1925, les industriels allemands de la chimie, vite remis de la Première Guerre, créent IG-Farben, qui deviendra

1. Voir R. Fourche, *Contribution à l'histoire de la protection phytosanitaire dans l'agriculture française, 1880-1970*, *op. cit.*

en quelques années la plus grosse entreprise chimique d'Europe, puis du monde. Après la Seconde Guerre mondiale, elle sera démantelée pour sa collaboration active au massacre des juifs et des tziganes, puis scindée en de nombreuses entités. Parmi elles, d'excellents pôles chimiques de compétitivité, qui marquent aujourd'hui encore le paysage mondial : Bayer, BASF, Hoechst. Rien ne se perd, rien ne se crée, tout se transforme, on connaît la ritournelle.

Fritz Haber travaille pour l'entreprise dès les années 1920, tout comme, un peu plus tard, le docteur Gerhard Schrader, autre grand chimiste. À la fin de 1936, en plein cœur de l'Allemagne nazie, Schrader découvre un insecticide très prometteur, très assassin, le tabun. En 1938, il trouve bien plus puissant encore, plus terrifiant : le sarin. Le *s* du mot « sarin » est l'initiale qui désigne le maître, Schrader. En 1944, un Autrichien de son équipe, Richard Kuhn, synthétise le soman, plus violent si c'est possible. Les nazis feront produire d'énormes quantités de ces toxiques, mais ne s'en serviront pas. Certains historiens pensent que des menaces de représailles anglaises auraient permis de calmer M. Hitler. D'autres estiment que les Allemands ont connu des problèmes techniques sans lesquels les armées anglo-américaines auraient été noyées sous ces nouveaux gaz si performants.

En 1952, en tout cas, les Britanniques prennent le relais et lancent, comme dans les défilés de mode, une nouvelle génération d'organophosphorés, qu'on appellera la « classe V ». Plus mortels que mortels. Il suffit de 0,015 gramme de l'un d'eux, le VX, pour tuer un homme.

L'agriculture profite abondamment de tous ces beaux efforts militaires. Le marché, dominé dès les années 1950 par les Américains, voit apparaître le parathion, le malathion, le bromophos, le diazinon, le phosmet, le dichlorvos. Et bien d'autres. Et tant d'autres. La guerre ne sera jamais très loin. De l'Éthiopie sous la botte mussolinienne à la Chine martyrisée par les Japonais, de la Corée des années 1950 à la Tchétchénie d'aujourd'hui, en passant par le Yémen, la guerre Iran/Irak, le gazage des Kurdes, la guerre du Golfe et une multitude de conflits oubliés, les armées ont utilisé des armes chimiques destinées à tuer aussi – surtout ? – des pestes agricoles [1].

Pluie orange sur la forêt vietnamienne

Examinons de plus près l'un des cas les plus documentés, celui du Vietnam. Mais, pour bien comprendre, il faut remonter à 1942 : l'Amérique souffre considérablement face à l'armée impériale japonaise. Cette dernière tient une grande partie de l'Asie, et les pertes militaires impressionnent à juste titre Washington. Comment faire reculer les troupes nipponnes ? Ce n'est pas encore l'heure de la bombe nucléaire, mais déjà celle de la bombe alimentaire. Certains imaginent attaquer la production de riz, enjeu stratégique s'il en est. Comment ? Mais en utilisant un herbicide, bien sûr, qu'on épandra sur les récoltes.

Des études sont poussées si loin que deux produits sont mis au point, que l'on combinera pour plus d'efficacité. Le premier s'appelle le 2,4-D et le second le 2,4,5-T. Leur remarquable union entrera dans l'histoire sous le nom d'« agent orange » [2]. Les Américains testent leur invention sur un îlot du Pacifique, où l'effet se révèle sensationnel. Malheureusement pour les chercheurs, une incongruité fort rare se produit : la morale humaine s'interpose. Le président Roosevelt, effrayé par les conséquences possibles d'un épandage, interdit son utilisation [3].

Hourra ? Oui, hourra pour Roosevelt comme pour les Japonais. Enfin, si on veut. N'oublions pas que les Américains

1. Lire C. Bismuth et P. Barriot, *Les Armes de destruction massive et leurs victimes*, Flammarion, 2004.
2. Lire P.H. Schuck, *Agent Orange on Trial*, Belknap Press, 1987.
3. Document PDF en anglais sur Internet : www.nalusda.gov/speccoll/findaids/agentorange/catalog/03814.html.

décideront finalement l'usage de la bombe atomique, horreur absolue. De toute façon, l'invention n'est pas perdue. Pendant une quinzaine d'années elle reste dans les labos militaires, avant d'être examinée d'un autre œil. Nous sommes en 1959, et le président américain – le général Eisenhower – autorise de nouveaux essais. Il s'agit de passer aux actes et de trouver la meilleure manière de disperser par avion le goûteux mélange.

Parallèlement, de grandes entreprises comme Monsanto (mais n'oublions pas Dow Chemical et plusieurs autres) produisent pour la première fois dans l'Histoire des herbicides contenant du TCDD, qui sera connu plus tard sous le nom charmant de « dioxine ». Cette dernière, comme le chlore pour la soude, est un fâcheux sous-produit. Lorsqu'on fabrique du 2,4,5-T, fatalement on obtient aussi une certaine quantité de TCDD, un TCDD dont on connaît déjà l'extraordinaire dangerosité. Mais que ne ferait une entreprise performante pour conquérir un nouveau marché ?

En 1961 – cette fois le président s'appelle Kennedy –, le gouvernement américain lance une guerre chimique de dix ans contre l'Indochine, qui doit impérativement rester secrète. Cette année-là, en effet, officiellement du moins, l'Amérique n'intervient pas militairement au Vietnam, pays que les Français ont perdu après un conflit de neuf années. Secret, donc. Et nom de code, donc. Va pour l'opération « Hadès ». « Hadès », oui ! Les militaires ont choisi le dieu grec de la mort et des enfers ! Quelqu'un en haut lieu, on ne saura jamais qui, s'avise qu'une opération nommée « Hadès » pourrait, un jour ou l'autre, faire mauvais genre. Jamais à court d'imagination, les bureaucrates de l'armée effacent l'ardoise : l'opération de défoliation massive du Vietnam se fera sous la dénomination « Ranch Hand ». Ce qui veut dire – on se pince – « Ouvrier agricole ».

L'objectif, même à plus de quarante ans de distance, paraît pour ainsi dire inconcevable. Moralement, bien sûr, écologiquement, cela va sans dire, mais aussi matériellement. Car il s'agit de détruire le pays à la racine, par la racine si l'on ose l'écrire. Les combattants vietnamiens, ceux du Vietcong comme ceux de l'armée régulière du Nord, s'abritent sous la canopée d'une splendide forêt tropicale. Les Américains veulent tout simplement faire disparaître l'abri et les rizières dont se servent les guérilleros. À bas la forêt ! Vive la terre nue ! Nue et cuite, et recuite.

Les faits sont largement connus [1]. En mai 1961, le vice-président Lyndon B. Johnson se rend à Saigon pour mettre au point les détails avec l'homme lige des Américains, le président Ngô Dinh Diêm. Le 10 août, c'est le grand commencement. Un hélicoptère disperse du Dinoxol sur une route au nord de Kon Tum, sur les hauts plateaux du Centre. Le 7 novembre, le secrétaire d'État à la Défense, Robert McNamara – il deviendra le patron de la Banque mondiale –, exige de l'US Air Force des moyens aériens prioritaires pour donner une dimension industrielle au travail entamé. Les avions Fairchild C-123 entrent en scène.

Au total, de 1961 à 1971, autour de 83 millions de litres de défoliants auraient été déversés. Sur la jungle, sur des centaines de milliers d'hectares et sur plus de 3 000 villages habités par 2 à 5 millions de paysans. Tout a été affecté pour des décennies, peut-être des siècles : le cycle de l'eau, les sols, les plantes, les animaux, les hommes. Chez nous et les mammifères, la dioxine reste dans les graisses du corps et provoque quantité de maladies. La contamination se transmet tout au long de la chaîne alimentaire par le lait maternel, celui de la vache, la consommation de viande, de fruits et légumes, de poisson.

Treize pathologies lourdes sont directement reliées à une exposition à l'« agent orange ». Les dernières qui ont été reconnues sont la leucémie chronique et le diabète de type 2.

1. Nous reprenons ici l'excellente chronologie établie par *Le Bulletin*, un dossier réalisé par des journalistes du Centre de perfectionnement des journalistes et par des collègues vietnamiens.

Plusieurs cancers font partie de la liste : appareil respiratoire, prostate, tumeurs, lymphome non hodgkinien. Faut-il s'étonner de la révélation extraordinaire du quotidien *The Guardian* le 8 décembre 2006 ? L'un des plus grands épidémiologistes « officiels » des cent dernières années, Sir Richard Doll, avait longtemps contesté tout lien entre cancer et « agent orange ». Y compris devant une commission officielle australienne. Ce qu'il avait oublié de dire avant de mourir en 2005, et que *The Guardian* a découvert, c'est qu'il avait été payé pendant vingt ans par l'industrie chimique. En particulier Monsanto. Dans le plus grand secret [1].

D'après le gouvernement vietnamien, 500 000 enfants seraient nés avec des malformations congénitales provoquées par la dioxine. Et 2 millions d'adultes auraient été frappés par des pathologies diverses [2].

Si les chiffres sont incertains en ce qui concerne les victimes vietnamiennes, on sait en revanche avec une grande précision combien de soldats occidentaux ont été touchés. Car ils sont aussi, bien que bourreaux, des victimes. 17 000 Américains, 4 000 Australiens, 1 700 Néo-Zélandais plus ou moins malades ont été recensés. Et peut-être 40 000 enfants de vétérans, toutes nationalités confondues.

Au sinistre jeu de la réparation, certains sont plus égaux que d'autres. En 1984, 7 sociétés chimiques américaines ont accepté de payer 180 millions de dollars à des anciens combattants américains *pour qu'ils ne déposent pas plainte*. Et la justice coréenne a lourdement condamné au début de 2006 Monsanto et Dow Chemical. Ces charmants entrepreneurs devront verser des dommages et intérêts à 6 800 anciens

---

1. Voir *supra*, p. 46.
2. Lire « Le grand mensonge des "guerres propres". Au Vietnam, l'agent orange tue encore », *Le Monde diplomatique*, mars 2002 ; Pr Le Cao Dai, *L'Agent orange dans la guerre du Vietnam. Historique et conséquences*, trad. de l'anglais par J. Meynard, disponible auprès de l'association Vietnam, les enfants de la dioxine, 7, square Dunois, appartement 1021, 75013 Paris, tél. : 01 40 56 72 06.

militaires sud-coréens présents au Vietnam et sous leurs épandages.

En revanche, les Vietnamiens attendront. Le 30 janvier 2004, des plaignants ont pourtant assigné devant un tribunal de Brooklyn 37 sociétés américaines et leurs filiales, toutes impliquées dans la fabrication des herbicides de l'opération « Ranch Hand ». Parmi elles, bien entendu, Monsanto et Dow Chemical. Le 10 mars 2005, le juge Jack B. Weinstein a rejeté la plainte au motif très convaincant qu'il n'existe aucune base juridique aux demandes d'indemnisation. Pardi !

Pour le même prix, on s'offrira quelques lignes supplémentaires sur Monsanto, symbole puissant, s'il en est, de l'industrie des pesticides. En 1934, dans le livre *The Spirit of Enterprise*, le jeune Edgar Monsanto Queeny, qui sera le grand patron de 1943 à 1963, écrit une phrase sublime : « J'ai identifié les deux faces de ma personnalité. Je suis un idéaliste en croisade, mais aussi un croyant froid, impavide comme le granit, de la loi de la jungle. » On a vu ce que Monsanto faisait de la jungle vietnamienne, mais on ignore peut-être que l'« agent orange » n'est qu'un des nombreux pesticides mis au point ou commercialisés par la multinationale, avec plus ou moins de bonheur, plus ou moins d'honneur.

De l'Éthiopie à l'Irak, en passant par la Colombie

Comme on ne peut évidemment tout citer, signalons, entre autres merveilles, le Machete, le parathion, le Round-Up. Le premier, aussi appelé « Butachlor », n'a jamais pu être homologué aux États-Unis, où l'agence fédérale chargée de l'environnement, l'EPA, l'a interdit dès 1984 à cause des risques écologiques et sanitaires graves que font courir ses résidus. Monsanto en vend sans problème en Amérique latine, en Asie, en Afrique. Les producteurs de riz sont, d'après Monsanto, ravis. Le deuxième est un insecticide qui a droit à la mention « T+ » dans les nomenclatures officielles.

Le T signifie «toxique». Il est vrai qu'au-delà d'un milligramme et demi par kilo d'humain il est létal [1]. Il tue si aisément que certaines estimations le rendent responsable de la moitié des empoisonnements par pesticides dans le monde. Heureusement pour nous, il est interdit dans la plupart des pays occidentaux. Mais pas ailleurs. Monsanto, dans sa grande sagesse, a cessé d'en fabriquer en 1986, officiellement pour des raisons «commerciales».

Quant au troisième, le Round-Up, il ne pose strictement aucun problème. La preuve : les soldats colombiens, fournis par leurs collègues américains en guerre contre la coca, en ont déversé des quantités inconnues mais conséquentes sur les plantations de là-bas. Épandages aériens et fumigations ont fatalement touché des hommes, ces éternelles victimes collatérales. En 2000, 550 000 litres auraient été dispersés sur une surface de 53 000 hectares. Une autre source évoque 123 000 hectares traités en 2002. Heureusement, le Round-Up est sans danger. La preuve : le Danemark a restreint son utilisation en 2003.

Mais laissons là Monsanto. En nous permettant un bref commentaire rétrospectif. Après le gazage des Français et des Sénégalais, certain jour d'avril 1915, et ceux qui marquèrent cette guerre atroce d'il y aura bientôt cent ans, l'humanité a connu un sursaut. Si, un (petit) sursaut. En 1925, des gouvernements redevenus «civilisés» ont signé le Protocole de Genève. Ce dernier, «considérant que l'emploi à la guerre de gaz asphyxiants, toxiques ou similaires, ainsi que de tous liquides, matières ou procédés analogues, a été à juste titre condamné par l'opinion générale du monde civilisé», interdisait à jamais leur usage. Comme c'est beau! Comme c'est émouvant!

Cependant, outre que ce protocole n'a jamais été respecté, il ne considère que l'«emploi à la guerre». Or les pesticides

1. Voir *Guidance Document on Parathion* sur Internet : http://www.pic.int/INCs/INC11/d)4/French/PIC-INC11-4.f.pdf, p. 27.

ne sont pas là pour faire la guerre, n'est-ce pas? Depuis leur rapide conquête de l'Irak en 2003, les Américains semblent avoir retrouvé leur belle énergie de 1961, celle du Vietnam. Les furieux combats dans la ville de Falloujah, en novembre 2004, ont vu réapparaître comme par miracle ces bons vieux obus au phosphore. Au phosphore blanc, pour être exact. La RAI, la télévision italienne, assure que les soldats de la démocratie en ont utilisé massivement, sans discernement, y compris contre les populations civiles [1]. Le Pentagone s'est récrié, mais a reconnu l'usage du phosphore, assurant la main sur le cœur et sur la Bible qu'il aurait été réservé aux seuls combattants ennemis. Concernant une ville surpeuplée où chaque rue a été disputée, la précision ne manque pas de crédibilité.

En tout cas, cet épisode – oui, ce n'est qu'un épisode – referme la boucle. Le siècle passé, qui a vu triompher la chimie du chlore, puis celle du phosphore, n'est pas mort, loin de là ! Le nouveau siècle radote, hoquette et ratiocine. Décidément, rien ne se perd, rien ne se crée, mais tout se répète *ad nauseam*. Jusqu'au Liban, où Israël admet lui aussi avoir utilisé des munitions au phosphore pendant sa terrible guerre de l'été 2006.

Positivons, comme on ne cesse d'entendre dans la langue des marchands. Positivons : ce survol d'un siècle de progrès chimique continu n'aura pas été inutile. En résumé, l'industrie des pesticides n'a manqué aucun rendez-vous avec la tragédie humaine. Les auxiliaires de l'agriculture étaient dans les tranchées, face aux paysans de Tambov révoltés, à Auschwitz, le long de la piste Hô Chi Minh. Ils ont brûlé des poumons chinois ou éthiopiens, étouffé les Kurdes de Halabja en 1988. Les pesticides sont de notre temps, ce sont d'authentiques modernes.

On appréciera à son juste prix l'imagination euphémique des hommes. Les nazis ont inventé la « solution finale » pour

1. Voir le film de la RAI : *Falloujah, le massacre caché.*

éviter l'emploi du mot « génocide », pour interdire au sang de couler sur leur face. Certes, les fabricants de pesticides ne méritent pas d'être comparés à ces bourreaux essentiels. Mais sont-ils pour autant innocents ? Peuvent-ils se laver les mains tranquillement ? Ont-ils le droit moral de se regarder le soir dans une glace sans voir les détails vrais, indiscutables, de l'histoire qu'ils ont forgée ? Rien n'empêchera d'écrire cette vérité simple : les termes « herbicide », « insecticide », « pesticide » sont en réalité de terrifiants gros mots. Le suffixe « -cide » vient en effet du latin *caedere*, qui signifie en toute clarté « tuer ». La chimie des pesticides vise officiellement à combattre les ravageurs et les pestes agricoles. Mais elle est aussi et sans détour homicide. Le pesticide, c'est la guerre permanente contre la vie. Le pesticide, c'est la mort.

Chapitre 10

Ce que « lobby » veut (vraiment) dire

Où il apparaît que le responsable du lobby est un homme sympathique. – Où l'on comprend avec accablement que le lobby est compliqué et ramifié. – Où l'on finit par deviner que le lobby est partout : à Boulogne et à Boulogne, à l'Assemblée, à Bruxelles. – Où la novlangue de George Orwell est une nouvelle fois portée en triomphe.

Rude tâche. Il existe des hommes et des femmes chargés de défendre et d'illustrer l'histoire terrifiante que nous venons de vous raconter. Mais tout est dans la manière, n'est-ce pas ? Dans le monde enchanté des amis des pesticides, on ne dira jamais « merde », mais « fèces ». Ou « selles ». Ou encore « matières alvines ». Oui, franchement, c'est tout de même plus joli. Est « alvin » ce qui provient des intestins. La merde sera donc alvine. On ne dira pas davantage « salaud », mais plutôt « méchant », « coquin », « scélérat ». Et pourquoi pas « galvaudeux », tiens ? Non, quand même pas : « galvaudeux » est trop vieux. Or ces gens sont jeunes, modernes, incarnent l'avenir et la beauté, disent toujours la vérité, éclairent les ombres, dissipent les ténèbres, informent.

Oui, ils sont les grands informateurs de cette planète sourde et aveugle. Sans eux, sans ces efforts mille fois consentis, éternellement recommencés, sans ces aubes grises qu'ils consacrent à la lumière, personne ne saurait quoi faire de ses dix doigts, de son pouvoir, de ses millions de milliards. Qui sont-ils ? Les maîtres de la communication, enfin ! Ils ont créé des milliers de sociétés de *consulting* à travers le monde, ils conseillent, orientent, aident.

Notez qu'on peut appeler cela d'un autre nom : le *lobbying*. En matière de pesticides, en France, la meilleure adresse, et de loin, est celle de l'UIPP, ou Union des industries de la protection des plantes. Derrière ce sigle, derrière cette structure qui a inventé avec brio l'« agriculture raisonnée », comme nous vous le raconterons au chapitre suivant, il y a tout l'univers des multinationales de la chimie de synthèse. Et sa force de frappe est (presque) sans limites : les dix-neuf entreprises adhérentes représentent 96 % du marché français des pesticides [1]. Il vaut mieux le savoir.

Le quartier général du bois de Boulogne

Maintenant, attachez vos ceintures, et direction Boulogne, dans la banlieue parisienne. Comme c'est beau, comme tout est propre ! En cette matinée de fin d'été, le soleil brille, les voitures-balais et les pompes à eau se relaient rue Gambetta, il reste des fleurs dans les cours et sous les fenêtres, on repartirait volontiers en vacances. Devant le 2 de la rue Denfert-Rochereau, face au bois de Boulogne, on s'extasie sans retenue. Beau jardin, belle maison, superbe escalier de pierre, porte électrique : le siège de l'UIPP est non seulement cossu, mais de bon goût. Et la zone alentour, peuplée de tennismen jeunes et vieux – Roland-Garros n'est pas loin – et de promeneurs stylés, ne semble qu'assez peu connaître la misère et les privations.

1. Voir la liste de ces sociétés sur le site Internet de l'UIPP : http://www.uipp.org/uipp/societe.php.

Le directeur de l'UIPP, Jean-Charles Bocquet, est un homme charmant, sympathique au possible, avenant même. Un air franc, des yeux bleus, une chemise blanche, une cravate rouge. Des photos de cerfs décorent les murs de son bureau, une petite sculpture du même animal repose sur le radiateur. Il aime la nature, oui, et s'apprête d'ailleurs à assister au brame du cerf, qui chaque année attire en forêt les amoureux de cette espèce. « Je suis d'une famille de forestiers, dit-il en préambule, et d'origine rurale. » La directrice de la communication, Claire Morin, est visiblement compétente, accueillante, ouverte au dialogue. Que pourrait-on demander de plus ?

Eh bien, des bricoles. Par exemple : y a-t-il matière à s'inquiéter, avec tous ces pesticides en circulation ? M. Bocquet pense que non. « Je suis à l'aise dans mes baskets, assure-t-il. Après la guerre, et jusque dans les années 1970, on a demandé aux paysans de produire, et l'intensification a entraîné, certainement, des abus. Mais, depuis, l'agriculture, l'industrie et les gouvernements d'Europe du Nord et de l'Ouest ainsi que les Américains ont opéré une prise de conscience. Notamment avec l'agriculture raisonnée. Avant, il existait un calendrier des traitements. Le paysan utilisait des pesticides sans même savoir si les insectes ou les ravageurs étaient présents dans ses champs. Maintenant, dans l'agriculture raisonnée tout au moins, il va d'abord dans son champ et regarde. »

Il regarde, c'est incontestablement un progrès. Où diable avait-il la tête auparavant ? Poursuivons : que penser du nouveau rapport de l'Institut français de l'environnement (IFEN) ? Cette très officielle synthèse d'août 2006 note la présence d'au moins un pesticide dans 96 % des prélèvements effectués dans les cours d'eau [1]. Une augmentation constante depuis des décennies. Comment l'expliquer ? « C'est totalement bidon, estime Bocquet. Nous contestons la méthodologie. »

1. « Les pesticides dans les eaux. Données 2003 et 2004 », *op. cit.*

Soit. Claire Morin ajoute un commentaire : « Le cœur du problème, c'est que tout le monde pense que s'il y a présence, il y a danger. Or, avec les méthodes actuelles, on peut trouver des doses infinitésimales. Ce que ne dit pas l'IFEN, c'est que 98 % des analyses sont conformes à la législation européenne. Le public, au fond, réclame le risque zéro, qui n'existe nulle part. »

Soit, décidément. Donc pas de problème ? Ou si peu ? « Sur la base des informations disponibles, résume Bocquet, j'estime pour ma part qu'on ne peut pas être sûr qu'il existe un lien entre les pesticides et des problèmes de santé. On ne peut pas conclure, et il faut donc poursuivre les travaux. »

Arrêtons-nous une seconde, car, sans vouloir malmener Jean-Charles Bocquet, on retrouve là l'essentiel de l'argumentaire des industriels du tabac ou de l'amiante. Rien n'étant jamais totalement et indiscutablement prouvé, il faut par prudence et honnêteté intellectuelle continuer de chercher. C'est ainsi que le tabac comme l'amiante ont pu gagner des décennies de commerce sans souci. Cela ne signifie pas, certes, que le cas des pesticides soit identique. Mais il semble plus sage de faire au moins le rapprochement.

Quoi qu'il en soit, Bocquet est visiblement sincère, ce qui le rend d'autant plus crédible. Mais l'idéologie n'est jamais très loin et, quand il évoque la situation générale, il se dévoile sans états d'âme : « Je suis un optimiste, c'est vrai. Et je pense que dans la nature certaines activités jugées négatives seront tôt ou tard compensées par des activités positives. L'homme contribue et contribuera à la formation d'un nouvel équilibre auquel les entreprises et les produits s'adapteront. J'en suis persuadé. »

Marion Guillou l'ambitieuse

Dans l'univers de M. Bocquet, la raison est incarnée par l'entreprise et les gentils scientifiques qui confortent ses choix et garantissent ses profits. Mais attention aux vilains ! Les écologistes du MDRGF et François Veillerette tiennent la corde. Le coauteur de ce livre serait dogmatique et déloyal. « Nous l'avons invité à dîner, confie Claire Morin, et il est ensuite venu occuper le siège de l'UIPP où vous êtes avec ses amis de la Confédération paysanne. Il a été très violent, sur le plan symbolique. Et je considère pour ma part qu'il manie une certaine forme de terrorisme. »

Bon, Veillerette ne partira pas en vacances avec Claire Morin. Et pas davantage ces scientifiques, « dogmatiques » eux aussi et moqués d'ailleurs par leurs pairs, que sont des chercheurs comme Charles Sultan, Gilles-Éric Séralini ou Jean-François Narbonne. Il est vrai que tous trois considèrent les pesticides comme un danger redoutable. M. Bocquet, c'est pur euphémisme, ne les aime pas beaucoup.

Même l'actuelle présidente de l'INRA, Marion Guillou, ne trouve pas grâce aux yeux de l'UIPP. Il faut dire que l'INRA a publié fin 2005 un rapport très critique sur les pesticides, réclamant un vaste plan public de réductions. « C'est une ambitieuse, tranche Bocquet. Elle veut davantage de pouvoir encore, elle ira loin, vous verrez. S'attaquer aux pesticides est devenu politiquement correct. Pendant ce temps-là, on oublie les bactéries, qui sont un énorme problème pour le traitement de l'eau. »

Rien que des malandrins ? Heureusement, il existe une exception, de taille : l'ancien patron de la surpuissante Direction générale de l'alimentation, le préfet Thierry Klinger (que nous connaissons bien déjà et dont nous reparlerons). Devenu président du Cemagref, Klinger semble quasiment un ami. « Oh, soupire Bocquet, encouragé par Morin. Oh, c'est le seul qui ait eu le courage de ses opinions, qui ait osé clouer le bec aux politiques. Notamment dans le dossier du Gaucho. Il l'a payé d'un poste purement honorifique au Cemagref, d'ailleurs. »

Le chapitre sur le lobby des pesticides pourrait s'arrêter là, en pleine lumière tamisée, douce au possible. Jean-Charles Bocquet doit d'ailleurs partir. Pince-sans-rire, il se lève et annonce à son interlocuteur[1], après lui avoir prêté un livre précieux sur les pesticides : « Vous m'excusez ? Je dois aller faire du lobbying au Sénat. » Oui, le chapitre pourrait s'arrêter là, mais il ne fait que commencer.

Pour mieux apprécier la suite, quelques mises en garde. Avant de pénétrer avec nous dans les coulisses, sachez que nous ne sommes ni juges ni policiers. C'est d'un système qu'il est question, non pas de la personnalité de tel ou tel. Bocquet et Morin ne sont pas des ennemis personnels, et ils ne se livrent pas à des activités illégales. Ce qu'ils font chaque jour est pourtant fort grave. Ils profitent, ainsi que beaucoup d'autres d'ailleurs, dont nous allons parler, d'un rapport de forces social et politique outrageusement favorable.

D'un côté, une poignée de nigauds – scientifiques et médecins, écologistes, paysans critiques – qui crient sans être jamais entendus. De l'autre, une industrie mondiale florissante, et ses innombrables relais et obligés. En France, cette situation est aggravée par trois phénomènes entremêlés : l'habituelle faillite des politiques ; l'étonnante force des grands ingénieurs d'État et de leurs corps d'origine, qui forment toute l'ossature administrative ; un ministère de l'Agriculture où règnent la confusion des genres et la cogestion de l'agriculture avec les industriels et la FNSEA[2], ce syndicat qu'on ne présente plus.

Le mystère de la rue Denfert-Rochereau

Place au spectacle. Ce que nous avons découvert n'est bien entendu que la partie émergée d'un immense iceberg, mais donne une fichue idée de ce qui demeure caché. Sachez pour commencer que le lobby se drape. Maintes fois dans

1. Entretien accordé à Fabrice Nicolino le 30 août 2006.

2. Fédération nationale des syndicats d'exploitants agricoles. Lire absolument G. Luneau, *La Forteresse agricole. Une histoire de la FNSEA*, Fayard, 2004.

la culture et la philanthropie. Voici trois petits exemples très désopilants. Ainsi, l'agence française de lobbying Communication et Institutions n'hésite pas à citer Alexis de Tocqueville sur la page d'accueil de son site Internet [1] : « Une association politique, industrielle, commerciale ou même scientifique et littéraire est un citoyen éclairé et puissant qu'on ne saurait plier à volonté ni opprimer dans l'ombre et qui, défendant ses droits particuliers contre les exigences du pouvoir, sauve les libertés communes. » Pas mal, n'est-ce pas ?

L'Association des lobbyistes accrédités auprès du Parlement européen (AALEP), elle, fait figurer au même endroit cette formule choc : « Au service du citoyen européen. » Quant à l'American League of Lobbyists, elle utilise pour mieux se présenter les premières lignes de la Constitution américaine, ainsi que la bannière étoilée [2]. Il faut ce qu'il faut.

Donc, se draper. Mais pourquoi diable ? Peut-être parce qu'il y aurait des choses à cacher ? Gardons en main cette audacieuse hypothèse. Et parlons du FARRE, le Forum pour une agriculture raisonnée respectueuse de l'environnement. Nous vous expliquerons au chapitre suivant le véritable montage qu'a été ce Forum, totalement imaginé par les entreprises pour redorer le blason de l'agriculture industrielle. Il y a davantage.

Le lobby des pesticides a visiblement choisi la stratégie de l'araignée. Tisser des toiles, relier des points, tenir l'espace. Il faut parfois beaucoup de patience pour ne pas se perdre dans l'entrelacs de ce jeu de bonneteau. Où est le lobby ? Nous l'avons dit, il est sis au 2, rue Denfert-Rochereau, Boulogne-Billancourt. Or c'est aussi la première adresse du FARRE, porté sur les fonts baptismaux en 1993.

Anodin ? À vous de juger. L'industrie des pesticides a créé *ex nihilo* ce qui est présenté aujourd'hui comme une entreprise de modernisation écologique de l'agriculture

1. Voir : http://www.cominst.com/index-1-1.html.
2. Voir : http://www.alldc.org/.

française. Et lui a donné les clés de son premier (somptueux) local. Le FARRE est en réalité le plus beau triomphe du lobby. Car il regroupe, dans un mélange des genres stupéfiant, tout le monde de l'agriculture : la FNSEA, plus grand syndicat paysan, l'industrie des pesticides et des engrais, des banques, des instituts publics comme le Cemagref, etc. [1].

Même l'UFC-Que choisir, la grande association de consommateurs, a failli sombrer – moralement s'entend – dans cette invraisemblable aventure. Pendant des années, son ancienne présidente, aujourd'hui décédée, a soutenu avec force et même obstination la remarquable opération de pub appelée « agriculture raisonnée ». Mais à qui donc se fier ?

Revenons au 2, rue Denfert-Rochereau. L'UIPP y siège, et avant elle le FARRE. Mais ce dernier n'est que la continuation d'un autre faux nez des industriels, appelé Protection des plantes et environnement (PPE) [2]. Créée en 1971 par la Chambre syndicale de phytopharmacie (CSP), ancêtre de l'UIPP – rien ne se perd –, cette association n'avait, comme il se doit, qu'un but admirable : informer. Sur les pesticides et la santé des hommes, évidemment. Or, avant de disparaître il y a quelques années seulement, PPE était domiciliée 1, rue Gambetta, comme aujourd'hui le FARRE. Et la CSP qui l'avait fondée se trouvait naturellement, dans les années 1970, au 2, rue Denfert-Rochereau. Vous avez la tête qui tourne ? Nous aussi.

Phytoma est-elle une araignée ?

Ce ne serait que plaisant si ces braves gens se contentaient de s'échanger les mêmes locaux depuis trente-cinq ans. Attendez la suite. Nous avons déjà présenté la revue *Phytoma* au chapitre 5. Elle est un *must*, un engrais qui enrichit chaque mois l'esprit de ses lecteurs et le porte-monnaie de

1. Voir *infra*, p. 234.
2. Voir *supra*, p. 135.

ses protecteurs. Côté lecteurs, c'est simple. *Phytoma* est le « support indispensable aux professionnels de la protection des plantes. Vingt-cinq mille lecteurs suivent chaque mois l'actualité sur les grandes cultures, l'arboriculture, les cultures légumières, les cultures tropicales, la viticulture, les espaces verts, les pépinières, l'environnement, la sylviculture [1] ».

Depuis 1948, « la seule revue mensuelle française spécialisée en protection des plantes » délivre aux prescripteurs de pesticides et aux paysans qui les écoutent avis et conseils. Peu de supports auront fait davantage en France pour la chimie de synthèse. *Phytoma*, créée en sous-main par le premier patron du lobby français des pesticides, Fernand Willaume, rassemble en son sein, depuis les origines, l'industrie, l'administration qui devrait la contrôler et les scientifiques qui dépendent des deux premiers pour leur carrière et leurs travaux. Ce qu'on appelle un fonctionnement sain.

Côté parrainages, c'est très instructif. Et, pour lever tout malentendu, précisons que c'est *Phytoma* soi-même qui évoque ses amis en première page de son site Internet. Parmi eux, le ministère de l'Agriculture – oyez, amis du service public – et une certaine Association française de protection des plantes dont nous allons vous reparler plus loin. Les autres « partenaires » de la revue sont plus discrets, et nous nous faisons un plaisir de vous les présenter. Outre l'INRA et l'ACTA – tous deux publics –, il s'agit de notre chère UIPP et de l'Association générale des producteurs de maïs, autre bastion des promoteurs de l'usage massif des pesticides.

Ainsi fait, la barque de *Phytoma* semble déjà bien chargée. Nous ajouterons néanmoins un petit détail qui tue. Dans son numéro 28, daté d'août 1996, le *Courrier de l'environnement*, revue de l'INRA, publie une note de lecture consacrée à *Phytoma*. Oh, surprise ! L'adresse du journal est indiquée. Oh,

1. Site Internet : www.phytoma-ldv.com/.

surprise ! Cette adresse est : 1, avenue Gambetta, Boulogne-Billancourt.

Récapitulons, car les labyrinthes perdent les meilleurs d'entre nous. La Chambre syndicale de phytopharmacie a créé l'UIPP. Et l'association PPE, qui a donné naissance au FARRE, ainsi qu'à l'opération « agriculture raisonnée ». Et toutes ces structures – ainsi que *Phytoma* – se sont retrouvées à un moment ou à un autre à deux adresses accueillantes de Boulogne. L'araignée est un animal patient, qui sait ce que toile résistante veut dire.

Allons, tirons encore sur le fil. *Phytoma* est, nous l'avons vu, « parrainée » par une énigmatique Association française de protection des plantes, mise sur le même plan que le ministère de l'Agriculture. Ce n'est pas si étrange, car l'AFPP est une très grosse association, née en 1984, et qui comprend, au milieu de centaines d'adhérents, des services entiers du ministère de l'Agriculture. Mais aussi des instituts techniques et, comme il se doit, des industriels des pesticides. Président en 2006 : Philippe Michel, de l'UIPP. Vice-présidents : Jean-Louis Bernard, de la multinationale Syngenta ; Bernard Cure, d'Arvalis – les producteurs de maïs et de blé ; enfin et d'une certaine manière surtout, Marc Delos.

Ce dernier représente la Direction générale de l'alimentation, service clé du ministère de l'Agriculture qui s'est illustré dans des dossiers lourds comme ceux du Gaucho ou du chlordécone en Guadeloupe. Oui, décidément, tout se passe à la bonne franquette, dans le droit fil de cette cogestion omniprésente dans l'agriculture. Les hauts fonctionnaires copinent avec les industriels, dans les mêmes structures, aux mêmes tables. Adresse de l'AFPP pendant de longues années : 6, boulevard de la Bastille, à Paris. C'est également le domicile – pur hasard, on s'en doute – de Ruralia, une autre association, qui édite *Phytoma*.

Des experts de toute confiance

Mais que fait au juste l'AFPP ? Des choses passionnantes, sonnantes et certainement trébuchantes : elle organise en effet des congrès, des colloques, des symposiums. Comme elle est reconnue organisme officiel de formation continue, elle met aussi en place des stages de formation, réunit des groupes de travail, lesquels rassemblent *in fine* une espèce remarquable entre toutes : les experts.

Le lobby des pesticides a compris fort tôt l'intérêt que pouvaient avoir les experts dans une vraie stratégie. Et l'une des preuves les plus manifestes de cette vision se trouve dans l'éditorial du numéro 42 de la revue *Phytoma*. Nous sommes en 1952, c'est-à-dire il y a plus d'un demi-siècle, et le moins que l'on puisse écrire, c'est que Charles Collomb a du flair. Ce polytechnicien est le rédacteur en chef de *Phytoma*, et il est le bras droit de Fernand Willaume. Dans cet édito, il plaide pour la « nécessité d'un corps d'experts en matière de défense des cultures ».

Tout le texte mériterait citation. Collomb y insiste sur les petits et grands malheurs des industriels. Son obsession, à ce moment du moins, est claire : il craint les litiges, les procès, les tribunaux. « Le fabricant, s'interroge-t-il, peut-il être rendu responsable des indications complémentaires et dépassant le cadre légal qu'il fournit bénévolement à son client ? » Vous avez bien lu : les industriels de l'époque se demandent en réunion si le fait de dépasser le « cadre légal » peut valoir des poursuites. Plutôt amusant.

Collomb avance une autre thèse, au moins aussi mortelle : « Le tribunal auquel s'adresse l'exploitant aura tendance – à tort selon nous – à considérer que le fabricant est responsable en toutes circonstances de la totalité du mode d'emploi qu'il a préconisé. » Or donc, si l'on comprend bien, un patron ne saurait être tenu pour responsable de l'utilisation des produits qu'il met en vente. C'est audacieux.

Et cela devient loufoque, mais aussi très révélateur. Car Collomb termine en se plaignant des experts habituels près les tribunaux. Car ils ne savent pas, car ils ne comprennent rien à la science nouvelle en marche. « Il est donc nécessaire, conclut Collomb, de créer un corps d'experts qui permette en notre matière une meilleure administration de la justice. C'est un problème sur lequel nous reviendrons. » En effet.

Nous touchons là au noyau dur du lobby, à son apothéose stratégique. Car qui occupe le territoire de l'expertise détient un pouvoir central, colossal, sans égal. On lira avec l'immense intérêt qu'elle mérite la liste des experts estampillés AFPP [1]. Comprenons-nous bien : cette liste permet à des scientifiques et techniciens d'arrondir leurs fins de mois en fournissant des travaux qui, éventuellement, pourront être utilisés devant la justice. Et c'est bien leur droit, que nous ne contestons nullement. Mais est-ce la tâche d'une administration de cautionner une telle liste, élaborée au sein d'une association dirigée par les transnationales du secteur ? La DGAL est-elle encore dans un rôle avouable lorsqu'elle lui accorde un satisfecit public, officiel ?

Les casquettes de Marc Delos

On trouve dans cette association, en tout cas, des experts de haut vol. Nous ne prendrons pour l'heure que deux exemples : Jacques My et Jean-Claude Tournayre. Le premier a été directeur de l'UIPP et est actuellement directeur de l'UPJ, le lobby des producteurs de pesticides pour le jardin. Le second a fait partie de la direction technique du lobby patronal des pesticides. M. Delos, haut fonctionnaire du ministère de l'Agriculture, vous garantit de son côté, à ce qu'on croit comprendre, la neutralité des experts de l'AFPP. Hum.

1. Voir sur Internet : www.afpp.net/commande/commissions/expert_liste.htm.

Marc Delos aime les casquettes et en change souvent. On le trouve donc, plusieurs années de suite, dans le stratégique Comité d'homologation des pesticides, dernière instance publique avant la mise sur le marché.

La question décisive de l'homologation des produits est traitée au chapitre 12, mais retenez tout de même quelques points qui vont être bien utiles. Dans le monde irréel de l'administration française, tout va bien, tout va toujours au mieux. Une commission dite des toxiques – la Comtox –, « composée uniquement d'experts en toxicologie », donne « son avis au vu des résultats des nombreux tests de toxicité aiguë et chronique des substances et de leurs métabolites » [1]. Elle est très soigneusement cornaquée par la Direction générale de l'alimentation, c'est-à-dire le ministère de l'Agriculture. Ensuite, le Comité d'homologation, constitué de fonctionnaires de ce dernier, s'appuyant sur le travail de la Comtox, propose au ministre l'homologation, qui n'est plus que formalité. Bien compris ? D'abord une Comtox, avec des experts. Ensuite un comité de fonctionnaires, qui détient le précieux sésame de la mise sur le marché des molécules, avec des centaines de millions d'euros à la clé.

Bien. Dans le Comité d'homologation, on trouve avec gêne, pour les années 2002, 2003 et 2004, un certain Marc Delos. Ainsi, après avoir siégé au bureau de l'AFPP avec les industriels, il leur délivre, en tant que fonctionnaire, une autorisation sans laquelle la ruine menace.

Mais il y a mieux. André Rico est depuis 2001 le président d'honneur de la très fameuse Comtox, celle-là même qui ne serait composée que d'« experts en toxicologie ». Avant cette date, Rico était tout simplement le président actif, et le grand manitou, de cette même commission.

Or qui est Rico ? Un excellent homme, puisqu'il est membre de l'Académie nationale de médecine. Mais il est

1. Voir : http://ddaf59.agriculture.gouv.fr/vegetau/reglementation.htm.

aussi l'auteur de saillies et sorties qui ont fait du bruit. Un exemple parmi d'autres : en juin 2001, notre ami intervient dans un colloque de l'UIPP, si chère au cœur de M. Bocquet. Et que lâche-t-il tout soudain ? Un étrange cri du cœur : « Tous les êtres vivants sont protégés contre les effets des produits chimiques qui nous entourent et nous sommes bien protégés contre les faibles doses [...]. Ce n'est pas à nous de prendre des décisions par rapport à ceux qui vont naître ; les générations futures se démerderont comme tout le monde [1]. »

André Rico, directeur de l'IUTOX

Reposons notre question : qui est André Rico ? Et, cette fois, nous ajouterons une prime : il fut le très discret directeur, de 1992 à 1995, de l'IUTOX [2], ou International Union of Toxicology. Cette structure mondiale a une histoire magnifique que nous résumons à grands traits. En 1961, des experts et scientifiques, émus par les ravages d'un médicament, la thalidomide, créent la Society of Toxicology (SOT). La thalidomide, au départ simple tranquillisant, a fait naître à l'arrivée des milliers de « monstres », souvent dépourvus de bras et de jambes. Pour empêcher le retour d'une telle catastrophe et limiter les risques de cette chimie de synthèse pourtant si prometteuse, la SOT organise des congrès, des colloques.

En 1975, à Montpellier, ce joli monde se retrouve avec celui de l'European Society of Toxicology (EST) pour des embrassades générales. Il finira par en sortir, en 1980, l'IUTOX, très puissant conglomérat international de toxicologie. Précisons que cette discipline étudie les mécanismes de la toxicité des substances, notamment chimiques, sur des organismes vivants, dont l'homme, bien sûr. On retrouve dans l'IUTOX, logiquement, des sociétés

1. Déclaration d'André Rico lors d'un colloque de l'UIPP, 28 juin 2001.
2. Voir sur Internet : http://www.iutox.org/.

savantes du monde entier. Des associations de professionnels, comme en France la Société française de toxicologie clinique ou la Société française de toxicologie. La première est présidée par une spécialiste exerçant dans un hôpital de Strasbourg. Précieux. La seconde par le docteur Frédéric Lacheretz, qui travaille, quant à lui, pour une puissante entreprise, Sanofi-Synthélabo. C'est un peu plus fâcheux.

Reste que, sur le papier, il n'y a rien à redire, absolument rien, au contraire. L'IUTOX, qui est, selon ses propres termes, « la voix de la toxicologie à l'échelle globale », sert la magnifique cause du bien, réunit les meilleures volontés médicales et scientifiques pour faire reculer la maladie et l'erreur, et diffuser de précieuses connaissances. Qui ne serait d'accord avec une philanthropie aussi manifeste ?

Eh bien, nous. Car l'IUTOX est aussi – surtout ? – une force de frappe mondiale, qui rassemble, souvent à leur insu, des milliers et des milliers de spécialistes. Du Mexique comme de la Chine, de l'Iran comme d'Israël, de la Turquie comme de l'Argentine. Ils forment l'opinion éclairée, celle qui juge et tranche en matière de pesticides et d'intoxications chroniques ou aiguës. Cette liste est une manne, une provende inépuisable dans laquelle on peut piocher, avant que de favoriser une élite capable de représenter, aux yeux de tous les pouvoirs, la science et le savoir désintéressés. Les élus ont droit aux voyages, aux colloques internationaux, à la reconnaissance éternelle de l'IUTOX.

Tous les trois ans, celle-ci organise un congrès retentissant, chaque fois dans un pays différent. En 1998, la France eut ainsi l'honneur d'en abriter deux pour le même prix. Le premier à Dijon, où l'on discuta doctement de l'intoxication par le monoxyde de carbone. Et l'autre à Paris, probablement pour profiter de l'air pur de la capitale. N'importe : l'IUTOX a de tels moyens financiers que la question mérite un tantinet d'être posée. Laquelle ? Mais simplement celle-ci : qu'est donc l'IUTOX ? Oui, qui paie les brochures de luxe, les restaurants, les congrès, les voyages et communications, le site Internet ? Qui paie ?

Pas les scientifiques, on s'en serait douté. Une fondation, peut-être ? Un milliardaire repentant, façon Bill Gates ? Non. Le grand argentier, c'est l'industrie multinationale, qui ne s'en vante d'ailleurs pas. Pour le savoir, il faut chercher, mais le résultat vaut le déplacement. Parmi les sponsors de l'IUTOX, entre 2001 et 2004, figurent, entre autres, AstraZeneca, ChevronTexaco, Coca-Cola, Du Pont, Nestlé, Sanofi-Synthélabo. Et, parmi les « membres institutionnels », le géant des biotechnologies Amgen, le géant du *consulting* Cantox, Pfizer, L'Oréal, etc. Ce qu'on appelle en novlangue l'« indépendance ».

Êtes-vous perdus ? Égarés dans les trop longs couloirs ? Saisissez avec nous le fil d'Ariane appelé André Rico. Oui, ce preux qui se moque en beauté des générations futures. Nous nous répétons, mais c'est absolument nécessaire : entre 1992 et 1995, celui qui dirigea longtemps la Commission d'étude de la toxicité, pièce clé de l'homologation des pesticides en France, fut aussi directeur de l'IUTOX, une création des multinationales de la chimie et de l'agroalimentaire. Oui !

Le retour du professeur Fournier

Des critiques professionnels comme nous y verraient presque la preuve d'un mélange des genres insupportable. D'autant que M. Rico n'a pas été le seul directeur de l'IUTOX. Avant lui, un autre membre de l'Académie de médecine – une épidémie ? –, Étienne Fournier, le fut aussi, entre 1980 et 1983.

Fournier est un toxicologue si épatant qu'il a défendu l'usage de l'amiante en France jusqu'à son interdiction, en 1997. Foin de précautions oratoires : il a été un homme lige du lobby de l'amiante. Nous ne pouvons détailler, car ce n'est pas le lieu, mais Fournier, qui fut en outre, nous n'inventons rien, président de la Commission nationale des maladies professionnelles, a fait partie du Comité permanent amiante (CPA), qui a organisé pendant de longues années la désinformation sur le sujet. Et il a signé en 1996 un rapport déshonorant sur l'amiante, publié pourtant par l'Académie de médecine [1]. Les associations de défense des victimes porteront plainte contre le professeur pour « publication et diffusion de fausses nouvelles ». Rien que cela !

Les cent mille morts à venir de l'amiante – en France seulement – apprécieront-ils le voisinage à l'IUTOX d'Étienne Fournier et d'André Rico ? Le rapprochement inévitable entre l'amiante et les pesticides ? Du moins l'information est-elle désormais publique. Et poursuivons, non sans avoir glissé un mot sur un congrès, un congrès « scientifique » de plus.

En 1977, le lobby de l'amiante en avait prévu un, dissimulé sous l'auguste direction d'Étienne Fournier. Thème retenu cette année-là ? Amiante et cancérogenèse. Dans un premier temps, tout marche à la perfection, et les inscriptions pleuvent. Ce sera un succès, un beau succès. Mais voilà qu'un malotru surgit dans le décor. Le professeur Roujeau, chef du département d'anatomie et de cytologie pathologiques à l'hôpital Lariboisière. Dans une lettre adressée à Fournier, Roujeau rugit : « Je viens d'apprendre, mord-il, que l'organisateur réel du colloque est la chambre syndicale patronale de l'amiante et que, très vraisemblablement, les interventions qui auront lieu à ce colloque seront utilisées selon des méthodes que je ne peux accepter *a priori.* » Fournier lui répond par une phrase d'anthologie : « On peut être industriel et honnête. »

Revenons-en maintenant à ce cher M. Bocquet, de l'UIPP. L'industrie ne veut que notre bien. La preuve immédiatement, par la pub. En 2005, l'UIPP lance une vaste campagne de promotion en forme d'antienne : les pesticides seraient utilisés « dans le respect de l'environnement ». La presse

1. Voir sur Internet : www.sante-publique.org/amiante/rapports/academie1996.htm.

relaie et encaisse les dividendes des pages couleur. Et, en 2006, rebelote. Cette fois, l'UIPP s'adjoint les services coûteux d'une agence de communication « dédiée à la sécurité alimentaire et à la gestion de crise ».

Rude tâche pour cette filiale d'Entropy Conseil, une société fondée par Serge Michels [1]. L'homme a beaucoup d'entregent : il a travaillé pour l'industrie agroalimentaire, mais aussi, hélas, pour l'association de consommateurs Que choisir. Ingénieur agronome, il signe volontiers des articles dans la lettre scientifique de l'Institut français de la nutrition (IFN), largement financée par l'industrie. Et il n'est pas le seul, notez. L'IFN a par exemple publié en 2004 un copieux travail de cent cinquante-trois pages consacré aux « risques alimentaires d'origine chimique » [2]. Notre (déjà) vieille connaissance André Rico a rédigé la partie consacrée aux pesticides.

Il n'y a pas crime, mais, comme si souvent, étrange confusion, ou joli rapprochement si l'on préfère, entre intérêts privés et protection publique. Michels emploie par ailleurs comme conseiller un homme qui fut le pilier de notre système de sécurité alimentaire, Gérard Pascal. Ce dernier a été, entre autres, président du conseil scientifique de l'Agence française de sécurité sanitaire des aliments (AFSSA) de 1998 à 2002. Là encore, les éventuelles tensions entre engagement public et carrière on ne peut plus privée ne semblent ennuyer personne. Quel beau pays que le nôtre, vous ne trouvez pas ?

L'UIPP joue, paie et gagne

Quoi qu'il en soit, l'UIPP monte au début de 2006, avec tous ces grands experts, une somptueuse campagne d'« information ». Astucieusement nommée *Qui sème des questions récolte des réponses*, elle cible en priorité, de février à avril, la presse féminine. Coût : 1 million d'euros.

1. Site Internet : http://www.proteines.fr/.
2. *Les Risques alimentaires d'origine chimique*, IFN, 11 mars 2004.

Et la suite est encore plus guillerette. Présente pour la première fois au Salon de l'agriculture du 26 février au 5 mars 2006, l'UIPP y sème des fleurs à tout vent, surtout des violettes. On exagère à peine. Elle y ouvre une « clinique des plantes », lance des activités pédagogiques tournées vers les enfants. À l'aide de documents qui oublient mystérieusement de préciser pour nos chères têtes blondes que les pesticides sont et demeurent, jusqu'à plus ample informé, toxiques et donc dangereux [1]. L'UIPP préfère, que voulez-vous, la BD et des dessins de méchants insectes, qui méritent bien la guerre qu'on leur mène.

Où est le mal ? Mais chez l'autre, mon bon enfant. Pour prouver ce qui est pour elle une évidence, l'UIPP se dit « animée par des valeurs d'ouverture, de dialogue et de responsabilité ». Et le démontre en organisant des « dîners de l'UIPP » et des présentations publiques de son rapport *Environnement et Santé*, où elle invite des ONG et des organisations de consommateurs.

François Veillerette, qui a publié le livre *Pesticides, le piège se referme*, avait accepté en 2002 de participer à la lecture publique de la deuxième édition du rapport *Environnement et Santé*. Et de lire en tribune un texte de commentaire si critique que le président en titre de l'UIPP, Bernard Charlot, avait ostensiblement, ce jour-là, quitté l'assemblée, furieux.

L'UIPP, quelques jours plus tard, racontait avec une fabuleuse imagination l'incident sur son site Internet : « M. Veillerette apprécie le rapport *Environnement et Santé* de l'UIPP dans sa globalité parce qu'il est le déclencheur d'un dialogue interprofessionnel et la preuve de l'engagement de l'industrie dans les domaines de l'environnement et de la santé de l'homme. » Faudra-t-il vous l'envelopper, amis de la vérité ?

L'UIPP ne loupe jamais une occasion d'être là, au moins par l'un de ses innombrables relais et obligés. Qu'une réunion,

1. Voir la dénonciation argumentée de cette campagne scandaleuse ciblant les enfants sur le site Internet : http://www.no-pesticide.com.

qu'un vague débat public sur l'agriculture ait lieu à Trifouillis, et nos vaillants missionnaires seront là. À l'occasion, on n'hésite pas à en organiser. Même à l'Assemblée nationale, où une bien curieuse réunion se tenait le 19 décembre 2005. Le thème retenu par l'« organisateur », l'honorable député du Bas-Rhin Antoine Herth, était en toute simplicité *Agriculture et développement durable : quelle place pour la recherche et l'innovation ?* [1]. Jean-Louis Debré, président de l'Assemblée, présidait la séance, qui allait être clôturée par François Goulard, ministre délégué à l'Enseignement supérieur et à la Recherche.

Ma foi, pourquoi pas ? Mais l'examen rapide de la tribune surprend, car le gratin de l'agrochimie est là, représenté par Monsanto, Bayer, BASF. Le président de l'« agriculture raisonnée » – le FARRE, création de l'UIPP – est là aussi, tout comme le Crédit agricole. Sur l'autre versant – si on veut –, un représentant de l'UFC-Que choisir, association favorable au FARRE, et un responsable du Muséum national d'histoire naturelle. Les vrais opposants aux pesticides n'ont pas été invités. Et pas même les tenants de l'agriculture biologique, qui regroupe 12 000 paysans en France, contre à peine 1 500 pour l'« agriculture raisonnée ».

Comment expliquer une telle insulte à l'équité ? Ce n'est pas très compliqué : il aura suffi de faire appel à une société spécialisée, Altedia M&M Conseil. La spécialiste des lobbies Florence Autret a fort bien démonté le système : « Ils [Altedia M&M Conseil] vont trouver un parlementaire et lui disent : "Vous avez été rapporteur de la loi X. Nous, on vous organise un colloque, sous votre présidence, avec votre nom en grand sur le programme. En contrepartie, on ne vous demande qu'une seule chose : vous réservez une salle." Ensuite ils demandent aux entreprises un montant Y pour avoir leur

1. Actes consultables : *Agriculture et développement durable : quelle place pour la recherche et l'innovation ?*, premières rencontres parlementaires sur l'agriculture durable, M&M Conseil, 19 décembre 2005.

logo sur le programme. Restent à leur charge la publication des actes et le déjeuner de midi. Un tel colloque rapporte facilement 75 000 euros [1]. »

In ways you didn't think possible

Cette confusion volontaire entre *res publica* – en l'occurrence un débat dans l'enceinte parlementaire – et profit privé est une marque de fabrique du lobby des pesticides, et d'ailleurs de tous les autres. Détail et cerise : Antoine Herth, député du peuple français et sympathisant de la cause pesticide, est rapporteur du projet de loi agricole discuté au même moment. Gérant depuis 1984 l'entreprise agricole familiale à Artolsheim, il a été vice-président du Centre européen des jeunes agriculteurs et préside la Commission nationale de l'agriculture raisonnée et de la qualification des exploitations (CNAR) ! L'entourloupe commence là. Et elle se poursuit invariablement à Bruxelles, où de nombreux pouvoirs nationaux ont été transférés. La capitale européenne compte officiellement 15 000 lobbyistes [2]. Environ 70 % travaillent directement ou indirectement pour les entreprises. La chimie, regroupée dans le CEFIC (Conseil européen des fédérations de l'industrie chimique), est noblement défendue à elle seule par 150 lobbyistes. Et ça marche très fort. Le cabinet Burson-Marsteller, très actif auprès de l'industrie du tabac aux États-Unis, a interrogé des responsables de tout niveau de la Commission européenne [3]. Résultat : le lobbying de l'industrie chimique est pour eux le plus efficace !

---

1. F. Autret, *Les Manipulateurs. Le pouvoir des lobbys*, Denoël, 2003, p. 47 *sq*.

2. Lire B. Balanya *et al.*, *Europe Inc. Comment les multinationales construisent l'Europe et l'économie mondiale*, Agone, 2005. Pour en savoir plus sur les lobbies à Bruxelles, allez sur le site Internet de Corporate Europe Observatory : http://www.corporateeurope.org/ ; et téléchargez le *Lobby Planet Guide to Brussels* : http://www.corporateeurope.org/docs/lobbycracy/lobbyplanet.pdf.

3. Voir sur Internet : http://www.bmbrussels.be/pdf/GuideEurCom.pdf.

À côté et en plus de la chimie généraliste, les pesticides disposent d'un outil spécifique, l'European Crop Protection Association (ECPA, équivalent européen de l'UIPP)[1]. Et la plupart des grandes firmes entretiennent sur place des bureaux afin d'accroître encore l'efficacité de leur lobbying. Celui de BASF est domicilié rue de Cortenbergh, adresse d'une des importantes administrations de l'Union. Dow Chemical Europe et Du Pont sont installés sur le rond-point Schuman, à un jet de pierre des bâtiments de la Commission européenne et du Conseil des ministres. Plus près de toi, mon Dieu…

On vous lasserait, si ce n'est déjà fait, en détaillant encore le poids des lobbies sur l'Union européenne et ses lois. Donc sur notre sort à tous. Quel meilleur exemple que celui de Pat Cox ? Cet Irlandais a été président du Parlement européen de 2002 à 2004, et il a été embauché en 2006 comme conseiller par l'une des plus puissantes places fortes du lobby en Europe : l'agence APCO. Qui oserait davantage qu'APCO ? Sur son site Internet, on lit d'entrée de jeu cette phrase : *« Succeeding in ways you didn't think possible. »* On nous permettra cette traduction on ne peut plus sérieuse : « Réussir par des voies que vous n'auriez pas crues possibles. » En effet.

Bien que cela nous peine, bien que cela nous navre, nous abandonnons ici l'UIPP. Mais ce n'est qu'un au revoir. Au revoir donc à M. Bocquet et à Mme Morin, sans rancune. D'ailleurs, nous aimons sincèrement la touche poétique et légèrement surréelle de certaines déclarations de l'UIPP. Dans une lettre ouverte du lobby patronal datant de 2004, on peut lire ceci, qui est sublime : « Malgré nos tentatives de dialogue, nous nous sommes souvent heurtés à des fins de non-recevoir, nos arguments à peine énoncés étant immédiatement jugés irrecevables par nos détracteurs. C'est parce que nous souhaitons mieux nous faire connaître et expliquer notre métier que nous avons décidé de nous adresser directement

1. Site Internet : http://www.ecpa.be.

à vous, consommateurs et citoyens, pour que vous puissiez vous faire votre opinion [...]. Nous sommes fiers de travailler pour la protection des cultures car nos produits contribuent à la quantité et à la qualité de notre alimentation ; nos entreprises s'inscrivent dans une démarche constante de progrès et veillent au développement d'une agriculture durable. Les trois objectifs que nous poursuivons forment notre seul devoir : le respect de l'environnement, la protection des utilisateurs, la santé des consommateurs. » Ah, monsieur Bocquet !

Chapitre 11

Élémentaire et puissamment raisonné

Où l'on constate, stupéfaits, que les marchands, les publicitaires et les paysans industriels ont un sens de l'humour ravageur. – Où l'on fait connaissance avec les étables couleur chromo, les pesticides chatoyants, les sanies enrubannées. – Où l'on se bouche le nez quand on entend parler d'« agriculture raisonnée ». En avant, Pinocchio !

Ah, ah ! Hi, hi ! Les occasions de rire, en matière de pesticides, sont rares. Mais les blagues les plus savoureuses ne sont pas non plus interdites, heureusement. Et celle que nous allons vous raconter ici est grandiose, exceptionnelle. Elle mérite sans plus attendre des applaudissements sincères. Or donc, marchands, publicitaires, adeptes du poulet à la dioxine et de la vache timbrée, bravo ! Bravo, bravo, bravo aux inventeurs de l'« agriculture raisonnée » !

On commencera par une définition toute simple tirée du dictionnaire. Le malheur, qui fait notre bonheur, c'est qu'il y en a au moins deux. La première : « Est raisonné ce qui est conforme aux règles du raisonnement. » Pas mal. La seconde est mieux encore : « Un projet raisonné est un projet étudié, calculé. » « Calçulé », vous avez bien lu. Et Dieu sait que l'« agriculture raisonnée » est un projet éminemment calculé.

Pour le bien de l'homme et des hommes ? Pardi ! Quel sagouin se permettrait d'en douter ? Précisons à toutes fins utiles que l'antonyme de « raisonné » est « irraisonné », « qui n'est pas raisonné ; où n'intervient pas la raison ». Un esprit sot pourrait aussitôt s'engouffrer et clamer à l'aveu. Car si l'on est obligé de parler d'« agriculture raisonnée », n'est-ce pas qu'elle est massivement irraisonnée, voire déraisonnable ?

Ils sont venus, ils sont tous là

Le décor commence à se préciser, mais il faut y ajouter les acteurs, à l'évidence. Qui a prôné l'usage sans limites des engrais, des machines, des pesticides ? Qui a détruit les campagnes de France, les haies et talus boisés, les bocages ? Qui a pollué pour une relative éternité les nappes phréatiques et les rivières ? *In fine*, qui a fait disparaître les paysans, changeant les derniers des Mohicans en techniciens de surface revêtus de combinaisons vertes ? Oui, qui ?

Eh bien, apprenez qu'un beau jour de l'année 1993 les responsables de ce qu'il faut bien nommer un désastre national ont eu l'idée d'un ravalement géant. L'agriculture intensive et ses produits calibrés ne passant plus comme lettre à la poste, il fallait absolument inventer quelque chose. De neuf ? Trop compliqué, et, du reste, les villages Potemkine ne sont pas faits pour les chiens. Ravalement, vous dit-on : ce fut, dans un somptueux décorum, domicilié comme on l'a dit au chapitre précédent chez les industriels, le FARRE, autrement dit le Forum pour une agriculture raisonnée respectueuse de l'environnement. Idée de base, idée unique : respecter les lois en vigueur, et donc utiliser un tout petit peu moins de pesticides. Au moins dans les fermes visitées par les journalistes.

Peut-être n'est-ce pas suffisamment clair à vos yeux sceptiques ? Alors précisons : fait partie du FARRE tout ce qui compte dans le domaine de l'agro-industrie. Des chambres d'agriculture et notre grand syndicat national, la FNSEA. Bien sûr. Mais aussi directement l'industrie, transnationale comme il se doit : Monsanto, Bayer, BASF et autres, sans oublier l'UIPP, qui les réunit tous. Des instituts publics de premier plan, comme le Cemagref de ce cher préfet Thierry Klinger. Les banques, naturellement, à commencer par le Crédit agricole, sans lequel la France n'aurait pas « modernisé » son agriculture en tuant ses paysans. Et l'on vous passe quantité d'acteurs de (relatif) second plan. Croyez-nous : tous ceux qui ont œuvré pour les pesticides depuis cinquante ans sont à bord de ce beau navire tout neuf dont les voiles se mettent à claquer en 1993 [1].

Avant de regarder de plus près ce remarquable travail d'autopromotion, jetons un œil dans le rétroviseur. En 1945, quand notre pays sort de la guerre, la faim rôde encore, et pour de longues années. En 1948, le Plan Marshall – une aide massive des Américains – commence à déverser dans nos ports de la nourriture et du matériel, dont des tracteurs. Un événement d'une importance stratégique, qui remplit par bonheur nos ventres vides, mais aussi nos cerveaux et notre imaginaire. L'avenir est au progrès matériel *made in America*, il appartiendra de gré ou de force aux engins MacCormick, John Deere et Massey Ferguson. Et aux nouvelles molécules chimiques inventées outre-Atlantique. Qui serait assez fou pour critiquer ? Ne jamais oublier : les tickets de rationnement ne sont supprimés qu'en janvier 1949.

Donc, la modernisation. Elle est, elle ne peut être qu'une guerre. Que dit d'autre Fernand Braudel à la fin de sa vie, dans *L'Identité de la France* [2] ? « Le chambardement de la France paysanne, écrit le grand historien, est, à mes yeux, le spectacle qui l'emporte sur tous les autres, dans la France d'hier et, plus encore, d'aujourd'hui », ajoutant ces mots

1. La liste des membres du FARRE est consultable sur Internet : http://www.farre.org/farre/dossier_membre/membre.htm.

2. F. Braudel, *L'Identité de la France*, vol. II : *Les hommes et les choses*, Flammarion, 1990.

terribles : « La population a lâché pied, laissant tout en place, comme on évacue en temps de guerre une position que l'on ne peut plus tenir. »

Une guerre et de nombreuses victimes

Comme dans toute guerre, il y aura des victimes. L'un des éléments les plus troublants d'une histoire infiniment complexe tient au rôle joué par les organisations chrétiennes de l'époque, très influentes dans le monde agricole. Ainsi faut-il souligner, parmi tant d'autres, l'importance d'un homme, René Colson, secrétaire général de la Jeunesse agricole catholique (JAC) entre 1942 et 1951. Bien peu auront eu plus d'influence sur le bouleversement de notre agriculture de l'après-guerre. En 1950, René Dumont, alors « productiviste », préfacera son grand livre *Motorisation et Avenir rural.* La morale de ces hommes est simple et terriblement efficace : il faut accompagner un mouvement inéluctable. « On ne peut être contre les machines », dira avec force et clarté Colson. Et qui est pour les machines est nécessairement pour l'augmentation de la productivité et la raréfaction de la main-d'œuvre. Il serait imbécile de sombrer pour autant dans l'anachronisme : oui, mille fois oui, les promoteurs de l'immense révolution agricole des années 1950 étaient des humanistes. De vrais humanistes qui pensaient qu'en rassemblant, en « rationalisant », en « technicisant », l'humanité ferait reculer le malheur. Simplement, ils n'imaginaient pas la suite.

Inutile de vous soûler de chiffres quand il suffit d'en regarder si peu. En 1945, un paysan produit de 60 à 150 quintaux de blé par an. En 1975, de 1 500 à 2 000. Dans le même temps, la production de lait, installée entre 5 000 et 6 000 litres par fermier, dépasse 20 000 litres, frôle parfois les 30 000. Pendant des décennies, la productivité agricole augmente nettement plus vite que celle de l'industrie ! *Ite missa est* : de 1963 à 1979 – seulement seize petites années –, un tiers des fermes de France disparaissent à jamais !

On connaît grossièrement la situation actuelle : le tissu rural français est devenu si mité qu'on ne peut plus organiser un colloque sur les campagnes sans évoquer le spectre multiforme de la désertification, stade ultime de l'« adaptation structurelle » du vivant aux conditions de la marchandise.

La Politique agricole commune (PAC), lancée dans les années 1960, avait pour but essentiel de passer de l'autosuffisance alimentaire de l'Europe à l'exportation tous azimuts des surplus, élément clé du rapport de forces économique – donc politique – sur le plan mondial. La PAC aurait été un (douteux) triomphe si elle n'avait buté, surtout après 1992, sur l'augmentation continuelle des excédents. 1992 : tiens donc, l'année d'avant la création du FARRE.

Et les coïncidences ne s'arrêtent pas là. Cette même année a lieu à Rio de Janeiro une conférence mondiale consacrée à l'état de la planète. Le Sommet de la Terre de Rio a d'autant plus marqué son temps qu'il a laissé quelques traces, et deux ou trois fortes expressions, dont le fameux « principe de précaution ». Voici un des extraits décisifs du texte : « En cas de risques graves ou irréversibles, l'absence de certitude scientifique ne doit pas servir de prétexte pour retarder les mesures de prévention de la dégradation de l'environnement. »

Révolte chez le consommateur

Cela n'a l'air de rien, mais tudieu, quel vacarme chez les industriels et leurs nombreux amis ! C'est qu'ils voyaient poindre en toute clarté leur crainte essentielle d'une révolte des consommateurs. Car souvenez-vous : si les marchands de tabac et de tant d'autres poisons avérés ont pu sans problème continuer la distribution de dividendes à leurs actionnaires, c'est qu'ils ont su lancer de fausses polémiques, créer des doutes providentiels à coup d'enquêtes bidonnées, en achetant si nécessaire la conscience bon marché de quelques scientifiques nécessiteux. Mais si on ne peut plus s'appuyer sur l'« absence de certitude scientifique » ?

En 1999, l'ancien président de l'INRA, Guy Paillotin, coécrit un livre intitulé *Tais-toi et mange !*, publié chez Bayard. Cet excellent esprit y décrit une révolution des comportements, née précisément au début des années 1990. Et qui se traduit par une recherche de la qualité dans la consommation de produits alimentaires courants. Une enquête du CREDOC, publiée en 1991, confirme d'ailleurs ce qui devient alors une tendance lourde : « la recherche de la qualité a pris le pas sur le prix » pour au moins 30 % de la consommation ! Ce n'est plus une révolte, messires, c'est une révolution.

Et cette dernière a des causes sérieuses. En 1987, en effet, on a admis l'hypothèse d'un lien entre les farines animales et l'apparition de l'ESB chez les bovins britanniques. En 1989, l'Union européenne décide d'interdire l'importation de ces derniers dans la Communauté. Et surtout, surtout, le premier cas de vache folle est découvert chez nous le 2 mars 1991, dans un élevage des Côtes-d'Armor. Les dents claquent d'un bout à l'autre de la France.

Du côté des OGM, et bien avant les fauchages illégaux de José Bové et autres, ce n'est pas mal non plus. Le début des années 1990 marque l'entrée dans un cycle toujours d'actualité : les consommateurs français rejettent tout ce qui pourrait contenir des organismes génétiquement modifiés. La dernière décennie du siècle passé aura été ponctuée par quantité de scandales alimentaires, comme chacun s'en souvient. Juste ce minuscule rappel : le poulet à la dioxine. On apprit au travers de cette immense affaire dépotoir que l'on pouvait nourrir en Belgique comme en France des poulets d'élevage avec des graisses industrielles. Et du jus d'égout. Et de la merde, n'ayons pas peur des gros mots, car eux, au moins, ne donnent pas le cancer.

Voilà en tout cas le cadre imposé aux tenants de l'agriculture industrielle à l'orée des années 1990 : rien ne va plus, les jeux sont (presque) faits. Et revenons donc au merveilleux FARRE, cette première réponse sous la forme d'un réseau s'attachant à « améliorer les pratiques culturales par un meilleur contrôle des fumures, un meilleur raisonnement des traitements fongicides et insecticides et des travaux du sol adéquats ».

Jolis chromos à tous les étages

Pendant quelques années, le FARRE reste on ne peut plus confidentiel, se contentant de rares communiqués. Mais, les crises de confiance se multipliant, on voit – les journalistes, les politiques, les décideurs de tout poil voient – apparaître sur les bureaux, au bout des fax, sur les ordinateurs, des déclarations de plus en plus grandiloquentes. Et des dépliants en couleur. Et des invitations à la campagne, en toute simplicité, chez des exploitants de rêve. Exemples tirés au hasard d'une liste en forme de litanie : à la rentrée de septembre 1999, le FARRE invite chez trois paysans formidables. Et donne ensuite dans des textes charmants – le gras de l'original a été retranscrit en italique – le bilan de ces visites.

Chez les époux Blaisot, le lisier de porc n'a plus d'odeur, « grâce à une station de traitement [...] dissimulée derrière plus de 1 000... arbres plantés ». On en mangerait. Chez MM. Colas et Goubert, l'art prime sur tout, caca compris. Après avoir regardé les vaches locales, des enfants sont appelés à créer. « À la fin des explications, chaque tête blonde dessine *une fresque en couleur sur le mur* de la fosse de stockage du lisier. » Hosanna ! Chez les frères Huet, enfin, *« cinq ânes pâturent sur 3 hectares de pelouses calcicoles »*. Mais qui pourrait être, dans ces conditions admirables, contre l'« agriculture raisonnée » ?

Une dernière chance pour les incorrigibles. Voici comment le président actuel du FARRE, Bernard Guidez, explique ce merveilleux projet[1] : « Quand vous voulez être influent, si vous pensez avoir une bonne idée, il faut absolument avoir un levier, il faut vous appuyer sur un réseau. Le levier a été de s'appuyer sur le réseau existant dans le milieu agricole, donc la FNSEA, Jeunes Agriculteurs, la Chambre d'agriculture, le Crédit agricole, les diverses organisations qui existent dans le milieu. L'UIPP a également aidé au financement du FARRE… »

Presque parfait. Il faut y ajouter, et cette fois l'explication sera complète, un texte d'anthologie de la FNSEA. Au cours de son congrès de 2001, ce noble syndicat vote une résolution sur l'« agriculture raisonnée » dont nous extrayons sans malice ce long passage involontairement désopilant[2]. Nous avons soigneusement transcrit en italique les parties en gras, qui témoignent d'un sens aigu de la dramaturgie.

Un nouveau contexte

Pour la majorité de nos concitoyens, les crises alimentaires *successives*, largement relayées par les médias, *sont le résultat d'une agriculture intensive et productiviste*. Conjuguées à l'*impact* de l'agriculture sur l'*environnement*, ces crises participent d'une remise en cause de notre modèle agricole et alimentaire.

Cette *mise en cause* des agriculteurs et de *leurs méthodes de production* se révèle par les procès d'intention systématiques dressés à leur encontre […].

Cependant, cette remise en cause profonde, parfois irrationnelle, qui s'exprime par une *attitude de rejet* et une *accusation quasi systématique des agriculteurs*, témoigne d'une évolution de la demande sociétale, tant en matière

1. Compte rendu de la réunion-débat du 19 mars 2003 organisée par les groupes Agro-Environnement et X-Environnement.

2. *Agriculture raisonnée et alimentation : la FNSEA s'engage*, congrès de la FNSEA, Les Sables-d'Olonne, 3-5 avril 2001. Consultable sur Internet : http://www.fnsea.fr/sites/webfnsea/pres/congr/2001/rapport_2001.pdf.

de qualité et de sécurité alimentaire que de modes de production, plus que d'une incompréhension passagère vis-à-vis des agriculteurs.

Vers un nouveau contrat avec la société

Quels que soient les efforts importants que les agriculteurs aient consentis dans le passé en cette direction, ceux-ci doivent *intégrer les évolutions récentes de la société.* Ils ne peuvent en effet tourner le dos à leurs clients, les consommateurs, ni *ignorer les souhaits* plus globaux des *contribuables qui participent* aux financements des *soutiens à l'agriculture* [...].

Les agriculteurs ne doivent pas craindre cette perspective, qui aura le *mérite de clarifier* une situation ambiguë, et de *permettre une pérennisation de leurs soutiens financiers* [...].

De nouvelles conditions d'accès au marché

Sans faire de prospective hasardeuse, il apparaît clairement que *les démarches agricoles qui prendront* le plus rapidement *en compte ces nouvelles attentes* (conduites respectueuses de nos élevages et de nos cultures) *bénéficieront d'un effet de compétitivité* hors prix en France comme en Europe [...].

Notre force de proposition sera un atout dont nous pourrons tirer avantage, en évitant de nous voir imposer de nouvelles réglementations, par nature mal vécues. Grâce à une écoute attentive et constructive, *nous pourrons instaurer de nouvelles alliances avec des secteurs clés de la société* [...].

Ce nouveau contrat n'est certes pas à réinventer dans son ensemble ; il s'agit de conforter les efforts déjà entrepris. Le fondement de ce contrat doit être *constitué d'une meilleure valorisation et d'une diffusion de pratiques agricoles mises en œuvre* déjà depuis plusieurs années [...].

Jeux de mots, jeux de vilains

On se sent tout de suite mieux face à une telle franchise. Les conditions du marché ont changé, les consommateurs ne marchent plus, il est nécessaire de s'adapter. Mais point trop n'en faut, car « il s'agit de conforter des efforts déjà entrepris ». Et l'un des objectifs majeurs reste – on s'en serait douté – la « pérennisation » d'indispensables « soutiens financiers » sans lesquels un exploitant agricole subventionné ne serait plus digne de son nom.

N'importe ! Après tout, on ne réussit pas nécessairement à partir de bonnes et belles intentions. Et si les marchands se décidaient pour de bon à changer de pratique et de produits ? Eh bien, commençons notre chemin de croix et de désillusion par une intervention de M. Jean Thiault à l'Académie d'agriculture, en février 1998 [1]. La séance est historique, car elle est entièrement consacrée à l'« agriculture raisonnée ». Thiault, outre qu'il est lui-même académicien (de l'agriculture), préside à cette époque le FARRE.

Étrange ? Non, cohérent au contraire. Nous avons évoqué la personne de Jean Thiault au chapitre 5, mais il nous faut ajouter ici quelques détails. Pendant des décennies, à partir de 1950, le lobby des pesticides français avait pris une excellente habitude. Pour lui. Au mois de mars, dans les salons du pavillon Dauphine, à Paris, les fonctionnaires du Service de protection des végétaux, structure de contrôle en théorie, se réunissaient pour une grande et belle journée de discussion sur les nouvelles molécules et les essais en cours.

Avec qui ? Cela devient plaisant : avec les industriels des pesticides, en toute simplicité. On papotait, on se disputait gentiment, on déjeunait ensemble. Fort bien, paraît-il. Hubert Bouron, l'un des plus hauts fonctionnaires du ministère de

1. *L'Agriculture raisonnée, une agriculture de la connaissance*, comptes rendus de l'Académie d'agriculture de France, séance du 11 février 1998, 84, n° 2, p. 91-105.

l'Agriculture, en habitué de ces agapes, les commentera de la sorte, ce qui ne peut manquer de faire réfléchir : « Ces journées sont un exemple de collaboration, j'ose dire unique en Europe et même dans le monde [1]... »

Eh bien, avant de retrouver Jean Thiault dans son discours à l'Académie d'agriculture, il convient peut-être de préciser qu'à la fin des années 1980 il présidait à son tour, après Bouron, les fameuses journées de mars au pavillon Dauphine. Lisons maintenant, les yeux grands ouverts, ce qu'il déclare avec sérieux et même une légère componction : « Pour des raisons de sémantique, liées à la connotation négative que le terme "intégré" a dans l'esprit de beaucoup d'agriculteurs, par référence à des expériences douloureuses d'intégration économique verticale, l'expression "agriculture raisonnée" a été préférée en France à une traduction littérale de l'*integrated farming* anglais. »

Certes, cela n'a pas l'air passionnant. Ça l'est, néanmoins. Car si M. l'Académicien dit vrai, « agriculture raisonnée » et « agriculture intégrée » sont synonymes. Or l'agriculture intégrée a une histoire, des règles strictes, un cahier des charges, une déontologie. En deux mots, ses défenseurs tentent de promouvoir des méthodes biologiques de lutte contre les ravageurs et les maladies des plantes, du même coup respectueuses de l'environnement. La première réunion de la Commission internationale de lutte biologique (CILB), qui défend ces pratiques, a du reste eu lieu en France, à Antibes, en 1956. Cette CILB deviendra plus tard l'Organisation internationale de lutte biologique et intégrée contre les animaux et les plantes nuisibles (OILB) et poursuivra son bonhomme de chemin [2]. En 1992, elle déposera une demande de label « Production fruitière intégrée », qu'elle obtiendra au début de 1993, ouvrant la voie à un accord avec la grande distribution. Place enfin aux fruits de haute qualité, et en

1. Cité *in* P. Grison et J. Lhoste, *La Phytopharmacie française, chronique historique*, *op. cit.*, p. 217.
2. Voir sur Internet : http://www.iobc-global.org.

grande quantité. 1993, année de lancement du FARRE : encore une coïncidence.

Baste, ne nous montrons pas chiens. Et voyons la suite. Raisonnée, intégrée ? La Commission nationale des labels et de la certification (CNLC) met alors en place un groupe de travail pour clarifier la situation. L'avis rendu en juin 1999 entérine le tour de passe-passe sémantique et propose une définition française du concept. Ainsi, l'« agriculture raisonnée » « vise à maîtriser l'impact de l'activité de production agricole sur l'environnement ». Vague ? Plutôt, mais si c'était voulu ?

Cette même année, le ministre de l'Agriculture, Jean Glavany, confie à Guy Paillotin, cet ancien président de l'INRA dont nous avons déjà parlé, une mission sur l'« agriculture raisonnée ». Et dans un rapport remis en février 2000 [1], Paillotin entretient sans façon la confusion entre « agriculture raisonnée » et « agriculture intégrée », sans doute pour mieux justifier la légitimité de la première : « Dès les années 1960, l'agriculture fait une place à cette préoccupation et déjà des principes de lutte contre les ravageurs plus respectueux de l'environnement sont établis, qui déboucheront au milieu des années 1970 sur la définition de l'agriculture intégrée. Il s'agit pour les scientifiques qui sont à l'origine de ce concept d'utiliser le plus finement possible, de manière somme toute raisonnée, les lois de la nature pour produire sans trop artificialiser l'environnement. »

Paillotin n'a pas été président de l'INRA pour rien. Il va plus loin encore, assurant que l'« agriculture raisonnée » vise à « *respecter de la meilleure façon possible la nature* tout en maintenant, voire même en améliorant, la rentabilité économique des exploitations et *en favorisant la qualité* technologique et bien sûr *sanitaire* des produits ». Rien que ça ! Si ce n'est pas un acte de foi, cela y ressemble beaucoup, car, à cette époque, l'« agriculture raisonnée » ne dispose même pas d'un cahier des

1. *Rapport au ministre de l'Agriculture et de la Pêche. L'agriculture raisonnée*, février 2000. Consultable sur Internet : http://www.agriculture.gouv.fr/spip/IMG/pdf/paillotin-0.pdf.

charges précisant ses obligations et le cadre technique de ses activités. Ce n'est donc qu'une déclaration d'intention.

Pas si mal ? Pour les naïfs, sans doute. Quant aux autres, voici : en 2003 – dix ans après la création du FARRE –, l'« agriculture raisonnée » se dote de règles, sous la forme d'un pompeux référentiel de 98 prescriptions au total [1]. On va enfin apprendre, techniquement, sérieusement, en quoi consiste la noble entreprise. Eh bien, nul ne sera déçu. Car, sur les 98 mesures, la moitié est déjà prescrite par la loi générale, qui s'impose à tout agriculteur ! Il faut bien faire attention aux pesticides, veiller à la collecte des déchets, réduire les traitements autant que possible, etc. Bref, il serait tellement mieux de bien se comporter, et la planète serait tellement plus belle si tous les gars du monde voulaient bien s'adonner à l'« agriculture raisonnée ».

La vraie révélation de ces « engagements » vertueux, c'est qu'ils n'engagent à rien. Et surtout pas à renoncer à quelque pesticide que ce soit. Méchante polémique ? Jugez vous-mêmes : le référentiel de 2003 préconise de « raisonner ses pratiques de protection des cultures [...] en ne faisant usage des produits phytosanitaires que lorsque cela est nécessaire et justifié, et en fractionnant, de manière adaptée, les traitements, de façon à minimiser les quantités de produits phytosanitaires utilisés ». Notre vieux pays agricole en est là : à appeler révolution ce qui n'est qu'un rappel pour gens sourds, aveugles et légèrement couillons sur les bords. Oyez, il ne faut pas exagérer avec les pesticides. En résumé, c'est réellement simple comme bonjour. L'agriculture biologique interdit tous les pesticides de synthèse. L'agriculture intégrée [2] – la vraie – de même, sauf certains herbicides, en dehors de l'automne. L'« agriculture raisonnée » autorise tout. Tout.

1. Voir sur Internet : http://www.agriculture.gouv.fr/spip/IMG/pdf/a_300402_ref.pdf.

2. Pour une information complète sur la différence entre « agriculture raisonnée », agriculture biologique et agriculture intégrée, lire C. Aubert et B. Leclerc, *Bio, raisonnée, OGM*, Terre vivante, 2003.

Tout le monde à la manœuvre

La suite, car il y en a une, fait grincer des dents, une fois encore. Encore merci à Mme Roselyne Bachelot, ci-devant ministre de l'Écologie. En février 2003, elle accorde ès qualités un agrément d'association de protection de l'environnement au FARRE. Que ne ferait-on pour de tels amis? Cet agrément permet au réseau agro-industriel de participer à l'élaboration des politiques environnementales, de siéger dans une infinité de commissions jusqu'au fin fond des départements. Bref, d'être reconnu à l'instar, par exemple, de l'association Eau et Rivières de Bretagne, qui se bat depuis des décennies contre les pollutions agricoles, en particulier liées aux pesticides. Mme Bachelot se paiera même une séance supplémentaire de ridicule, ce qui n'ajoutera guère, il est vrai, au tableau général. En réponse à une question écrite d'un parlementaire socialiste, Guy Lentagne, elle ose en septembre 2003 les quelques mots qui suivent, qui font heureusement hurler de rire : « À supposer même que certains des adhérents du FARRE soient des fabricants de pesticides, ce qui au demeurant n'apparaît pas de façon évidente dans le dossier de demande d'agrément où figure la liste des membres chargés de l'administration de l'association, seuls les critères précités doivent être pris en compte dans l'instruction. »

Cela ne marchera pas. Quand même pas. Le 16 décembre 2004, le tribunal administratif de Paris, saisi par de vraies associations environnementales, annulera l'agrément de cette chère Roselyne. Mais l'art de la parole est le plus fort. Danone, membre du FARRE évidemment, n'hésite pas à écrire sur son site Internet en août 2006 [1] : « L'agriculture

1. Allez sur : http://www.danone.com/wps/portal/jump/DanoneEtVous.Encyclo.VosGuides.SecuriteAlimentaire.CommunSecurite?ref=CMS.DanoneEtVous.Encyclo.VosGuides.SecuriteAlimentaire.ChaineAlimentaire ; puis cliquez sur « La qualité au premier plan ».

raisonnée est une approche nouvelle de l'agriculture, visant à concilier économie et écologie. » Ajoutant aussitôt : « L'agriculture raisonnée se caractérise notamment par une utilisation moindre de produits chimiques (engrais, produits phytosanitaires). » Pourquoi se gêner, puisqu'on est soutenu jusqu'au sommet de l'État ?

Résumons : en 1993, une opération de sauvetage d'un système en ruine est lancée par tout ce que l'agro-industrie compte de forces. La pub, certain journalisme, nombre d'institutions publiques, l'industrie mettent leurs moyens en commun pour nous faire croire que l'agriculture prend un nouveau départ.

Quatorze ans plus tard, sœur Anne, dont le sang contient chaque jour un peu plus de pesticides, ne voit toujours rien venir. Oh, si ! À l'été 2006, notre gouvernement impartial a lancé un plan de réduction des risques liés aux pesticides et, selon une logique imparable, décidé de… subventionner l'« agriculture raisonnée ». On vous passe les détails, mais sachez que 1 000 euros seront accordés désormais à toute exploitation décidant de devenir « raisonnée ». Et quelques autres avantages bien sentis pour aider des infortunés qui demeurent, malgré la qualité des parrains et des fonts baptismaux, en quête de reconnaissance.

Au fait, combien de divisions ? Oui, au fait, combien d'adeptes la lourde machine de l'« agriculture raisonnée » a-t-elle convertis à la vertu écologique ? Aïe, pourquoi diable une telle question ? Eh bien, parce que la réponse pourrait fâcher le plus placide des gogos. La voici : en août 2006, 1 597 exploitations se réclamaient en France de l'« agriculture raisonnée ». Sur environ 545 000 exploitations, soit pas même 0,3 % de l'ensemble. Un peu plus d'une centaine de convertis chaque année. Et ce pauvre gouvernement qui entend néanmoins parvenir à 30 % des exploitations françaises en « agriculture raisonnée » en 2008 ! Comment fera-t-il, le malheureux ? Au rythme trépidant actuel, il lui faudra… cent longues années.

Mais peut-être la propagande nous réserve-t-elle, en sa grande sagesse, une miraculeuse surprise ?

Il n'est pas sûr que cela suffise, car même l'INRA, institut officiel s'il en est, trouve à redire à la grande opération. Dans une expertise collective dont nous parlons par ailleurs à la fin du chapitre 6, on lit en se frottant les yeux une terrible condamnation de l'« agriculture raisonnée ». Son « référentiel national » ne compte que 16 mesures sur 98 concernant les pesticides, dont « 7 renvoient à des dispositions réglementaires en vigueur ». Pis, « hormis une mesure relative à l'entretien des fossés [...], aucune des autres n'est de nature à modifier fondamentalement les pratiques actuelles : elles visent, souvent par des mesures de bon sens (observer avant de traiter, entretenir régulièrement son matériel de pulvérisation), à limiter les grosses erreurs de traitement ou les risques de pollution ponctuelle ». En bref, on se moque. Nous ne disons pas autre chose. L'« agriculture raisonnée » est une farce.

Post-scriptum 1, qui n'a (presque) rien à voir

Et les OGM, hein ? Pendant que certains se vautrent dans la critique, d'autres travaillent. Les grands des pesticides – Monsanto, Syngenta, Aventis, Du Pont de Nemours – sont aussi, par extraordinaire, les plus puissants industriels des OGM. Qui sont pour l'essentiel, on ne se lassera pas de le dire, des PGM, autrement dit des plantes génétiquement modifiées. Tandis qu'on amuse le lecteur pressé avec des chimères fabuleuses, des poissons luminescents, des souris géantes et des fourmis de 18 mètres avec un chapeau sur la tête, l'industrie avance.

Serait-elle suicidaire ? Investirait-elle massivement dans les OGM, qu'elle nous présente sans cesse comme le Grand Remède aux pesticides classiques, si cela devait lui coûter marchés et belles rentrées ? Pas sûr. La vérité est ailleurs[1] :

1. *In* G.-É. Séralini, *OGM, le vrai débat*, Flammarion, 2001.

99 % des OGM commercialisés sont des plantes à pesticides ! Ce qui signifie plus précisément que 71 % des OGM cultivés sont conçus pour supporter un herbicide comme le Round-Up. Et que 28 % sont conçus pour sécréter un insecticide, tel le maïs Bt *(Bacillus thuringiensis)*.

Il ne s'agit donc que d'une ruse de guerre commerciale, une de plus. Le principe est simple : on vend une plante modifiée qui supporte admirablement tel herbicide. On empoche donc une première fois. Et le « paysan » peut sans états d'âme balancer la quantité d'herbicide qu'il veut, détruisant toutes les « mauvaises herbes » qui pourraient diminuer les rendements. Mais il y a un mais. La plante génétiquement modifiée ne résiste qu'à un herbicide, celui-là même que l'entreprise est en mesure de vendre au « paysan ». On empoche donc une deuxième fois. On vend pour commencer une PGM, puis son indispensable complément. Question innocente et grotesque : une telle démarche vise-t-elle réellement à diminuer l'usage des pesticides ?

L'enjeu est tout sauf anecdotique : aux États-Unis, un tiers des variétés de maïs cultivées sont des OGM, et 90 % d'entre elles sont résistantes au Round-Up, le célèbre herbicide de Monsanto. Et le soja transgénique résistant au Round-Up a entraîné une augmentation des ventes de l'herbicide de 72 % sur le sol américain entre 1997 et 2002. Autrement dit, plus d'OGM signifie et signifiera davantage de pesticides dans les champs, les sols, les eaux, l'air. Autrement dit, écoutons donc Gilles-Éric Séralini quand il affirme : « Je me suis rendu compte que la principale stratégie des industriels était de "fabriquer" des plantes capables d'absorber des pesticides sans en mourir. Alors qu'on prétendait réduire ces produits ! [...] Ces stratégies impliquent une augmentation à moyen terme. Entre autres, parce que la nature ayant horreur du vide, si on donne à l'insecte une plante gorgée d'un pesticide qu'elle produit, il s'habitue bien mieux que si vous lui infligez une forte dose chimique à un moment particulier de sa vie.

Les insectes sensibles au pesticide iront ailleurs, et ceux qui sont insensibles viendront sur cette plante comme sur du bon pain. Aux États-Unis, par exemple, l'insecte *Diabrotica* se développe sur le maïs OGM, et il est encore plus dangereux que la pyrale qu'on prétendait combattre [1]. »

Et alors, on n'aurait plus le droit de faire des affaires ?

Post-scriptum 2, qui n'a (presque) rien à voir non plus

Fin janvier 2002, la presse britannique révèle le détail d'un rapport officiel sur le « secteur agroalimentaire ». Celui-ci, selon une commission mise en place par le gouvernement après la crise provoquée par l'épizootie de fièvre aphteuse, n'est tout simplement plus « viable ». Elle propose qu'une plus grande part des subventions aille désormais à la défense de l'environnement et au développement rural. Bien entendu, aucun rapport avec la France, pays lointain, pays étranger.

Post-scriptum 3, qui clôt en partie la discussion... hélas !

On jurerait que les marchands se croient tout permis. Et peut-être ont-ils quelque raison de le penser. Nous vous avons raconté dans ce chapitre une histoire non officielle de l'« agriculture raisonnée ». Et, après tout, vous avez le droit de penser que nous exagérons, que nous chargeons la barque pour mieux vous emmener dessus, avec nous. Eh bien, voici une cerise étonnamment jolie, déposée en plein milieu de ce gros gâteau. Sans doute a-t-elle été dopée aux pesticides. Si vous ouvrez la page Internet www.uipp.org/uipp/partenaire.php, préparez-vous à une surprise. Le créateur du site, l'Union des industries de la protection des plantes, y délivre un message d'une grande clarté sur ses partenaires. Le FARRE, notamment. Et qu'est-

1. Entretien dans *Terre sauvage*, juillet 2005.

ce que le FARRE, selon vous ? Une bonne action lancée par des paysans consciencieux ? Une révolution dans la manière de produire des artichauts, du maïs et des pommes de terre ? Citons cet incomparable aveu, ce sera mieux : « FARRE, ou Forum de l'agriculture raisonnée respectueuse de l'environnement, est une association interprofessionnelle créée en 1993 par l'UIPP. » Le FARRE est donc une création de l'UIPP, ce qui nous surprend peu. Et comme l'UIPP est le rassemblement des multinationales des pesticides, le FARRE est une couillonnade inventée par les marchands. Une de plus.

Chapitre 12

Dans les permis, tout est permis

Où l'on apprend (vite) comment on donne des autorisations de mise sur le marché pour nos chers pesticides. – Où l'on voit combien le ministère de l'Agriculture aime les (curieux) comités et les (étranges) commissions. – Où l'on découvre, effarés, qu'on peut être expert et cacher une bonne partie de ses activités. – Où l'on aimerait parfois se changer en Homme invisible et en Rouletabille.

Ce chapitre sent la poudre. Un peu plus que les autres, nous vous prévenons. La poudre et la dynamite, la poudre et la nitroglycérine. Car il concerne le dossier essentiel qu'est l'homologation. Ne nous refermez pas, s'il vous plaît, car, malgré le mot, c'est passionnant. Pour espérer vendre un pesticide sur le marché français, il faut en effet obtenir une homologation. Une autorisation. Encore heureux ! Mais qui la donne ?

Avant de répondre à cette question, qui d'ailleurs dissimule plus d'une réponse, permettez un peu d'histoire. Avant, il n'y avait rien. Pendant un temps indéterminé mais fort long, chacun faisait ce qui lui plaisait sur son champ. Il est vrai que les dégâts qu'on pouvait infliger à soi-même et aux autres n'atteignaient pas les sommets d'aujourd'hui.

La phytopharmacie, ce mot révéré par les marchands de pesticides, a pris son envol seulement dans les années 1930 en France [1]. Curieusement, c'est grâce aux recherches sur le doryphore, juste avant la guerre, qu'elle a gagné droit de cité. Notamment grâce à un professeur de la faculté des sciences de Bordeaux, Jean Feytaud. Ce chercheur était légitimement inquiet de l'utilisation massive et désordonnée de composés à base d'arsenic pour tenter de combattre le doryphore. L'irrégularité, l'instabilité et la toxicité de ces produits le poussèrent à les comparer, rigoureusement.

Quand les industriels font la loi

Ce travail de pionnier et quelques autres conduisent, le 2 novembre 1943, au beau milieu du grand massacre de la guerre, à une toute première loi. Elle met en place une sorte d'homologation de ce qu'on appelle les « produits antiparasitaires à usage agricole ». Sans aucunement les garantir, la loi précise notamment les conditions d'efficacité de ces premiers pesticides. Les produits sont classés selon leur danger supposé. Les plus dangereux sont soumis à autorisation, les autres en sont dispensés. En somme, c'est l'ébauche du système actuel d'autorisation de mise sur le marché (AMM).

Et puis, pendant des décennies, seulement quelques arrêtés et décrets qui ne modifient rien d'essentiel. La chimie de synthèse explose tous azimuts. Des centaines de molécules, des milliers de produits dont on ne sait pratiquement rien sont lâchés dans la nature. Mais la loi bricolée en 1943 pour répondre aux ravages du doryphore ne bouge pas d'un iota.

Une telle situation n'est pas pour déplaire aux marchands, on s'en doute. Le système qui se met en place donne en fait le rôle principal à l'industriel. Schématiquement, celui-ci doit soumettre à l'administration un dossier dans lequel il est tenu

1. On s'appuie ici sur les savants travaux de Pierre Grison, de l'INRA. Mais, bien entendu, les erreurs éventuelles ne sauraient lui être imputées.

d'estimer le rapport entre les bénéfices attendus et les risques de son produit.

Les services de l'État, qui ne disposent pratiquement d'aucun moyen de contrôle, accordent après lecture des homologations valables dix ans. Dans certains cas litigieux, les autorisations sont en théorie provisoires. Voyons la suite en compagnie de Me Bernard Fau, un avocat d'une grande finesse qui a beaucoup travaillé sur le sujet [1]. « Le système reposait, estime-t-il, sur une grande confiance accordée à l'industriel. De fait, l'État n'était pas contrôleur : il se contentait de demander et de recevoir un dossier cohérent. Cette culture est si ancrée que nous sommes encore plongés dedans. Certes, des seuils de toxicité sont progressivement apparus, mais si peu affinés qu'*a posteriori* force est de constater qu'il s'agissait d'une passoire à très larges mailles. En résumé, l'homologation a reposé en France sur un triptyque composé des agriculteurs, de l'administration et des industriels. Mais cette cogestion était biaisée, car elle comportait un mastodonte, l'industrie. L'agriculture a rapidement été sur le déclin et l'administration a immédiatement été dépassée. Souvenons-nous qu'une partie de l'industrie chimique française a longtemps été d'État. Eh bien, Rhône-Poulenc, société d'État, siégeait ès qualités à la Commission d'étude de la toxicité, normalement constituée d'experts chargés d'évaluer et de juger les pesticides. Et, d'une façon générale, les industriels du secteur participaient au débat sur la toxicité, à l'intérieur de la Commission. »

Vive l'Europe, messieurs !

On verra plus loin si les choses ont réellement changé. En tout cas, une chose est certaine : l'Europe, parfois vilipendée, a joué un rôle très positif dans l'affaire en donnant comme un coup de pied dans la fourmilière. Bruxelles en grand

1. Entretien accordé le 9 février 2006. Me Fau a plaidé pour les apiculteurs dans le dossier du Gaucho.

libérateur ? Il y a de ça, sous la forme d'une directive, c'est-à-dire une loi votée le 5 juillet 1991, la 91/414/CEE. La directive consacre une révolution conceptuelle, mitraillant au passage la traditionnelle vision française du rapport bénéfices/risques. Pour une fois, on parle clair, sans détour : pour vendre des pesticides, il faut être capable de garantir leur innocuité sur l'homme, l'animal et l'environnement.

Comment parvenir à ce résultat ? Eh bien, estime la directive, en satisfaisant un standard réglementaire rigoureux, objectif, exigeant. Cette volonté européenne, qu'on ne peut que saluer, va même plus loin que le principe de précaution désormais servi à toutes les sauces. Au point que le Conseil d'État a dû mobiliser toute son ingéniosité juridique pour concilier, dans un arrêt de décembre 1999, la nouvelle loi européenne et le principe de précaution cher à la législation française.

La directive avait en effet, entre-temps, été transposée dans le droit français en 1994. Heureuse conclusion ? Non pas, il s'en faut, et l'on verra plus loin comment la loi d'orientation agricole votée à la fin de 2005 remet en selle les méthodes les plus discutables du passé. Le commerce est un sport de combat autant qu'un jeu de patience.

Passons sans plus attendre au plat de résistance. L'affaire du Gaucho et du Régent, que nous vous avons expliquée en détail, a mis au grand jour les accointances des industriels et de l'administration française. Rappelons pour mémoire cet extrait d'un rapport de l'Office parlementaire d'évaluation des choix scientifiques et technologiques, daté du 18 février 2005 [1]. À propos des deux pesticides, il note, entre autres amabilités : « Les freins, les dissimulations et les opérations de diversion n'auront donc pas réussi à empêcher que les problèmes graves que recelaient ces deux dossiers soient enfin traités plus normalement. Il a fallu, en ce qui concerne le Gaucho, deux annulations successives par le Conseil d'État et

1. Voir sur Internet : http://www.assemblee-nationale.fr/12/rap-off/i2108.asp.

l'ouverture d'enquêtes judiciaires pour apporter une lumière crue sur des mécanismes administratifs qui ont d'évidence besoin d'être réformés. »

Oh, comme nous sommes d'accord, pour une fois, avec ces responsables ! Un vrai miracle dont nous allons aussitôt profiter. Comment marche aujourd'hui [1] le système d'autorisation de mise sur le marché, sésame absolu des industriels ? Sur le plan européen, la directive de 1991 fixe la liste des matières actives autorisées. C'est-à-dire des molécules mises au point par la recherche appliquée, qui sont ensuite utilisées dans des formulations commerciales. Ainsi, l'imidaclopride et le fipronil sont les deux matières actives de produits appelés Gaucho et Régent.

Mais les AMM restent du ressort des États membres, à condition que les matières actives qui figurent dans les demandes d'homologation fassent partie de la liste européenne agréée. Le système français d'autorisation et de contrôle s'appuie pour l'essentiel sur deux structures : la première est la Commission d'étude de la toxicité, mais tous les initiés l'appellent la Comtox ; la seconde est le Comité d'homologation.

Jusqu'à ce point précis, tout le monde est nécessairement d'accord. Mais, hélas, les ennuis commencent juste après. Dans la version officielle de l'État français, ici représenté par la Direction générale de l'alimentation, tout est parfait.

Le mieux est de vous livrer des extraits choisis. Pour la DGAL [2], la « procédure d'autorisation » des pesticides est un « dispositif transparent et efficace ». Et c'est presque évident,

---

1. Une réforme est en cours, qui va transférer tout ou partie des pouvoirs d'homologation à l'Agence française de sécurité sanitaire des aliments. Mais l'histoire commande la plus extrême prudence. Nous jugerons de toute façon sur pièces. Cf. décret 2006-1177 du 22 septembre 2006, *Journal officiel*, 221, 23 septembre 2006. Consultable sur Internet : http://www.legifrance.gouv.fr/WAspad/UnTexteDeJorf?numjo=AGRX0600106D.

2. *Enjeux phytosanitaires pour l'agriculture et l'environnement*, Tec et Doc, 2005, p. 967 *sq*.

car « la Commission d'étude de la toxicité regroupe de nombreuses compétences et potentiels d'expertise complémentaires permettant un examen complet des dossiers sur le plan toxicologique et écotoxicologique ». Ce n'est pas de la littérature, mais enfin c'est clair. Et rassurant, puisque les « deux maîtres mots sont efficacité et innocuité ». Un esprit malintentionné se sentirait peut-être gêné par l'inflation de mots comme « transparent », « honnête », « volontariste », « renforcement », « qualité », « anticipation », « contrôle », « indépendance », « excellence », mais au total les textes officiels sont au moins de belles promesses. On ajoutera sans trop de fiel que les transnationales du secteur sont ab-so-lu-ment d'accord avec les services de l'État sur le sérieux des contrôles. Selon l'UIPP, qui les rassemble, « tout produit phytosanitaire, avant sa mise sur le marché, est donc rigoureusement évalué et ses conditions d'emploi bien définies. Depuis 1943, date de l'entrée en vigueur de la loi française régissant l'homologation, cette procédure rigoureuse a fait preuve de son sérieux et de son efficacité. Pour répondre à l'avancée des connaissances scientifiques et à l'attente des consommateurs, cette législation a été régulièrement renforcée [1] ».

La Commission était presque parfaite

Or donc, une Commission d'étude de la toxicité. Elle est composée, insiste un peu beaucoup la DGAL, d'« experts et scientifiques indépendants ». C'est bien le moins qu'on puisse attendre, car elle doit garantir, précisément, l'innocuité des pesticides que souhaitent leur vendre, nous vendre, les industriels. Et lorsque la Comtox est convaincue qu'il n'y a pas de risque, eh bien, elle transmet le dossier au Comité d'homologation.

1. Voir sur Internet : http://www.uipp.org/repere/ori_homologation.php.

Ce comité est, quant à lui, composé de fonctionnaires de différents services de l'Agriculture, qui doivent examiner les avis de la Comtox avant de proposer leur avis au ministre, qui aura presque toujours le même. Ce n'est pas faire injure à nos hommes politiques que de constater une fois de plus le monopole de l'expertise par les services techniques, lesquels sont fortement influencés par des ingénieurs venus des grands corps d'État. Dans le domaine de l'agriculture, on ne saurait surestimer le poids des ingénieurs du génie rural et des eaux et forêts, les célébrissimes IGREF. Sauf exception, ils dirigent tous les services importants, et dans ce cas précis la DGAL.

Comment fonctionnent dans les faits ces deux entités, Comtox et Comité d'homologation ? Il faudrait être des petites souris pour vous le dire, et nous n'en sommes pas. Les acteurs directs – on le déplore, mais on le comprend – ne veulent pas parler. Il faudra donc se contenter des sources ouvertes, et l'on va voir que le résultat n'est pas si décevant. Car depuis 2002, pour partie à cause des retentissants scandales du Gaucho et du Régent, le ministère de l'Agriculture a enfin lâché du lest. Des comptes rendus – fort prudents, il est vrai – permettent au moins de savoir de quoi il a été question et présentent dans certains cas la liste des personnes présentes.

Commençons par un arrêté ministériel pris le 14 septembre 2004 [1]. Il est signé Thierry Klinger, patron de la DGAL, pour le ministre Hervé Gaymard et par délégation. Le préfet Klinger, qui a une conception audacieuse du service de l'État (voir les chapitres 3 et 4), nomme quarante-quatre personnalités qui vont pouvoir siéger pendant trois ans à la Comtox, avec la lourde responsabilité de contrôler la commercialisation des pesticides.

Cette date du 14 septembre 2004 est d'autant plus intéressante qu'elle intervient après l'occupation de la DGAL par un groupe de la Confédération paysanne emmené par

1. Arrêté relatif à la composition de la Commission d'étude de la toxicité.

José Bové. En février 2004, en effet, excédés par l'attitude du ministère de l'Agriculture dans le dossier du Gaucho et du Régent, ces paysans envahissent le bureau de Klinger, qui n'en peut mais.

Le bras d'honneur du préfet Klinger

Son attitude et celle de ses services sont publiquement mises en cause. Le préfet Klinger, en ce mois de septembre 2004, sait parfaitement que la Comtox est sur la sellette, qu'elle est soupçonnée de laxisme dans l'étude des dossiers, de parti pris. Voire pire. Il va pourtant, dans cet arrêté extraordinaire, faire comme un bras d'honneur à tous ses critiques.

Mais, d'abord, cette précision essentielle à la compréhension de ce qui suit. La Comtox n'est pas, à nos yeux, un repaire de voyous qui mériteraient le cachot ou la géhenne. Non seulement aucun de ses membres n'a, que nous sachions, violé la lettre de la loi, mais en outre beaucoup sont de bons spécialistes dans leur domaine.

Cela ne saurait empêcher d'ouvrir les yeux. Le document signé Klinger, à bien le lire, est un faux [1]. Non pas au sens juridique, certes, mais assurément dans l'acception commune du mot. Car, contrairement à ce que clame le ministère, la commission nommée n'est pas une « instance d'experts indépendants ». Si vous le permettez, et malgré son aspect fastidieux en apparence, nous allons pour notre démonstration conserver l'ordre alphabétique de la liste Klinger, en nous concentrant, bien entendu, sur nos révélations exclusives. Rien de ce que vous allez lire n'a jamais été dit nulle part. Et c'est bien dommage.

Le premier « expert indépendant » à attirer notre attention s'appelle Dominique Ambrosi. Le préfet Klinger le présente comme « ingénieur d'agronomie, expert en écotoxicologie ».

1. Voir sur Internet : http://www.agriculture.gouv.fr/spip/article.php3?id_article=1156.

C'est vrai, mais cela ne rend pas justice à l'étendue du savoir-faire toxicologique de M. Ambrosi. Oh, non ! Car Dominique Ambrosi dirige aussi, discrètement il est vrai, la société ASC (Ambrosi Scientific Consulting), qui est une « société de conseil spécialisée dans l'homologation de produits chimiques ». Sa « vocation » irremplaçable « est de vous aider à préparer les études et les dossiers à soumettre aux autorités, afin d'obtenir les autorisations de produire ou d'importer, et de vendre tout produit chimique, nouveau ou existant ». Et, franchement, amis de l'industrie, l'adresse est bonne, car « ASC a la possibilité d'entrer en contact direct avec les autorités de la plupart des pays européens » [1].

Ajoutons, car il faut être complet, que Dominique Ambrosi a été chef de service de recherche chez Rhône-Poulenc Agrochimie entre 1970 et 1986. Puis responsable jusqu'en 1998 du fabricant de pesticides CFPI Nufarm. Une mention toute particulière pour cette Compagnie française de produits industriels créée en 1928 par Adrien Hess. En 1944, elle obtenait les droits de fabrication et de vente de la molécule 2,4-D. Ce puissant herbicide est fortement soupçonné de provoquer des malformations congénitales [2]. Bah, quelle importance ?

Patrick Duchêne est présenté par le préfet Klinger comme « docteur ès sciences pharmaceutiques, expert en toxicologie et spécification physico-chimique ». Et c'est absolument certain. Mais les citoyens attardés que nous sommes auraient aimé savoir la suite. Car Duchêne a aussi créé sa petite entreprise, en 1987, appelée ADME Bioanalyses, dont les clients sont les industries de la chimie, de l'agrochimie et des pesticides, de la pharmacie enfin. Et Duchêne a d'ailleurs travaillé longtemps, et directement, pour cette dernière.

1. Toutes ces citations, y compris le mot « vocation », peuvent être trouvées sur Internet : http://www.ambrosiconsulting.com/index_fr.php.

2. Voir D.M. Schreinemachers, « Birth malformations and other adverse perinatal outcomes in four US wheat-producing states », *Environ. Health Perspect.*, 111, 2003, p. 1259-1264.

Il n'est pas indifférent de vous préciser comment Patrick Duchêne vante ses services, en anglais comme il se doit. Dans notre traduction française, cela donne : « Depuis ses débuts, ADME Bioanalyses a entretenu un conseil scientifique indépendant, composé d'experts de la Communauté européenne, ainsi que des autorités françaises. » Les autorités françaises, donc au passage la commission de M. Klinger. Ajoutons pour clore le sujet qu'ADME a été absorbé par plus gros que lui en 2005 : la multinationale Eurofins Pharma. Mais Duchêne en est vice-président.

Ah, voici Rémi Glomot, dont on n'hésitera pas à dire qu'il est l'un de nos préférés. Car figurez-vous que ce « docteur en pharmacie, expert toxicologue » est partout. Par où commencer ? Va pour l'IUTOX, cette Union internationale de toxicologie financée par les multinationales dont nous avons parlé au chapitre 10.

Rémi Glomot a sûrement de bonnes raisons de le dissimuler, mais il a été directeur de l'IUTOX de 1995 à 1998, ce qui n'est pas rien. Il est également, ce qui n'est pas une honte, un entrepreneur privé. Un arrêté du 28 juillet 2003 [1] le nomme en effet membre de la Commission nationale de l'expérimentation animale. Et il est précisé : « sur proposition des organisations représentatives du secteur industriel privé ». Glomot aurait-il, lui aussi, sa société ? Nous ne sommes pas en mesure de trancher, mais après une recherche un rien épuisante nous avons découvert ce qui devrait ravir le cœur des amis des bêtes : Glomot est directeur scientifique d'un laboratoire spécialisé dans les expériences sur les animaux.

L'expert au service de la multinationale

François Hubert, « docteur en pharmacie, expert toxicologue », est le gérant-fondateur de la société François

1. *Journal officiel*, 7 août 2003, p. 13703.

Hubert (SFH), ce qui est bien son droit. Cela lui permet de passer contrat avec quantité de sociétés privées pour des expertises. Le malheur, c'est que certains clients sont un peu particuliers. Ainsi la multinationale BASF, propriétaire du Régent, plus que soupçonné de tuer des abeilles, a-t-elle commandé en 2004 une contre-expertise à François Hubert. Dans un contexte terriblement chaud : deux scientifiques, Jean-François Narbonne et Charles Sultan, venaient en effet de remettre un rapport au juge d'instruction Guary, entraînant, en partie, la mise en examen du patron de BASF, Emmanuel Butstraen. À l'évidence, la commande de BASF était ce qu'on appelle un contre-feu. Un coup parfaitement réussi, du reste, puisque dans son propre travail Hubert jugeait carrément « farfelues » les conclusions de Narbonne et Sultan. En toute indépendance, cela va sans dire.

Pierre-Gérard Pontal est, d'après le préfet Klinger, « docteur en médecine, expert toxicologue ». *No comment.* Ce que le patron de la DGAL ne dit pas, c'est que Pontal a été pendant cinq ans médecin du travail dans une usine chimique de Rhône-Poulenc avant de devenir toxicologue chez Rhône-Poulenc Agrochimie. Voilà qui vous forge l'expertise. Il a ensuite travaillé pour Aventis CropScience et l'UIPP. En 2001, M. Pontal a créé la société CEHTRA (Consultancy for Environmental and Human Toxicology and Risk Assessment). Entre autres engagements, la société prend celui-ci : « Grâce à sa participation à des comités réglementaires et à son expérience industrielle, l'équipe a une longue pratique de la soumission des dossiers réglementaires. Cela comprend l'identification des problèmes potentiels, la défense des produits, la stratégie et le management technique des *task forces* pour les produits phytosanitaires de la liste 1 jusqu'à la liste 4 (directive 91/414/CEE). » On se permettra ce petit éclairage : Pontal se vante auprès de ses clients de faire partie d'un comité public – notre Commission d'étude de la toxicité – et en fait un argument pour défendre les produits. Est-ce assez clair ? Assez indépendant ?

Voici un exemple du beau travail de M. Pontal. La Guadeloupe est ravagée par les pesticides, en particulier le chlordécone, pourtant interdit. Pontal a mené une enquête là-bas sur les liens possibles entre fertilité masculine et exposition aux pesticides. Payée par l'UIPP, lobby des multinationales. Résultat : « Aucune relation n'a été mise en évidence entre le fait d'avoir appliqué des produits phytosanitaires en culture bananière et les caractéristiques du sperme ou les niveaux d'hormones [1]. » Nous voilà totalement rassurés. Non ?

Place maintenant à Alain Pelfrène, lui aussi « docteur en médecine, expert toxicologue ». Ajoutons, même si cela peut sembler folklorique, qu'il est consul de Lettonie en France et membre du Rotary Club. Moins anodin sans doute : Pelfrène appartient à la Society of Toxicology, qui a participé à la fondation de l'IUTOX, elle-même faux nez de l'industrie. La liste des entreprises affiliées à la SOT est du reste le bottin mondain, planétaire, de la chimie.

Pas grave ? Poursuivons. Pelfrène est également membre de l'International Society of Regulatory Toxicology and Pharmacology (ISRTP). Encore un faux nez magistral, dont les sponsors s'appellent American Chemistry Council, Dow AgroSciences, Indespec Chemical Corporation, Merck & Co, Procter & Gamble et même le géant du tabac Reynolds Tobacco Company. Ce qui compte, il est vrai, est de demeurer libre de ses jugements.

Mais il ne faut pas oublier les affaires personnelles. Et M. Alain Pelfrène, avec une discrétion qui frôle la dissimulation, est aussi propriétaire d'une société appelée APAC (Alain Pelfrène and Associated Consultants), dont l'activité est : conseil pour les affaires et la gestion. Vu que tous les experts sont garantis par un préfet de la République, Thierry Klinger, on peut être certain que les activités de l'APAC sont parfaitement compatibles avec la surveillance attentive des pesticides. Car, sinon, à qui pourrait-on se fier ?

---

1. Voir sur Internet : http://www.uipp.org/publication/RES_3.pdf.

Jean-Claude Tournayre est « docteur en chimie organique, expert toxicologue ». Le préfet Klinger est un homme facétieux. N'est-ce pas pour nous faire rire qu'il aura choisi ce si compétent docteur ? En tout cas, nous rions, à gorge déployée même. Car que n'apprend-on pas ? L'agence publique de l'eau Rhin-Meuse a organisé en 2001 un colloque sur la qualité des eaux. Et de nombreux experts étaient présents. Parmi eux, le bon docteur Tournayre. Mais avec un discours un rien étrange que nous vous laissons méditer quelques secondes : « Nous étudions sérieusement les produits avant de les mettre sur le marché. Il faut aujourd'hui de dix à douze ans pour mettre un produit sur le marché. Ces années permettent d'étudier les produits sérieusement, non seulement la matière active elle-même, mais aussi ses produits de dégradation, les métabolites [1]. »

« Nous » ? « Nous » mettrions les produits sur le marché ? Mais qui est donc Jean-Claude Tournayre ? Eh bien, un homme de l'industrie. À la tribune de l'agence de l'eau, en 2001, il représentait l'UIPP, lobby des multinationales. Et il a fait partie plusieurs années de sa direction technique. À la Comtox, qu'on se le dise, on n'est jamais si bien servi que par soi-même.

Dernier tout provisoire de cette liste, Jean-Louis Rivière, « ingénieur d'agronomie, expert en écotoxicologie ». Son cas est très différent des précédents, mais mérite commentaire. Ce directeur de recherche de l'INRA est un fonctionnaire et ne peut donc faire des affaires, comme d'autres de ses confrères experts. En revanche, il a des idées. Et il les exprime, notamment dans un avant-propos saisissant à un long article d'un autre responsable de l'INRA, Jean-Noël Taseï, consacré aux abeilles [2].

1. Voir sur Internet : http://www.eau-rhin-meuse.fr/rmi/dossier/html/dossier78_03.html.

2. J.-N. Taseï, « Impact des pesticides sur les abeilles et autres pollinisateurs », INRA ; consultable sur Internet : http://www.beekeeping.com/articles/fr/tasei.htm.

Le texte de Rivière est balancé, diplomatique, en apparence équilibré. Il faut ajouter qu'il date de 1996. Mais il reste passionnant de bout en bout. Car, sous couvert d'un exposé sur les risques et les avantages des pesticides, il s'agit bel et bien d'une prise de position, et de quelle ampleur ! La voici : « Les pesticides resteront pendant encore longtemps la seule solution valable pour protéger l'homme et ses ressources alimentaires contre les plantes et les animaux nuisibles. » La messe étant dite, Rivière assène au détour d'une autre phrase ce que nous appellerons un coup de gourdin. Attention, ça fait mal : « Les travaux publiés dans les revues spécialisées nous apportent, presque chaque jour, de nouveaux éléments, de nature à modifier nos opinions sur la toxicité réelle des pesticides, même sur les produits les plus anciens comme le DDT. » Selon Rivière donc, sauf grave erreur de compréhension, la terrible réputation du DDT, ce pesticide vilipendé depuis des décennies par les biologistes et naturalistes, serait usurpée. On peut estimer être en face d'une (timide) tentative de réhabilitation.

Que faire de la soumission à l'autorité ?

Et nous ajouterons aussitôt : pourquoi pas ? La parole est libre, tout comme la pensée. Mais est-on autorisé à placer dans une commission d'« experts indépendants » quelqu'un d'aussi nettement engagé dans la défense des pesticides ? Et, en ce cas, pourquoi n'y a-t-il aucun expert engagé *contre* les pesticides, de manière symétrique ? Poser la question, c'est obtenir une réponse désolante pour l'équité et la démocratie. C'est comme ça, changeons de sujet.

Changeons, mais pas trop quand même. Figurent aussi dans la Comtox des fonctionnaires, qui y siègent ès qualités. Les textes officiels nous apprennent que « cette commission s'appuie sur une structure scientifique et technique créée conjointement par l'Institut national de la recherche agronomique et le ministère de l'Agriculture et de la Pêche : la Structure scientifique mixte (SSM). Cette instance est chargée de coordonner les activités d'évaluation du risque».

Il n'y a aucune raison de mettre en doute la valeur et la probité de la SSM et de ses membres, et cela doit être pris au pied de la lettre. Mais nous nous permettrons un commentaire d'ordre général. La trop grande proximité est-elle saine dans un domaine aussi sensible ? Au moins six membres de la SSM, selon nos calculs, font partie de la Comtox, à commencer par leur chef à tous. Et au moins quatre salariés de l'INRA s'y ajoutent. Tous travaillent sous l'œil tutélaire de la Direction générale de l'alimentation, chapeautée, en cette année 2004 dont nous parlons, par Thierry Klinger, qui donne un sens personnel et très fort au mot «autorité».

Est-ce réellement sain ? Un tel fonctionnement favorise-t-il la démocratie, le doute nécessaire, la parole critique ? Un cours sur la sociologie des organisations et la psychologie de masse dans les structures hiérarchisées serait sans doute bienvenu. Nous nous contenterons de vous renvoyer à ce qui reste le chef-d'œuvre de Stanley Milgram, *La Soumission à l'autorité*[1]. On s'en souvient peut-être, le psychologue Milgram est parvenu à montrer qu'une grande majorité de personnes ordinaires peut envoyer des décharges électriques à un cobaye humain, au motif qu'il ne se souvient pas des bonnes réponses à un questionnaire. La condition essentielle de la réussite est que l'autorité qui exige cette décharge doit être considérée comme «légitime». Un très petit nombre trouve le courage de refuser d'emblée.

Aucun rapport avec la Comtox ? À voir. Imagine-t-on sérieusement des hommes et femmes travaillant dans un organisme – la SSM, l'INRA – depuis des années contester facilement un point de vue avalisé par leurs chefs présents autour de la table ? Ajoutons qu'il ne s'agit pas d'administrer

1. S. Milgram, *La Soumission à l'autorité*, Calmann-Lévy, 1974.

une torture, mais de se mettre d'accord, entre personnes de bonne compagnie et, bien sûr, de bonne foi, sur des produits agricoles. Rien de si grave, en somme. Mais un système qui organise sa fermeture et la promiscuité de ses membres, qui réclame du même coup de ses éventuels critiques un comportement « héroïque », est-il un bon système ?

Il nous reste à examiner l'autre pièce maîtresse de l'homologation des pesticides. « Le Comité d'homologation est l'instance interministérielle chargée de préparer la décision de mise éventuelle sur le marché d'un produit phytosanitaire. » Il est l'ultime épreuve pour l'industriel, l'ultime protection pour le consommateur. S'appuyant sur les avis de la Comtox, il donne le sien au ministre, qui le suivra nécessairement. Le Comité d'homologation est une formalité, mais qui pèse lourd. Qui en fait partie ? Des fonctionnaires, représentant le ministère de l'Agriculture et ses nombreux services, ainsi que l'INRA.

Fonctionnaire ou vice-président de l'industrie ?

Voilà pour la théorie. Car la pratique, là encore, cache de bien curieux accommodements. Mais commençons par le désormais banal. Robert Delorme, expert à l'INRA, fait partie de ce Comité d'homologation. Normal, car Delorme est couramment tenu pour une pointure dans son domaine. Ce qui est gênant, sans être aucunement illégal, c'est que Delorme anime aussi un groupe de travail de l'Association française de protection des plantes (AFPP). Cette dernière rassemble d'excellents professionnels, dont certains promeuvent du reste des méthodes non chimiques de lutte contre les ravageurs agricoles. Mais bien qu'elle se défende d'être un lobby des pesticides et bien qu'en effet elle parvienne à associer des pans entiers de l'administration française à ses activités, l'AFPP est bel et bien dirigée par l'industrie. Son président, ce n'est d'ailleurs pas un secret, se nomme Philippe Michel, et il appartient à l'UIPP, qui rassemble les transnationales du secteur. Certes, les activités de Delorme en son sein n'ont rien de répréhensible, mais sont-elles parfaitement conformes à l'impartialité nécessaire à un comité d'homologation ?

Le cas de Marc Delos est pire, sans doute. Car ce haut fonctionnaire du ministère de l'Agriculture, qui siège à ce titre au Comité d'homologation, est également vice-président de l'AFPP, charge qu'il partage avec des patrons de l'industrie des pesticides. Est-ce bien raisonnable ? Est-ce seulement acceptable ?

Quant à Rémi Glomot, que nous avons déjà croisé plus haut dans les aventures de la Comtox, le revoici au Comité d'homologation, pourtant réservé, selon des textes officiels, aux fonctionnaires.

En juin 2005, il a fallu, semble-t-il, créer une sorte de sous-comité pour les produits « désinfectants et insecticides ». Or qui en fait partie, outre les fonctionnaires prévus par la loi ? Eh bien, Rémi Glomot soi-même. Incroyable, mais rigoureusement vrai.

L'explication générale de ce qu'on pourrait en première analyse appeler un foutoir, mais qui se révèle en fait très bien organisé, il faut peut-être aller la chercher chez un certain Yves Schenfeigel. À l'automne 2003, il est convoqué par le juge Guary, qui enquête depuis Saint-Gaudens sur le massacre des abeilles par les pesticides. Pourquoi Schenfeigel ? Parce qu'il est le responsable opérationnel du Comité d'homologation, celui grâce à qui fonctionne concrètement le système de mise sur le marché des pesticides. C'est un moment clé. Schenfeigel joue gros et finit par lâcher le morceau au juge. Oui, il y a cogestion avec les industriels. Non, l'administration n'a de toute façon pas les moyens de surveiller, de contrôler des milliers de produits nouveaux chaque année. Attention, les lignes qui suivent, tirées de sa déposition, sont folles à lier, mais passionnantes de bout en bout :

– Le ministère de l'Agriculture n'est qu'une instance d'enregistrement et de délivrance des certificats ;

– le Comité d'homologation est géré de fait par une personne ;

– il existe une cogestion de l'évaluation du risque avec les partenaires industriels : l'UIPP et l'UNCAA [Union nationale des coopératives agricoles d'approvisionnement] étaient membres à part entière de la Commission d'étude de la toxicité ;

– il y a une absence de transparence des procédures ;

– il y a une absence totale d'information vers la société civile poussée jusqu'à la caricature – refus systématique de communiquer de l'information, arguant du secret industriel ;

– il y a une faible structuration du système d'information, avec pour corollaire une traçabilité insuffisante des dossiers ; cette situation pouvant avoir des conséquences dramatiques, au plan juridique et économique ;

– il y a une absence de doctrine claire en matière de gestion du risque, en particulier sur les conditions d'homologation « sous condition » ;

– il y a une absence de maîtrise de l'expérimentation des intrants ;

– il y a une absence de dialogue et de flux d'information avec les services déconcentrés [1].

Schenfeigel confie au juge qu'il a adressé en juin 2003 une lettre de sept pages au patron de la DGAL, c'est-à-dire au préfet Klinger. Il y rapporte que trois personnes, dont lui, sont chargées de gérer vingt mille dossiers lourdement techniques chaque année. La conclusion est évidente : « Le bureau est dans l'impossibilité de remplir ses missions. »

Le chapitre sur l'homologation s'arrête là pour l'instant, mais il est loin, en vérité, d'être achevé. Il va de soi pour nous que nous ne connaissons qu'une petite partie de l'histoire. Nous aimerions parfois être Rouletabille et Fantômas, Arsène Lupin et Mandrake, l'Homme invisible et Rocambole. Parfois.

1. Cité *in* P. de Villiers, *Quand les abeilles meurent, les jours de l'homme sont comptés*, Albin Michel, 2004, p. 106-107.

Le reste du temps, il nous suffit d'être éveillés, et nous vous recommandons ardemment de faire comme nous. N'hésitez pas à nous rejoindre sur Internet [1] et à nous envoyer vos informations. Car la bagarre continue et continuera. Faites passer.

Post-scriptum

L'avocat Bernard Fau, qui est l'un des meilleurs connaisseurs en France du droit des pesticides, a rédigé différentes notes sur son évolution. Et l'une des dernières est peut-être la plus inquiétante. Selon lui, la France s'engage à reculons dans l'avenir, qui ne peut que réduire l'étonnant espace – politique, social, écologique – concédé en France à la chimie de synthèse. Voici sa conclusion, qui sera aussi la nôtre :

> La loi d'orientation agricole du 22 décembre 2005 a en effet profondément remanié des dispositions essentielles du Code rural relatives aux produits pesticides, sous réserve des décisions de justice déjà intervenues, en introduisant une pérennisation d'autorisations provisoires jusqu'en 2011, en prévoyant une remise en vigueur d'autorisations provisoires devenues caduques et même en supprimant toute référence à des exigences de contrôle imposées par le Code de la santé publique pour les produits les plus toxiques.
>
> L'observateur ne peut que marquer son inquiétude devant un revirement qui traduit plus un souci d'adapter la loi aux contingences administratives et économiques que d'adapter les fonctionnements administratifs aux impératifs sanitaires et environnementaux d'aujourd'hui.

1. Sur le site dédié à ce livre : http://www.pesticides-lelivre.com.

Chapitre 13

Les malades sont des hommes invisibles

Où l'on s'agenouille auprès d'innombrables dépouilles, celles de gens du Sud morts sans sépulture. – Où l'on apprend qu'une agence publique française apprécie les conseils du lobby américain de la chimie. – Où l'on découvre qu'un observatoire, lui aussi public, n'est qu'une coquille vide et que la Mutualité sociale agricole a bien du mal à s'intéresser aux paysans. – Où l'on suit dans ses pérégrinations planétaires un certain Mark Purdey, éleveur et savant. – Où un non moins certain Michel Bounias s'attaque avec succès aux lois du hasard statistique. – Où l'on présente à la stupéfaction générale un million de malades français ignorés de tous.

Les oublier ici, dans ce chapitre consacré aux malades de France, serait indécent. Et, de toute façon, inconcevable. Car tout notre livre leur est en réalité dédié. À elles, les cauchemardesques victimes du Sud. Avant de parler de nos malades du Nord, qui peuvent aller à l'hôpital, qui seront soignés et peut-être guéris, il faut bien commencer par évoquer les martyrs, qui se comptent par millions, d'un bout à l'autre de ce monde atroce.

Vous vous souvenez peut-être de ce péplum planétaire du début des années 1960. Les médias n'avaient pas encore la puissance qu'on leur connaît, mais ils étaient suffisamment forts, déjà, pour monter de lourdes opérations humanitaires, mélange de larmes, d'émotion, de compassion et de fumisterie. En ces temps-là, si proches qu'ils nous en rappellent d'autres, l'Inde avait faim. La famine prenait les hommes et les enfants par milliers, et dans les écoles françaises on incitait les gamins à récolter trois sous, qui iraient là-bas.

Les bons sentiments dominent souvent la scène des catastrophes humaines. Et les hommes bons aussi. Parmi eux, une place de choix est réservée, pour l'éternité, à Norman Borlaug, chercheur américain d'origine danoise. En 1953, il reçoit du « matériel » botanique provenant d'une station de recherches basée à Pullman, dans l'État de Washington. Borlaug, qui travaille alors au Mexique sur l'amélioration des variétés de blé, va réussir une merveille technologique. En croisant les semences qu'il a reçues avec des variétés mexicaines, il « fabrique » un blé extraordinaire dont le rendement triple les récoltes habituelles. C'est le début de la révolution verte, dont il faut, quoi qu'on en pense, reconnaître qu'elle a fait reculer la faim.

En Inde, les trouvailles de Borlaug font merveille dès 1963. Et la production de blé passe de 10 millions de tonnes en 1964 à 17 en 1968. Une révolution. Mais son coût sera-t-il un jour connu ? Les multinationales des semences, engrais et pesticides s'engouffrent alors dans cette brèche géante. Ce n'est pas le lieu de décrire cette incroyable transformation.

Borlaug a en tout cas obtenu le prix Nobel de la paix en 1970, et les paysans de l'Inde et d'ailleurs la contamination générale de leurs eaux et de leurs sols. Sans compter l'exode rural massif, la crise sans fin de la civilisation rurale et la disparition d'un savoir-faire agricole qui avait permis, par exemple, en Inde de cultiver 100 000 variétés de riz adaptées à tous les milieux, à toutes les contraintes.

Suicides à tous les étages, avec ou sans gaz

Quelques exemples suffiront à dire l'essentiel. Dans l'État indien du Pendjab, l'usage des engrais chimiques est passé de 5 000 tonnes en 1960-1961 à 1,3 million de tonnes en 1998-1999. L'UNESCO décrit une situation dantesque. Les paysans y sont massivement désespérés, contraints d'acheter chaque année davantage d'engrais et de pesticides qui coûtent toujours plus cher. C'est simple : le sol fertile a pour ainsi dire disparu. Les remontées de sel et l'empoisonnement chimique ont détruit la matière vivante faite d'oligo-éléments, de bactéries, de champignons, de vers de terre. « Que la terre s'ouvre et nous engloutisse ! pleure Ram Pal. Mes quatre hectares sont stériles tellement ils sont gorgés d'eau. Partout des mauvaises herbes. J'ai trois bouches à nourrir et 1 100 dollars de dettes à rembourser [1]. » Il a 60 ans.

Se suicidera-t-il ? Probablement. De 2001 à 2004, selon des chiffres officiels qui sont sans doute très au-dessous de la réalité, 10 000 paysans de l'Inde se sont donné la mort, souvent en ingurgitant des pesticides. Et 100 000 entre 1993 et 2003. L'altermondialiste Vandana Shiva, directrice de la Research Foundation for Science, Technology and Ecology à Delhi, parle d'une politique délibérée, qui viserait, par le biais de l'OMC, la transformation de l'agriculture indienne, plusieurs fois millénaire, en une agro-industrie dominée comme chez nous par les marchands.

L'un des derniers épisodes du drame en cours a pour vedettes américaines, c'est le cas de le dire, Pepsi et Coca. En 2003, l'association Centre for Science and Environment (CSE), basée à Delhi et très réputée en Inde, publie une étude accablante [2]. Tous les échantillons de Coca et de Pepsi analysés contiennent des cocktails de pesticides très dangereux à des doses massives. Émoi général, puis silence et engloutissement.

---

1. Voir sur Internet : www.unesco.org/courier/2001_01/fr/doss22.htm.
2. Site Internet : http://www.cseindia.org/.

Durant l'été 2006, le CSE récidive et les résultats sont effarants [1]. Les échantillons de cola de 25 usines dans 12 États indiens contiennent de vrais poisons. Tous. Avec des pointes démentes. À Kolkata, le Coca-Cola contient cent quarante fois plus de lindane que le maximum légal. À Thane, deux cents fois la dose admise de chlorpyrifos, un neurotoxique. Une bataille judiciaire indigne commence. L'État du Kerala interdit les deux boissons, mais les industriels finissent par gagner leur procès, car dans ce pays fédéral c'est la Cour de l'Union et elle seule qui dispose apparemment du pouvoir de protéger les citoyens. Coca et Pepsi clament aussitôt que le jugement innocente leurs produits, déclarant dans un communiqué : « Ce jugement [...] valide clairement notre ferme confiance dans la qualité et la sécurité de nos produits. »

N'oublions jamais ce qui se passe ailleurs. En Inde, pays gagné par cette mondialisation que lui vantaient les idéologues depuis tant d'années, les pesticides sont désormais chez eux. Et bien davantage que chez nous. Les rares études publiques entreprises montrent que les fruits et légumes contiennent souvent de trente à cinquante fois plus de résidus de pesticides que ce qu'autorise une loi inexistante. On peut trouver dans le lait, boisson nationale, trois mille fois plus de résidus que ne le prévoit la norme. Combien de morts à l'arrivée, messieurs les épidémiologistes ?

À l'autre bout de la Terre, le Mexique. Il y a peu de chances que vous ayez entendu parler du cas Anaversa. C'est pourtant une tragédie nationale. Dans la ville de Cordoba, État de Veracruz, un incendie terrible ravage le 3 mai 1991 une usine de pesticides, Anaversa, répandant alentour une fumée surchargée de dioxines et de toxiques divers. Soyons brefs, car l'histoire l'est : les autorités locales, corrompues jusqu'à l'os, ne font strictement rien. L'argent envoyé par Mexico est détourné, volé, avalé. En mai 2006, quinze ans plus tard,

1. Voir *Libération*, 11 août 2006. Sur Internet : http://www.liberation.fr/actualite/economie/198139.FR.php.

Rosalinda Huerta Rivadeneyra, présidente de l'association de malades, défile dans les rues de la ville avec ses amis. On compterait, selon le quotidien *La Jornada*, au moins mille morts. Et un nombre de malades impossible à connaître.

Et le Nemagon [1], vous situez ? La Dow Chemical Company a été la première à mettre au point cet insecticide dont la matière active est le dibromochloropropane (DBCP). Elle connaissait dès 1958 certains de ses effets – entre autres, atrophies testiculaires et stérilité chez des animaux de laboratoire –, mais la tentation était trop grande. Dans les bananeraies du Sud, le Nemagon est, paraît-il, souverain contre les nématodes. On l'utilisa pendant des décennies en Amérique centrale, en Afrique, aux Philippines et même en Espagne. Personne ne dira jamais l'horreur des conséquences, et nous n'essaierons même pas. En 2005, après une marche dans tout le pays, cinq mille paysans du Nicaragua ont campé des semaines devant l'Assemblée nationale, à Managua, pour s'insurger contre la détérioration de leur santé et de celle de leurs proches, et la mort de nombre d'entre eux. Des millions de litres de pesticides épandus, des milliers, des centaines de milliers de victimes d'un bout à l'autre de la Terre. Pensez au moins une seconde à Flor de Maria Mendoza et Jose Medardo Romero Medina. Ce couple de paysans a travaillé dans les bananeraies au long des années 1970. Ils ont eu quatre enfants, dont deux sont décédés. Le troisième va bien pour le moment, la quatrième est un légume, une *niña de trapo* comme on dit là-bas – une poupée de chiffon.

Il faudrait une plume de sang pour rapporter l'immense malheur des paysans devenus fous, et qui ont perdu la vie. À cause des pesticides, oui. Nous pourrions allonger la liste jusqu'au ciel, jusqu'aux enfers. Bhopal, Antananarivo, Surabaya. Des enfants du Bénin qui mangent du maïs traité

1. Sur les dégâts du Nemagon, voir le site Internet du Réseau d'information et de solidarité avec l'Amérique latine : http://risal.collectifs.net/article.php3?id_article=1355.

par leur père, et qui meurent. Des vents de sel et de pesticides autour de l'ancienne mer d'Aral, changée en mare morte. Des pulvérisations d'endosulfan au-dessus des propriétés de la Plantation Corporation of Kerala. Des giclées de carbofuran et de méthamidophos coulant sur le dos de ceux qui les manient à Carchi, en Équateur. Des gosses martyrisés, des femmes violées, tout un peuple assommé par les organophosphorés dans la vallée de Cayambe, pour exporter les «plus belles roses du monde»[1]. La mort de Ramon Gonzalez, dans la vallée jadis somptueuse de Culiacan[2]. Personne ne veillera jamais leurs tombeaux. Un million de paysans sont chaque année intoxiqués par des pesticides dans le monde merveilleux de la marchandise reine[3]. On ne parle là que des intoxications aiguës, bien sûr, celles qui se voient. Les pauvres meurent jeunes, et beaucoup n'auront pas le temps de développer des maladies lentes. Comme le cancer. Comme Parkinson.

Une conférence organisée par le lobby

Et chez nous ? Pour commencer, calons notre propos sur cette évidence : la France officielle, la France industrielle, la France des commissions et des instituts, la France des médailles et des révérences ne veut pas savoir ce qui se passe. La preuve la plus évidente est qu'elle ne s'en donne pas les moyens. Regardez plutôt, avec nous, ce qui s'est produit à Paris le 4 septembre 2006. Précédée par de grands coups de cymbales et de tambour, la «Conférence internationale d'épidémiologie et d'exposition environnementale», la première

1. La journaliste espagnole Isabel Garcia Martin a publié sur le sujet un grand article dans *El Mundo* ; voir sur Internet : www.laborrights.org/press/Flowers/Cronica_elmundo_0906.pdf.

2. Ramon Gonzalez est un personnage créé par Angus Wright dans son exceptionnel ouvrage *The Death of Ramon Gonzalez*, University of Texas Press, 1990.

3. Voir *Public Health Impacts of Pesticides Used in Agriculture*, OMS et PNUE, 1989.

du genre en France, ouvre ses portes à la Cité des sciences et de l'industrie. 1 000 scientifiques du monde entier sont là pour parler de 1 500 études internationales. On vous passe le détail du glorieux discours du ministre du Travail, Gérard Larcher. L'excellent homme s'autorise d'emblée une contre-vérité, assurant que la prise de conscience du massacre par l'amiante serait venue de l'« accumulation des données épidémiologiques », alors qu'elle est due pour l'essentiel à la mobilisation consciente d'une poignée de « lanceurs d'alerte ». Passons. Larcher lâche aussi quelques fortes sentences qui feraient davantage d'effet au début des journaux télévisés de 20 heures. Dont celle-ci : « On constate une augmentation très importante de maladies, le déficit de connaissances à combler demeure colossal, le champ est extrêmement large et complexe, enfin il nous faut faire face à l'apparition de nouveaux risques. »

Une telle lucidité honore l'homme et le peuple qu'il représente. Mais ne se moquerait-on pas ? La réalité est en effet aux antipodes du constat. La France n'a toujours aucune politique de santé environnementale. La conférence permet de rappeler cette évidence : le moindre programme public d'études se perd dans les méandres de l'arbitrage interministériel. Des superconseillers de Matignon tranchent dans ce qu'ils ne connaissent pas, soumis à tous les jeux d'influence, tentant de donner quelque gage aux quatre ministères perpétuellement concernés : la Santé, l'Industrie, l'Agriculture, l'Écologie. Exemple entre mille autres, et dont nous reparlerons plus loin : l'Observatoire des résidus de pesticides (ORP) [1]. L'administration française commence à en parler en 1999, un demi-siècle après le début des épandages tous azimuts. Le ministère de l'Agriculture, pour des raisons qui sont exposées tout au long de ce livre, bloque le projet, car il a trop peur de ne pas en avoir le contrôle.

1. Site Internet : http://www.observatoire-pesticides.gouv.fr/.

Et l'ORP ne naîtra qu'en 2006, avec les moyens que vous allez découvrir. Revenons un instant à la conférence si bien ouverte par Gérard Larcher. Côté français, l'organisation est confiée à l'AFSSET (Agence française de sécurité sanitaire de l'environnement et du travail). Créée en 2005 sur les ruines de l'AFSSE, elle dépend des ministères de la Santé, de l'Écologie et du Travail, et règne en théorie sur l'immense royaume des relations entre santé et environnement.

Le fait-elle comme il convient ? Ce n'est pas bien sûr, si l'on en juge par l'incroyable affaire de la CADA (Commission d'accès aux documents administratifs).

Quelques jours après le triomphe de la conférence, deux associations, Agir pour l'environnement [1] et Priartém [2], révèlent leur amère victoire. Depuis des années, elles se battent contre les installations et installateurs de téléphonie mobile, soupçonnant de sérieux abus dans le contrôle. Au début de 2006, elles saisissent la CADA, commission qui décide de ce que l'administration peut et doit rendre public. Les associations ont en effet entendu parler d'un rapport interne incendiaire, réalisé par l'Inspection générale des affaires sociales (IGAS) et l'Inspection générale de l'environnement (IGE).

La guérilla dure huit mois, mais la CADA cède et le monde entier accède au rapport. Or il est d'une rudesse terrible pour l'AFSSE. Car cette dernière a publié deux expertises, en 2003 et 2005, qui concluaient audacieusement à l'absence d'impact des portables sur la santé. Les limiers de l'IGAS et de l'IGE constatent, eux, des liens directs ou indirects entre certains experts et l'industrie. Ce serait grave, mais c'est aussi honteux, car la chose est contraire au règlement intérieur de l'agence. On se permettra de citer Guy Paillotin (patron de cette AFSSE qui allait devenir AFSSET), le 10 octobre 2005, en réponse à une admonestation publique (c'est la seconde fois dans

1. Site Internet : http://www.agirpourlenvironnement.org/.
2. Site Internet : http://www.priartem.com/.

ce livre que nous vous offrons cet extrait, mais il en vaut la peine) : « L'AFSSE est effectivement un lieu de pouvoir, mais, comme tout lieu de pouvoir, il est creux. Vous indiquez que l'expertise sur la téléphonie mobile n'est pas bonne, ne vous plaît pas. L'expertise de l'AFSSE sur la téléphonie n'a jamais suivi, ni de près, ni de loin, les règles que l'AFSSE s'est fixées à elle-même ; donc c'est une expertise que je considère, en tant que président du conseil d'administration, comme n'existant pas, n'étant pas le fait de l'AFSSE, puisqu'elle ne correspond pas aux textes que le conseil d'administration a lui-même adoptés. Vous allez me dire que c'est terrible. Eh bien, c'est tout le temps comme ça. »

N'insistons pas. Ou, plutôt, révélons un point ignoré de tous et qui ajoute sa pincée de sel. Le congrès de la Villette, qui permet au ministre Larcher les belles envolées qu'on a vues, est organisé, comme il se doit, par l'AFSSET. Mais l'affaire est lourde, compliquée et, pour tout dire, internationale. L'AFSSET se fait donc aider par deux grosses structures américaines, la Société internationale d'épidémiologie environnementale (ISEE) et la Société internationale d'analyse des expositions (ISEA) [1].

Au risque de vous décevoir, disons de suite que nous n'avons pas pu mener, faute d'un voyage outre-Atlantique, une enquête qui nous aurait peut-être – qui sait ? – conduits plus loin encore. Mais enfin ce n'est tout de même pas banal. Car la secrétaire exécutive de l'ISEA, poste clé, n'est autre que Mme Tina Bahadori, elle-même lobbyiste de l'American Chemistry Council [2]. Lequel regroupe cent cinquante entreprises de la chimie américaine, qui a officiellement consacré 2 millions de dollars au lobbying en 2003.

Quant à l'ISEE, les choses sont, là encore, très surprenantes. L'AFSSET présente cette structure avec un sens de l'économie si remarquable que nous nous permettons aussitôt

1. Site Internet : http://www.iseaweb.org.
2. http://www.americanchemistry.com/s_acc/index.asp.

de la citer[1]. Selon elle, l'ISEE « est un espace de débats et de rencontres ouvert aux épidémiologistes de l'environnement et aux autres scientifiques dans le monde entier, qui aborde les questions de la qualité et des pollutions de l'environnement et de leurs effets sur la santé humaine ».

Indiscutablement, le charabia est réussi. Un « espace », des « débats », des « rencontres » imaginés par le Saint-Esprit dans son immense générosité, cela commande quelques applaudissements. Hélas, il faut déchanter. Vite et cruellement. L'ISEE a une vitrine publique – on allait écrire « légale » –, affichant, bien entendu, de bons, d'excellents scientifiques du monde entier. Et puis une adresse discrète et camouflée : John Snow Inc. (JSI). Basée à Boston, JSI dispose d'un staff colossal de plus de mille personnes, présentes dans des dizaines de pays. Le but déclaré est philanthropique. Il s'agirait d'améliorer partout dans le monde les politiques de santé publique, d'aider à dégager de nouvelles solutions. On y croirait presque.

Mais il convient tout de même d'aller plus loin. JSI, à en croire l'indispensable site américain Business.com, est avant tout une entreprise qui sert à renforcer la structure organisationnelle de ses clients. Car JSI fait du *consulting* pour le compte des plus grandes compagnies du secteur. Un esprit faible pourrait en venir à douter, ne trouvez-vous pas ?

Soyons sérieux : l'AFSSET, agence publique de santé environnementale étrillée par l'administration interne, organise des congrès « scientifiques » de conserve avec le lobby américain de la chimie. En compagnie de professionnels qui défendent des intérêts commerciaux. Dont acte, comme on dit parfois quand on ne sait plus quoi dire. Dans une nation mieux éduquée, davantage tournée vers la règle stricte et la défense intransigeante du bien public, de telles informations emporteraient fatalement la direction actuelle de l'AFSSET. Que cette dernière se rassure : nous sommes bien

1. Site Internet : http://www.paris2006.afsse.fr.

certains qu'elle sortira indemne de ces menus désagréments. Glissons plutôt, pour nous calmer l'esprit, vers le nouveau-né de la panoplie française, ce fameux Observatoire des résidus de pesticides (ORP) imaginé en 1999.

L'Observatoire est aux abonnés absents

C'est un jeu de piste rigolo. Le 28 septembre 2006, coup de fil au ministère de l'Écologie, tutelle de l'Observatoire, pour obtenir son numéro de téléphone. Au standard et après de nombreuses recherches tous azimuts, nul ne connaît. Mais on nous passe un service qui n'a pas grand-chose à voir, le Corpen, ou Comité d'orientation pour des pratiques agricoles respectueuses de l'environnement. L'interlocutrice n'a jamais entendu parler de l'ORP et, en désespoir de cause, attrape dans un couloir un ingénieur qui passait par là. Petit miracle : oui, cet ingénieur a entendu parler de l'ORP. Il croit même se souvenir qu'un M. Olivier Briand, de l'AFSSET, s'en occupe. Mais, ce 28 septembre, seul son répondeur est joignable.

D'où ce deuxième tableau de la vie parisienne. Le même jour, coup de fil à l'AFSSET, à Maisons-Alfort. La responsable de la communication de l'agence est en ligne. La charmante standardiste donne au passage son nom : il s'agit de Mme Nathalie Lonnel. Mais pas question d'obtenir sa ligne directe pour pouvoir la rappeler… directement. Non, il faudra passer par le standard, car « l'AFSSET respecte des règles strictes de confidentialité ». Dieu du ciel, imaginez qu'on puisse parler à Mme Lonnel ! Directement ! C'est impensable à l'AFSSET, qui, comme on va pouvoir s'en rendre compte sous peu, respecte en toutes circonstances des règles d'airain.

Bon, on y arrive. Mme Lonnel n'est pas une Gorgone, loin s'en faut, et promet de se renseigner. Oui, car notre demande précise paraît compliquée à satisfaire. Nous voulons en effet connaître le budget de l'ORP. Ouh ! Mme Lonnel ne sait pas, ne croit pas que, aimerait bien comprendre pourquoi on veut savoir. En désespoir de cause, nous osons la pire des questions : où siège donc l'ORP ? Y aurait-il quelque part en France une adresse, quelqu'un qu'on pourrait éventuellement déranger dans sa sieste ? Comme il faut attendre une réponse qui ne vient pas, on s'ennuie un peu, et l'on tape et retape « ORP » sur le site Internet de l'AFSSET. Une mention apparaît, concernant un appel d'offres de 2003 pour la création du site Internet de l'ORP. Et la voici : « Warning: pg_query()[function.pg-query]:Query failed:ERROR ». En français dans le texte : rien à espérer.

Mais le lendemain, belle surprise. C'est Olivier Briand en personne qui rappelle. L'homme est ouvert, serviable, mais ce qu'il a à dire est consternant. L'ORP, grand outil national, n'existe pas ! « L'ORP, explique-t-il, ça se passe à l'AFSSET, mais sans avoir d'existence juridique. Sur le sujet, voyez-vous, rien n'est très simple. Je suis le responsable de l'ORP, mais détaché par l'AFSSET. »

Quelques explications plus loin, on apprend enfin le reste. Il n'y a pas de budget, seulement des financements de mesures sur le budget de l'AFSSET et de l'AFSSA, autre agence. Combien de postes ? La question fait rire Olivier Briand. « Hum, c'est compliqué. Il n'y a pas de poste complet, direct. Moi, en tant que responsable, j'y consacre à peu près un mi-temps. Disons qu'il y a *grosso modo* deux postes à l'AFSSET pour l'ORP. » Soit un « responsable » à mi-temps et, disons, une poignée d'autres fonctionnaires passant un coup de fil ou faisant une photocopie à l'occasion. Voilà la France au combat en cette fin 2006. Résidus, tremblez !

Cette longue, si longue introduction – car c'en est une, mille pardons – était absolument nécessaire pour vous parler des malades français des pesticides. Car vous savez maintenant l'essentiel. Sans thermomètres, sans veilleurs de nuit, sans système de santé souple et décentralisé, dynamique, publiquement encouragé, sans budgets, il n'y a pour ainsi dire pas de malades dans les statistiques.

C'est fâcheux, car il y a forcément des milliers, des dizaines, peut-être des centaines de milliers de malades des pesticides en France. Et voyez comme la réalité est malicieuse : c'est l'ORP qui le dit. Toutes les phrases entre guillemets qui suivent sont tirées du site Internet de cet observatoire abandonné à sa naissance.

« L'exposition aux pesticides se caractérise par une multiplicité des voies d'exposition, en effet ces substances peuvent pénétrer dans l'organisme par contact cutané, par ingestion et par inhalation. Les populations concernées sont bien évidemment les agriculteurs et les professionnels, mais tout un chacun est également exposé lors de l'utilisation de produits à usages domestiques ou d'entretien des jardins. »

Ajoutons que les expositions secondaires « concernent l'ensemble de la population, qui est exposée aux résidus de l'usage de ces produits, au travers de son alimentation et de son environnement. Aujourd'hui, les mesures de contamination des sols et de l'air sont encore trop récentes et disparates pour permettre de renseigner correctement sur ces voies ».

Et concluons avec ces dignes experts que « les résidus de pesticides constituent aujourd'hui un véritable problème de société. Depuis près de cinquante ans, ils ont été mis en évidence dans tous les compartiments de l'environnement, dans les eaux des rivières et des nappes phréatiques, dans l'air et dans les eaux de pluie. On les rencontre aussi dans les fruits, les légumes, les céréales et les produits d'origine animale (viande, poisson, lait et œufs). Ils existent sous leur forme initiale (substances actives), mais ils peuvent aussi exister sous une forme partiellement dégradée. Malgré ces précautions, l'exposition humaine à ces substances est aujourd'hui réelle : ainsi, une étude conduite aux États-Unis montre que des résidus de pesticides sont retrouvés dans le sang, les urines, les tissus adipeux, certains organes et même le lait maternel. Très peu d'études de ce type ont pour l'instant été conduites en France ou en Europe. Toutefois, comme pour d'autres substances chimiques, il est indispensable de se poser la question des effets néfastes susceptibles d'être induits par une exposition aux pesticides [...]. Une fois dans le compartiment aérien, les pesticides sont dégradés, principalement sous l'effet des rayonnements lumineux, mais ils peuvent néanmoins être transportés, parfois sur de longues distances, avant de retomber sous forme humide dans les pluies, les neiges ou les brouillards. L'atmosphère constituant une voie majeure pour le transport de ces composés dans l'environnement, il serait illusoire de penser que les régions d'agriculture intensive sont les seules concernées. Ainsi, ces polluants, qui voyagent par l'intermédiaire des mouvements des grandes masses d'air, vont pouvoir contaminer l'ensemble d'un territoire, y compris le milieu urbain».

Cent mille paysans français chaque année

Nous espérons vivement que vous avez tout lu, sans rien sauter. Car ces bouts de textes officiels sont fabuleux. En effet, ils disent la vérité dans toute sa clarté. Les pesticides ont contaminé la totalité de nos milieux de vie. Des centaines d'études montrent leurs effets inouïs sur la santé des êtres vivants, humains compris évidemment. Or donc, et ce n'est pas un syllogisme, la France compte beaucoup, énormément de malades des pesticides.

Mais combien ? Voilà le problème. Et voici une première révélation : quand on cherche, on trouve. Qui sont les premières victimes des pesticides ? Les paysans. En bonne logique, il faut donc commencer par eux. Pendant cinquante ans d'exposition – de 1945 à 1995 –, aucune étude n'a pourtant été entreprise en France. Vous avez bien lu : malgré les inquiétudes et les évidences, malgré des centaines d'articles scientifiques dans le vaste monde, nul ne s'est soucié durant des décennies du sort de nos paysans.

La France, troisième consommateur mondial de pesticides, dormait à poings fermés, peut-être bercée par le lobby et ses nombreux alliés. On signalera pour information un article de la revue phare de l'industrie des pesticides, *Phytoma.* Dans son numéro 400, daté de juillet 1988, à l'occasion de son quarantième anniversaire, elle publie deux pages serrées d'un certain docteur Jacques Fages, médecin à la Mutualité sociale agricole (MSA). Le texte s'intitule : « Avec la MSA, mieux traiter, traiter en toute sécurité ».

Restons polis, car ce texte rappelle de manière frappante la prose des lobbyistes de l'amiante défendant l'usage contrôlé du poison. Rien n'y est dit sur la dangerosité des pesticides. Le souci du bon docteur se résume à l'équipement et au sens des responsabilités des paysans. Ces drôles de paroissiens ne savent en effet pas se servir des masques, des gants, et certains mangent et fument tandis qu'ils épandent des pesticides. Et que faire, avec une médecine de contrôle sans ressources, qui s'appuie sur de « rares moyens d'exploration », « quelques examens de laboratoire disponibles », hélas tellement dépourvus de « spécificité » qu'ils « ne peuvent être utilisés » ?

On apprend tout de même, au passage, que 20 % des exploitants ayant répondu à un questionnaire en 1984 se plaignent de troubles liés à l'utilisation de pesticides. 20 % ! Ce devrait être la mobilisation générale des médecins du travail de la MSA ! Mais ce serait mal connaître la placidité de la mutuelle. Ces troubles sont en effet « peu spécifiques » : irritations cutanées, maux de tête, problèmes gastro-intestinaux. Et l'on préférera donc, sagement, l'inertie complète. Quant à la conclusion de l'article du docteur Fages, elle est sublime : « Prévention et performances peuvent parfaitement aller de pair, c'est la démarche aujourd'hui entreprise dans une perspective de perfectionnement continu. »

Cette vision singulière des soins médicaux prend fin, pour la MSA en tout cas, en 1999. La mutuelle redécouvre alors que 20 % des paysans se plaignent de maux divers après un épandage. Et relance dans la foulée son réseau de toxicovigilance appelé « Phyt'Attitude », qui sera associé à un numéro vert en 2004. « On avait un essoufflement du nombre de cas signalés, raconte le docteur Jean-Luc Dupupet, de la MSA. On s'est dit qu'il fallait faire connaître notre réseau. Et cela a servi. En 2005, nous avons pu établir 250 signalements, dont les deux tiers sont reconnus comme liés aux pesticides. Par ailleurs, on sait qu'environ 100 000 paysans par an se plaignent à la suite de traitements. Ils éprouvent des nausées, des problèmes neurologiques, présentent des éruptions cutanées. Mais notre réseau s'occupe surtout des cas d'intoxication aiguë, avec hospitalisation [1]. »

Si vous avez lu trop vite, remontez de quelques lignes. Le docteur Dupupet vient de dire calmement que 100 000 personnes au moins, chaque année, souffrent directement et dans leur chair de l'usage des pesticides. Cela ne vous semble-t-il pas affolant ? Poursuivons : en 2005, la MSA lance la toute première étude nationale sur l'exposition des paysans, en association avec le Groupe régional d'étude sur le cancer de Caen (GRECAN) et le Laboratoire Santé Travail Environnement de Bordeaux (LSTE) [2]. Les résultats seront connus en 2008 et devraient porter sur environ 100 000 questionnaires parmi les 560 000 qui ont été envoyés.

Il faudra donc attendre, mais cela ne doit pas cacher ce que l'on sait déjà. Les paysans développent davantage certains types de cancers que la population générale : ceux du cerveau, de la prostate, de l'estomac, de la peau, certaines leucémies, etc. Pourquoi ? Et pourquoi ne pas avoir cherché auparavant ? Par crainte de trouver ? L'histoire, la sociologie, la psychologie, la politique même nous apprennent ensemble qu'une vérité est souvent une construction sociale. Un

1. Entretien du 6 septembre 2006.
2. Étude *Agrican*, consultable sur Internet : http://www.grecan.org/agrican.html.

échafaudage bâti par tant de mains, au travers de tant de difficultés, qu'il est souvent abandonné en cours de route.

Pendant des décennies, le débat sur l'amiante a été confiné dans quelques cénacles, pour le plus grand profit de l'industrie. Bien que les premières alarmes aient tragiquement résonné dès le début du XXe siècle, il a fallu attendre la fin des années 1990 pour obtenir enfin une interdiction de l'usage du damné matériau. En 1995 encore, en France, la vérité de l'amiante demeurait largement celle des marchands de mort. En voulez-vous une preuve ? Le scandale a éclaté en partie grâce au travail d'un journaliste talentueux, François Malye, qui publia en juin 1995, dans *Sciences et Avenir*, un dossier choc. Mais ce travail aura été précédé de quelques jours par une pleine page dans le journal *Le Monde*, avec appel à la une. L'article est signé Jean-Paul Besset. Trois mois plus tôt, un autre journaliste du « grand quotidien de référence » signait un papier quasiment à la gloire de l'« usage contrôlé de l'amiante », arme fatale du lobby. À la gloire aussi de Marcel Valtat, homme clé des réseaux d'influence de l'industrie de l'amiante.

Amiante : la vérité est un sport de combat

Autrement exprimé, il faut rappeler sans jamais se fatiguer que la vérité d'une affaire où des milliards d'euros sont en jeu est une bataille. Sanglante au Sud, où tout est permis. Délicate, difficile, perpétuellement retardée au Nord. La vérité est un sport de combat qui demande de l'énergie et du souffle. Le drame inconcevable de l'amiante avait, si l'on ose écrire, un avantage considérable sur celui des pesticides. Cette fibre cancérigène laisse en effet des traces, sorte d'empreinte digitale et même génétique du crime. Qui prend la forme guillerette d'un cancer spécifique de la plèvre, corrélé si étroitement au contact avec l'amiante que tous, spécialistes compris, appellent le mésothéliome « cancer de l'amiante». La bataille en cours contre des industriels irresponsables et/ou criminels en a été grandement facilitée. Sans le mésothéliome, en effet, il serait affreusement compliqué, voire impossible, de relier à l'amiante trente ou quarante ans après des fibroses, plaques pleurales ou «simples» cancers du poumon ou d'autres organes.

Revenons à nos malades des pesticides. Pour eux, c'est, hélas, la bouteille à l'encre. Quel singulier génie serait capable de prouver qu'un homme, une femme, un enfant souffrent d'une leucémie, d'un pénis trop petit, d'infertilité, d'un cancer du pancréas au motif qu'ils ont un jour, ou un mois, ou dix ans inhalé la mauvaise molécule? C'est justement parce que cette recherche est diaboliquement complexe qu'il aurait fallu lancer des équipes, financer des laboratoires, envoyer dans les cordes le lobby criminel qui empêche de savoir.

Au lieu de quoi, donc, une seule grande étude de la MSA sur les paysans, la première du genre en soixante ans, malgré d'innombrables alertes de santé publique. Estelle Saget, journaliste à *L'Express*, est l'exception qui confirme la règle : elle s'est intéressée au sort des quelques rarissimes malades connus en France [1]. Sur les quatre ayant accepté de lui parler, deux sont décédés avant la sortie de l'article.

L'un des survivants, Dominique Marchal, a déposé un dossier de maladie professionnelle [2]. Il a (en 2004) 46 ans et souffre d'une maladie du sang qui menace à tout instant de se transformer en leucémie aiguë. Voici un extrait de *L'Express* : «Comme son père avant lui, il était responsable de la protection des cultures contre les ravageurs. Dans ce travail de précision, les dilutions se font au gramme près, la décision de poursuivre ou d'arrêter de traiter se prend en fonction du pourcentage d'humidité et de la force du vent; la rampe de pulvérisation se pilote de la cabine du tracteur, grâce

1. *L'Express*, 25 octobre 2004 et 4 janvier 2007.

2. Le cas de Dominique Marchal a été reconnu comme maladie professionnelle le 18 septembre 2006.

à l'informatique embarquée. Dominique Marchal tire une légitime fierté de cette compétence acquise au fil des journées de formation et des pages de revues spécialisées. Même s'il paie aujourd'hui sa vocation au prix fort. "Personne n'avait conscience du danger, estime le céréalier. Ni les conseillers techniques de la coopérative, ni ceux de la chambre d'agriculture, encore moins les paysans."»

Parkinson, le paysan et l'avocat

Autre exemple insupportable : celui d'un ouvrier agricole du centre de la France. En 1997, il est atteint de la maladie de Parkinson. Disons-le de suite, ce paysan n'est pas ordinaire. Au lieu de se pendre, il lit et se documente seul sur son triste sort. Et, en 2002, il décide de consulter un avocat de Bourges, Me Bertrand Couderc. Lequel, comme chacun peut comprendre, débarque de la Lune. Parkinson ? Pesticides ? Couderc fait son travail quand même, gloire à lui ! Mais le Comité régional de reconnaissance des maladies professionnelles (CRRMP) refuse la demande. L'impasse ? Non. Par extraordinaire, l'avocat découvre dans *Le Quotidien du médecin*, certain jour de 2004, un article consacré au docteur Alexis Elbaz. Celui-ci vient de recevoir le prestigieux prix Épidaure pour une étude sur les liens entre Parkinson et pesticides. En bref, le risque d'attraper cette maladie est nettement plus important lorsqu'on est exposé à ces produits. Ragaillardi, Couderc va au tribunal. Mais celui des affaires sociales de Bourges, embarrassé, botte en touche et demande l'arbitrage du CRRMP. Heureusement, pas le même que la première fois – Orléans –, mais celui de Clermont-Ferrand. En mai 2006, Clermont donne raison à Couderc, et, dans la foulée, le tribunal classe le Parkinson de notre victime sur la liste sans fin des maladies professionnelles.

Dernière précision sur cette histoire étonnante. Le malade hésite de longues semaines avant d'accepter de rendre son cas public. Pourquoi ? Parce qu'il a peur que la MSA ne fasse appel de la décision et ne le prive de ses nouveaux droits. La MSA ! Oui, cette MSA qui aura attendu 2005 pour lancer une enquête nationale. Cette MSA censée protéger la santé des paysans de France rescapés de la grande modernisation. Cela ne fait-il pas réfléchir ?

Ah, qu'on est bêtes, on a failli oublier ! En juin 2006, au moment même de la décision du tribunal de Bourges, le journal scientifique *Annals of Neurology* publie le résultat d'une étude de l'équipe d'Alberto Ascherio, de l'école de santé publique de Harvard [1]. Elle montre, à partir d'un échantillon géant de 143 325 personnes, que l'exposition aux pesticides augmente le risque de Parkinson de 70 %. Une paille, comme on dit dans les campagnes.

Peut-on aller plus loin ? Nous n'allons pas nous gêner, figurez-vous. En prenant une précaution majeure : ce qui suit peut être faux. Mais peut-être pas. Il ne s'agit pas de billevesées, de fantaisies de grands délirants. Il s'agit de questions, et elles sont graves et fondées. La première est évidente : pourquoi assiste-t-on à une explosion des maladies neurologiques et neurodégénératives comme Alzheimer, Parkinson, la sclérose en plaques, Creutzfeldt-Jakob ?

La faute à pas de chance ? Au destin, au vieillissement ? Henri Pézerat, l'homme qui a joué un rôle essentiel dans la révélation du scandale de l'amiante, est, comme nous l'avons dit ailleurs, un scientifique rigoureux. En février 2004, il rédige une note de six pages pour la Direction générale de la santé et l'Institut de veille sanitaire, deux gardiens du temple public. Elle restera sans réponse. C'est terriblement ennuyeux, car elle concerne la maladie d'Alzheimer. 800 000 personnes sont touchées en France, 165 000 nouveaux cas par an. On peut à bon droit parler de cataclysme sanitaire et social. Les

1. A. Ascherio, H. Chen, M. Weisskopf, E. O'Reilly, M. McCullough, E. Calle, M. Schwarzschild et M. Thun, « Pesticide exposure and risk for Parkinson's disease », *Annals of Neurology*, 60, 2006, p. 197-203.

choses s'aggravent d'année en année, et 30 % des plus de 90 ans sont d'ores et déjà atteints.

Que dit Pézerat? Rien de définitif. Il se contente de compiler une série d'études épidémiologiques, réalisées dans six pays différents. Elles concluent toutes à une augmentation notable d'Alzheimer quand l'eau du robinet contient trop d'aluminium.

L'aluminium n'est pas un pesticide. Non, en effet. Mais cette révélation que nous jugeons pour notre part fondamentale signifie une chose qu'il faudra bien, un jour ou l'autre, prendre en compte : les ajouts de certaines molécules dans nos milieux d'existence peuvent jouer un rôle important, peut-être décisif, dans la survenue de certaines terribles maladies, dont ces affections neurologiques de plus en plus émergentes. Il faudrait en bonne logique enquêter, mais ce n'est pas fait. Il faut donc enquêter sur les raisons qui nous en empêchent, ce que nous faisons ici même, dans ce livre.

Le Grand Duduche est-il un génie?

Autre curiosité, moins certaine, il faut bien le dire : Mark Purdey. Né en 1953 dans une région rurale, cet Anglais à l'allure de Grand Duduche se passionne très vite pour les oiseaux. Tout gamin, il est déjà un *birdwatcher*, capable de passer des heures à regarder fauvettes et rapaces. L'un de ses plus vieux souvenirs, d'ailleurs, concerne un merle : « Il y avait des avions qui traitaient au-dessus d'un champ de blé, et, très peu de temps après, j'ai vu un merle frissonner, puis mourir. Cette image continue à me hanter [1]. »

Purdey n'est pas un original, pas seulement du moins, mais surtout un marginal. Il se fait virer d'un collège privé prestigieux, obtient malgré tout une place très convoitée à l'université d'Exeter, où il entreprend des études de zoologie.

1. Entretien accordé à Fabrice Nicolino en mars 2001. Une grande partie de l'histoire a été publiée à l'époque dans le journal *Politis*.

Il ne les terminera pas, préférant monter une ferme bio en Irlande, puis un élevage de vaches Jersey en Angleterre.

Cette fois, il est heureux. Il joue du saxophone, file le parfait amour avec son épouse Margaret, éduque ses enfants. Mais un jour une fonctionnaire du ministère de l'Agriculture vient lui annoncer que la région est soumise à un traitement pesticide obligatoire contre une mouche parasite des bovins, le varron.

Purdey refuse. Il redoute en effet les organophosphorés contenus dans le produit. « N'importe qui, dit-il, aurait pu se rendre compte qu'on ne lutte pas contre une mouche avec des produits chimiques dérivés des gaz de combat ! » Contre toute attente, la Haute Cour britannique lui donne raison et Purdey devient célèbre. Des paysans qui se disent victimes des pesticides, notamment organophosphorés, lui signalent des cas dramatiques.

« C'est vrai, reconnaît Purdey, j'ai de solides préjugés contre les organophosphorés. Et je me suis demandé s'il ne pouvait pas y avoir un lien entre eux et cette vache folle. » Avec des moyens dérisoires, il parvient à faire une étude troublante sur la corrélation entre les zones de traitement contre le varron et les cas d'apparition de la maladie de la vache folle. « En fait, selon mes cartes, la maladie est apparue quatre ou cinq ans après les deux traitements obligatoires. Une étude menée en France obtient d'ailleurs des résultats voisins. »

L'affaire se rapproche alors du polar. D'étranges personnages étaient déjà apparus autour des Purdey : de faux écologistes, de fausses victimes, des voisins on ne peut plus inquiétants. Mais voici que sa maison brûle entièrement sans raison apparente, que des accidents sans explication convaincante touchent deux de ses proches, dont le vétérinaire qui l'aide dans ses recherches. « Je sais que cela semble paranoïaque, et j'admets volontiers n'avoir aucune preuve, mais souvenez-vous qu'aux États-Unis des activistes comme moi ont été totalement discrédités après des campagnes policières de harcèlement qui ressemblent à ce qui m'est arrivé. Pourquoi pas ici ? »

Quoi qu'il en soit, Purdey avance, y compris sur le plan scientifique, car notre éleveur se révèle un autodidacte-né. Une première étude, menée au département des neurosciences de l'Institut de psychiatrie de Londres, démontre que les organophosphorés utilisés contre le varron sont capables, de manière expérimentale, de provoquer trois des quatre modifications de la protéine prion qu'on retrouve systématiquement dans le cerveau des vaches folles.

Ce n'est certes pas assez, mais plutôt excitant, on en conviendra. Aidé par des amis éleveurs qui cassent leur tirelire, Purdey passe à la vitesse supérieure et devient globe-trotter. Il existe en effet un peu partout dans le monde des lieux singuliers où les maladies spongiformes transmissibles – pas seulement l'encéphalopathie spongiforme bovine (ESB) – prospèrent mystérieusement. Purdey, qui pense désormais qu'un autre facteur que les organophosphorés est en cause dans le déclenchement de l'ESB, décide d'aller sur place.

Où ? En Islande, où certaines vallées comptent de très nombreux cas de tremblante du mouton, tandis que d'autres, pourtant proches, sont indemnes. Aux États-Unis, dans le Colorado, où, dans une petite zone, 7 % des cervidés sauvages sont atteints par la *chronic waste disease*, maladie très proche de l'ESB. En Slovaquie, où trois villages détiennent le taux de Creutzfeldt-Jakob le plus élevé au monde. En Calabre (Italie), où 20 cas de Creutzfeldt-Jakob ont été recensés dans un bourg de 150 habitants. Au Texas enfin, où, dans une zone de 20 kilomètres carrés autour d'un aérodrome militaire, la tremblante du mouton est exceptionnellement concentrée.

Purdey va partout et récolte des échantillons des aliments consommés, du sol, de l'eau. C'est le bingo, ou presque : partout il constate des teneurs anormales en manganèse. Ce minéral peut être un redoutable poison, et Purdey, qui a tout lu sur la question – et sur quelques autres –, se souvient aussitôt qu'à la fin du XIXe siècle une maladie neurodégénérative a été identifiée chez les mineurs de manganèse : la *manganese madness*, la folie du manganèse.

D'où peut venir ce manganèse ? Dans la plupart des cas, il semble lié à des pollutions industrielles localisées. Au Texas, par exemple, le manganèse a remplacé le plomb dans les carburants des avions de l'aérodrome. Le village calabrais, lui, est tout proche d'une raffinerie de pétrole qui rejette du manganèse. Lequel peut aussi avoir une origine naturelle, comme en Islande.

De retour en Angleterre, Purdey contacte un biochimiste réputé de l'université de Cambridge, David Brown, qui accepte de faire une étude sur l'étrange relation entre le cuivre et le manganèse. Le résultat est là encore assez renversant : lorsque le cuivre vient à manquer – ce qui était le cas dans tous les sites visités par Purdey –, le manganèse prend en quelque sorte sa place dans la protéine prion, mais en la déformant de manière caractéristique. « Cette forme anormale, pense Purdey, c'est la quatrième modification, celle qu'on n'avait pas trouvée dans nos expériences avec les organophosphorés ! »

Pour lui, les choses sont désormais claires, ou à peu près : la vraie cause de la maladie de la vache folle tient à une combinaison entre les traitements pesticides qu'ont subis les troupeaux de bovins et un excès de manganèse, de plus en plus présent dans notre environnement, notamment depuis qu'il est utilisé en remplacement du plomb dans les carburants.

Quand Michel Bounias fait ses comptes

Est-il cinglé ? Nous ne le croyons pas. A-t-il raison ? Nous n'en savons rien, évidemment. Peut-être, d'ailleurs, a-t-il à la fois tort et raison, comme si souvent dans le domaine des sciences. Mais son travail est en tout cas exemplaire d'une démarche dont les marchands et leurs affidés ne veulent pas entendre parler. C'est-à-dire pragmatique, ouverte, audacieuse à l'occasion.

Ajoutons deux points à la « théorie Purdey ». Un éleveur français, Jean Coulardeau, a dressé lui aussi une carte de France des traitements ordonnés contre le varron et l'apparition des cas de vache folle. Elle révèle une corrélation nette. L'écotoxicologue réputé de l'INRA Michel Bounias, aujourd'hui décédé, est l'auteur de 400 publications dans 80 journaux scientifiques du monde entier. Et sa route a croisé celle de Purdey. Un jour de 2000 il reçoit ses travaux et un peu plus tard les relevés de Coulardeau. Voici la suite : « Je vous assure que des théories fumeuses, j'en ai vu passer ! Des travaux, des livres, des publications de gens qui prétendent avoir trouvé tous les secrets de l'univers, j'en ai reçu des montagnes. Mais j'établis mon analyse en fonction de la substance concrète dont il est question. De la sorte, on sait tout de suite ce qui tient la route, même s'il ne peut s'agir de réponses définitives [1]. »

Et Purdey, selon Bounias, tient la route. Au point que, le pensant chercheur comme lui, il lui propose de cosigner une publication ! Quant aux données françaises sur le lien entre traitements pesticides et apparition de la maladie de la vache folle, elles lui paraissent quasiment sûres : « J'ai regardé leurs chiffres, fait un premier calcul statistique global, qui s'est révélé très significatif car il y avait un écart entre les deux dates qui n'était pas aléatoire. Statistiquement, il y a une chance sur dix millions pour que le lien entre exposition au traitement et apparition de la maladie soit le fait du hasard. La courbe que j'ai établie prouve la corrélation, mais elle n'établit pas de causalité formelle. Il y a plusieurs clauses pour démontrer la causalité, et, pour le moment, nous n'en tenons qu'une, la clause temporelle. »

Voilà qui n'est pas rien, c'est le moins qu'on puisse écrire. De tels faits justifieraient à l'évidence que l'on continue de rechercher dans ces directions. À notre connaissance, tout est oublié. Pauvre Purdey ! Et pauvre docteur Pello, franchement !

1. Entretien accordé à Fabrice Nicolino en avril 2001.

Un million de victimes oubliées ?

On vous le présente. Gérard Pello est un généraliste du Tarn-et-Garonne. Même pas un spécialiste? Même pas. Pendant de longues années de pratique professionnelle, ce médecin collecte des données sur plusieurs dizaines de malades qui l'intriguent. Il y a 56 femmes et 8 hommes, et le diagnostic de Pello est clair : ils sont atteints de fibromyalgie. Pello prend les choses à ce point au sérieux qu'en 2001 il envoie un copieux rapport médical et scientifique sur le sujet à l'Institut national de veille sanitaire. Le même destinataire que la note de Pézerat. Et le même mode de traitement : lettre morte.

Quel dommage! Et on l'écrit sans ironie, sinon sans acrimonie. Car le texte de Pello est remarquable de la première à la dernière ligne. Mesuré, intelligent, le propos de notre médecin de famille passe tout en revue concernant les malades : épidémiologie, interrogatoire, milieu de vie, symptômes divers, examen clinique, bilans sanguin et urinaire, hypothèses et théories. Que demande le peuple? a-t-on envie d'ajouter.

Voilà un médecin consciencieux, scrupuleux, dynamique et inventif qui fait son travail comme aucun autre. Il constate, s'interroge et finit en toute logique par questionner les institutions les plus nobles de son pays, glorieuse icône de la démocratie planétaire. Et voici qu'on lui répond crotte, pour ne pas dire merde. Est-ce une bonne nouvelle pour nous?

On ne peut, vous vous en doutez, citer tout Pello ici. Allez voir sur notre site [1] si vous le souhaitez, car c'est instructif. Reste que le médecin évoque avec force arguments « la piste d'une origine toxicologique à bas bruit, d'origine alimentaire et/ou environnementale », de la fibromyalgie. Constatant le rôle anticholinestérasique de nombreuses molécules comme

1. Sur Internet : http://www.pesticides-lelivre.com.

les organophosphorés, les carbamates ou les pyréthroïdes, désormais très présentes dans l'environnement, il ajoute : « Sur le plan clinique, on retrouve des signes étonnants, concordants chez les fibromyalgiques et chez les patients ayant subi des expositions aiguës à ces produits. »

Il ne jure rien, il constate et demande. La belle affaire ! Il convient sans doute, à ce stade, de vous donner quelques éléments sur la fibromyalgie. C'est une pathologie très difficile à saisir, car elle mêle douleurs musculaires, articulaires et souffrances psychologiques. Associée à une sensation d'épuisement, de fatigue chronique, elle est souvent considérée comme psychosomatique. Mais l'est-elle ?

Certes, elle n'offre aucun marqueur biologique qui la distinguerait nettement de toute autre maladie, mais elle représenterait entre 6 et 20 % des consultations en rhumatologie. Une énormité ! Et que cela plaise ou non, le syndrome de la fibromyalgie est reconnu comme tel par l'Organisation mondiale de la santé (OMS) depuis 1992 [1]. Voici ce qu'en dit le docteur Pello : « Nous sommes en face d'une pathologie dont la prévalence est évaluée à 2-3 % de la population générale. L'omniscience de la communauté médicale internationale a décidé que ces syndromes étaient psychogéniques. Nous sommes de plus en plus nombreux à considérer cette conclusion comme erronée et à qualifier d'inacceptable la psychiatrisation destructrice de ces malades en quête de vérité, d'espoir et de soins. »

La médecine légale passerait-elle à côté de quelque chose d'essentiel ? Ce ne serait pas la première fois. En 2001, le député UMP Dominique Paillé a réclamé la création d'une mission d'information parlementaire en vue de la reconnaissance de ce syndrome. Cela ne prouve rien ? Non. Mais

1. Pour mieux connaître cette maladie, lire le livre de la remarquable Carole Robert, déléguée générale de l'UFAF, *Fibromyalgie. Les malades veulent comprendre*, Publibook. À commander sur le site Internet de l'UFAF : http://fibromyalgie.ufaf.free.fr.

des médecins de haute qualité, nous nous en sommes assurés personnellement, considèrent cette demande comme parfaitement légitime. Parmi eux, l'un de nos plus grands neurologues, qui se désole – en privé, hélas –, comme Pello, qu'on se contente le plus souvent de renvoyer les patients à leur psyché, quand c'est peut-être leur corps qui devrait être considéré.

Si Pello ne délire pas ouvertement, autour d'un million de personnes en France souffriraient de l'éprouvant syndrome fibromyalgique. Et la cause pourrait être liée étroitement à certaines molécules contenues dans les pesticides. Sans préjuger de rien, cela ne vaudrait-il pas au moins une vérification approfondie ? Nous vivons, que l'on sache, dans un pays qui arrête une partie de ses activités quand la listeria ôte la vie d'un malheureux client tombant sur un malheureux fromage infecté. Misère de nous !

Et nos enfants, au fait ?

Chapitre long ? Peut-être. Mais il fallait prendre son temps, accepter les méandres, mêler les genres, assurer les fondations. Car la situation, vous l'aurez compris, est tragique, et tout à fait indigne d'une nation qui se croit encore démocratique.

On ne peut conclure sur la question, provisoirement bien sûr, sans évoquer une étude [1]. Elle nous vient d'Amérique, puisque la France est incapable d'en faire. Elle concerne les enfants, nos enfants, l'avenir commun. Elle estime que 7,4 millions de gosses américains sont malades des suites d'une exposition aux pesticides. Rassurez-vous – si vous pouvez –, 89 % de cet ensemble effarant ne souffrent que de manière bénigne. Pour l'instant.

En France, nous avons de toute façon cette remarquable vigie appelée Observatoire des résidus de pesticides (ORP).

1. « Acute illnesses associated with pesticide exposure at schools », *Journal of the American Medical Association*, 294, 2005, p. 455-465.

Faut-il insister encore ? Une dernière, alors, pour la route. En octobre 2006, pendant que ces lignes étaient écrites, on trouvait ceci sur le site Internet de l'ORP, dans l'espace « Contacts » : « À ce stade, il n'est pas possible de répondre individuellement à tous les courriers. » Dans l'espace « Actualités » ne figuraient en tout et pour tout que trois informations. Trois. Le reste aura été dévoré par les pesticides.

Chapitre 14

Quand jardiner peut tuer

Où l'on se rappelle les grands ancêtres, d'Ibn Al-Awwam à Gilles Clément. – Où l'on hésite à faire entrer le chien dans le salon. – Où l'on applaudit des deux mains le grand jardinier de Rennes Jean Le Ruduler. – Où l'on retombe, *fatalitas !*, sur les amis de l'industrie, qui sont les ennemis du purin d'ortie. – Où l'on salue malgré tout une prometteuse chaîne de magasins.

L'art immémorial du jardin est devenu une menace. Cette violente métamorphose est d'une rare cruauté, car on pourrait citer mille et un exemples d'un glorieux passé, d'une splendide cohabitation entre l'homme et le végétal. Mille et un, comme *Les Mille et Une Nuits*, qui décrivent les jardins de Bagdad, bien avant que la ville soit dévastée par le tyran et la guerre. « J'ouvris la première porte, lit-on dans l'histoire du troisième vagabond, et j'entrai dans un jardin fruitier, auquel je crois que dans l'univers il n'y en a point qui soit comparable. Je ne pense pas même que celui que notre religion nous promet après la mort puisse le surpasser. La symétrie, la propreté, la disposition admirable des arbres, l'abondance et la diversité des fruits de mille espèces inconnues, leur fraîcheur, leur beauté, tout ravissait ma vue. »

Plus tard, au cœur d'Al-Andalus, dans cette Espagne conquise et islamisée, le Sévillan Ibn Al-Awwam écrivit un traité de jardinage – *Kitab al-Filaha* – en trente-cinq volumes. Il y explique, entre bien d'autres choses, l'usage de l'astrolabe dans le tracé des rigoles d'irrigation, ces *acequias* qu'on voit aujourd'hui encore dans la Sierra Nevada et qui ont si bien résisté au temps.

Il y a un miracle universel du jardin, qui unit le Chinois Sima Guang au moine bénédictin Walafrid Strabo, l'Italien de la Renaissance Pietro de Crescenzi à Gilles Clément, notre contemporain. Hélas, l'heure n'est plus à la culture et à la civilisation. Mais au rendement, aux maladies de l'âme, aux désordres intimes. Nul ne devrait plus ignorer que le jardinier du dimanche, l'homme aux laitues, la femme aux courges et aux potirons, les amoureux du coquelicot et du bleuet se croient désormais obligés d'empoisonner leur minuscule terre et leur si précieuse récolte.

Car c'est ainsi : 10 % des pesticides utilisés en France, ce qui est énorme, sont destinés aux jardins, aux espaces verts, au bord des routes et des voies de chemin de fer. Encore laisse-t-on de côté les insecticides ménagers, qui, la plupart du temps, ne sont pas à strictement parler des pesticides. Ce qui ne les empêche pas d'être souvent redoutables.

Le même danger que dans les champs

Quoi qu'il en soit, en 2000, 8 443 tonnes de pesticides ont été utilisées par les jardiniers (soit environ 2 % du total) et 1 975 tonnes dans les espaces verts de différentes catégories [1]. Une telle quantité, impressionnante, n'a rien d'étonnant, car sur les 23 millions de foyers français, 13 disposent d'un espace de jardinage qui recouvre, certes, des réalités très diverses. Tout de même : plus de la moitié !

1. Source : UIPP-UPJ, synthèse OPECST.

Quelle définition donner au jardinage ? L'art et la pratique de cultiver les jardins. Il consiste à cultiver dans un lieu, généralement clos et à l'extérieur, des fleurs (parterre), des légumes (potager), des arbres (verger) et d'autres végétaux, pour un effet esthétique, d'agrément ou pour l'alimentation, le but économique étant toutefois secondaire.

Secondaire pour ceux qui, à l'instar du Candide de Voltaire, estiment simplement qu'« il faut cultiver son jardin », son esprit, sa vie intérieure, qui comprend, comme chacun sait, la panse. Ou comme Doris Lessing deux cents ans plus tard, pour qui « il n'y a jamais nulle part où aller qu'en dedans ». Car du côté des marchands de pesticides le jardin est une manne. Le marché du jardin en général représentait 5,911 milliards d'euros de chiffre d'affaires en 2004, en augmentation de 17 % en seulement cinq ans. Cela peut paraître un brin abstrait, mais ramené au budget annuel moyen par ménage, cela équivaut à une somme de 242 euros. Énorme ! Les pesticides « de jardin », pour leur stricte part, atteignaient en 2005 135 millions d'euros [1].

Sont-ils seulement différents de ceux qu'on épand sur les champs, les rizières, les plantations de bananes ? Non. Mais, tout de même, « les produits visés à l'article 1er du présent arrêté classés explosifs, très toxiques (T+), toxiques (T), cancérigènes, mutagènes ou encore toxiques ou nocifs pour la reproduction ou le développement (correspondant aux phases de risque R-40, R-60, R-61, R-62, R-63, R-68, R-45, R-46, R-49), ne peuvent pas se voir autoriser l'usage de la mention "emploi autorisé dans les jardins" ».

C'est un charabia, certes, mais il est instructif. On y parle donc d'un « présent arrêté » qui stipule que certains pesticides parmi les plus dangereux ne peuvent obtenir la mention « emploi autorisé dans les jardins ». Remercions le législateur qui, en sa grande sagesse, considère qu'un pesticide explosif,

1. Données UPJ, 2005.

très toxique, cancérigène, etc., ne doit pas bénéficier d'un coup de pouce commercial. Une vraie bonté d'âme.

Notez toutefois que ce « présent arrêté » n'a été pris qu'en octobre 2004, ce qui a laissé du temps pour la dévastation des jardins et des corps. Notez surtout qu'il ne protège pas vraiment contre les molécules dangereuses. En fait, ce texte réglementaire de moindre mal stipule que les produits vendus aux jardiniers doivent être moins concentrés que ceux vendus aux agro-industriels. Or donc, la même chose, mais en moins violent.

Est-ce suffisant ? Est-ce raisonnable ? Non. Car le jardinier n'est pas un paysan habitué aux traitements. Il peut, il a le droit d'être ignorant des règles et des menaces. Il a également le droit de faire confiance à la société dont il est membre pour être protégé. Mais ce n'est pas le cas. Imaginez ! M. X, ou son fils, débouche une bouteille, un flacon, un bidon après avoir vaguement regardé l'étiquette, comme nous le faisons tous. Il a bien des gants, mais ils sont troués. Il avait des gants, mais il ne les retrouve plus. Il pourrait s'acheter un masque, mais il ne sait pas lequel. Ou il a peur que son voisin se moque. Ou il s'en fiche. Le voici maintenant qui asperge ses plants avec un vieux pulvérisateur, sans se soucier des microgouttes qui vont passer par ses narines pour entrer dans sa gorge avant d'aller se fixer plus bas, le long de la trachée, sur les alvéoles trop confiants de ses poumons. Et il ne va pas le faire une fois, mais cent, mille. Pas pendant trois semaines, mais pendant trente ans. Avec des produits dont l'effet à long terme, à faibles doses répétées, en relation avec d'autres produits, est presque totalement inconnu. Avez-vous encore envie de jardiner de la sorte, pour vous et votre petit dernier qui vient juste d'apprendre à marcher ?

Attention aux tondeurs de gazon !

La vérité commande d'écrire que le système de commercialisation des pesticides pour le jardin est irresponsable et fait la part belle, sinon unique, aux marchands et aux publicitaires, exactement comme dans tous les autres domaines où l'on vend ce type de produits. Simplement, les victimes directes sont en l'occurrence nous-mêmes, qui ne savons (presque) rien, qui ne demandons (presque) rien, qui nous contenterions volontiers de produits sûrs. Sans risque aucun pour ceux qu'on aime et qu'on souhaiterait tant protéger, au moins dans la sphère limitée de la famille et du jardin.

Une enquête réalisée par le MDRGF révèle tout autre chose [1]. Dans une seule chaîne de jardineries, pas moins de 2013 spécialités phytosanitaires, le nom poli des pesticides, sont vendues. Au total, elles contiennent 135 matières actives différentes. Dont 30 classées toxiques (T) ou très toxiques (T+). Dont 22 classées cancérogènes possibles ou probables. Dont 7 classées préoccupantes pour la fertilité ou toxiques pour le développement des êtres humains. Dont 21 sont des perturbateurs hormonaux possibles ou certains. Dont 11 sont classées neurotoxiques…

Ajoutons ce commentaire qui n'est pas anodin : toutes ces références sont officielles, toutes. En clair, compte tenu des immenses lacunes de la connaissance, le bilan est fatalement bien plus préoccupant encore. Ce que vous apercevez n'est, à coup certain, que la partie émergée de l'iceberg. Car c'est un iceberg sur lequel se fracassent des vies et des santés.

Et sous la ligne de flottaison, bien à l'abri des regards gênants, les biocides ménagers. Un biocide n'est pas à proprement parler un pesticide, qui vise, officiellement du moins, les ennemis des cultures. Le biocide se moque des apparences et son nom signifie sans détour qu'il existe à seule fin de tuer des êtres vivants. Dans les maisons, les biocides sont essentiellement des insecticides et des raticides, auxquels il faut ajouter des produits de traitement du bois. Tantôt sous

1. *Classement écotoxicologique, toxicologique et sanitaire des matières actives incluses dans les pesticides autorisés d'emploi dans les jardins*, étude élaborée pour la société Botanic par le MDRGF, 2006.

la forme de bombes, tantôt sous la forme de plaquettes ou de diffuseurs lents.

Les chats et les chiens, présents par millions dans les foyers français, sont amplement « protégés » contre les tiques et les puces. De redoutables produits sont couramment utilisés jusque dans les colliers, comme les carbamates ou certains organophosphorés tels le chlorpyrifos ou le dichlorvos. Le fipronil, qui a dévasté les ruchers français, nous l'avons vu plus haut, l'est également, tout comme le propoxur, pourtant interdit en agriculture.

Aucune étude d'ensemble n'est disponible sur la question, et même si les intoxications aiguës demeurent rares, en tout cas rarement répertoriées, un usage aussi massif de produits dangereux ne peut pas ne pas avoir de sérieuses conséquences sur la santé. L'INSERM, institut public de recherche médicale, a publié au début de 2006 un travail démontrant que l'exposition d'une femme enceinte à des insecticides ménagers multiplie par deux les risques d'une leucémie infantile chez l'enfant qu'elle porte [1]. Négligeable ?

Les professionnels en charge des espaces verts ou de l'entretien des routes sont-ils mieux lotis ? À voir. Qui n'a jamais observé, le printemps venu, des employés municipaux en short et maillot arroser gaillardement le bas-côté au pulvérisateur, cigarette au bec ? Pourquoi personne ne les a-t-il prévenus qu'il fallait impérativement un masque ? Pourquoi si peu d'élus se rappellent-ils qu'en ville les espaces verts, et jusqu'au bas des arbres, sont en théorie destinés aux enfants et aux badauds ? N'aurait-on plus le droit de taper dans un ballon avec son fils ou sa fille dans le square d'à côté sans revêtir au préalable une combinaison de cosmonaute ?

Vous penserez peut-être que nous dramatisons pour le plaisir ou la nécessité de ce livre. Mais non, hélas. Il faut

1. F. Menegaux, A. Baruchel, Y. Bertrand, B. Lescœur, G. Leverger, B. Nelken, D. Sommelet, D. Hemon et J. Clavel, « Household exposure to pesticides and risk of childhood acute leukaemia », art. cité.

répéter sans se lasser qu'un jeune être est en formation, et que la moindre molécule, sans être évidemment fatale, joue contre lui, ses neurones, son équilibre d'aujourd'hui et de demain. On peut et l'on doit même jouer au foot dans la rue ou au parc, mais on ne peut pas jouer avec le système endocrinien ou le délicat équilibre d'un cerveau en plein développement.

Jean Le Ruduler, héros de la ville de Rennes

Au reste, pas davantage avec les adultes et les vieillards, fussent-ils immobiles sur un banc, qui avalent sans le savoir un air contaminé avant d'être éventuellement mouillés par une pluie elle aussi contaminée. C'est tout l'univers urbain qui devrait, de toute urgence, être regardé d'un œil neuf pour que ses habitants soient mieux protégés. Songez, pour ne prendre qu'un autre exemple parmi les plus évidents, que le bétonnage omniprésent des villes rend la pollution inévitablement plus concentrée.

Pourquoi ? Mais tout simplement parce que le sol des villes est globalement imperméable. Les traitements chimiques et pesticides glissent sur les trottoirs et les revêtements, filent droit aux égouts, donc aux stations d'épuration, donc aux rivières, d'où ils nous reviennent, mal éliminés, dans une eau qu'on prétend potable et qui n'est plus que légale. Une même quantité de pesticides épandue sur une surface en relation avec un vrai sol – un champ, une prairie – sera toujours moins toxique, car plus diluée, qu'épandue sur une étendue imperméable sur laquelle elle glissera sans être le moins du monde dégradée.

Preuve que les choses bougent, preuve que la question commence à être prise très au sérieux : Rennes. La métropole bretonne n'est pas la seule ville importante à limiter l'utilisation de pesticides dans les espaces verts. Heureusement ! Mais sa politique est cohérente, rigoureuse, et elle porte des fruits goûteux. Comme si souvent, un homme incarne en particulier ce beau mouvement collectif. Jean Le Ruduler a été le directeur du service des jardins de Rennes pendant trois décennies, de 1966 à 1996, avant d'être remplacé par un autre valeureux, Pierre Lhoumeau.

Le Ruduler a compris bien avant d'autres, à la suite de voyages d'étude en Allemagne, aux Pays-Bas et dans les pays scandinaves, que le jardin, avant d'être une valeur économique, est un ensemble écologique. Quelle révolution ! Dès 1966, au moment où il crée le parc des Bois, il introduit une vision très moderne, repoussant l'horticulture classique, réhabilitant les espèces et variétés indigènes. Un parc urbain, selon lui, peut et doit se rapprocher de la nature, et donc s'éloigner du classicisme des parcs traditionnels, qui réclament au passage de nombreux traitements pesticides dès lors que la « rentabilité » est mise au poste de commande.

Le miracle de cette histoire est que ce pionnier n'est pas chassé de son poste, mais au contraire écouté. Certes, Le Ruduler se lance alors dans un combat à l'issue incertaine. Comment convaincre avant 1970, à l'heure où les derniers paysans se pressent dans les banlieues des villes, qu'un boisement naturel, qu'une prairie humide et anarchique valent « plus » qu'un gazon perpétuellement ras ?

Mais Le Ruduler l'emporte. À partir de 1981, il définit avec intelligence huit catégories différentes d'espaces jardinés, du plus horticole au plus « sauvage ». Une manière évidente de commencer à réfléchir ensemble à la vision sociale du paysage, à ses règles et nécessités. Nous ne savons si telle était l'intention de Le Ruduler, mais cet art de la différence, cette capacité à reconnaître *des* formes et *des* usages distincts conduisent en tout cas à une évolution en profondeur des esprits. Pour filer la métaphore, Le Ruduler et ses lubies ont été un terreau fertile. La preuve par les chiffres : sous son règne, les espaces verts de Rennes sont passés de 60 à 780 hectares, soit une multiplication par treize, incluant des bois, des mares, des prairies. Les chiffres manquent pour l'utilisation des pesticides dans les années 1960, mais gageons qu'ils devaient être effarants. En 1988, en tout cas, alors que le service de Le Ruduler ne gérait encore que 640 hectares, il utilisait 876 kilos de pesticides, sans compter les produits liquides. En 1996, au moment de son départ, le total était ramené à 272 kilos pour près de 800 hectares.

Il est vrai que les jardiniers de Rennes désherbent souvent à l'eau chaude, laissent pousser des géraniums au pied des arbres municipaux, et les herbes sur les trottoirs avant de les couper, mais sans plus jamais les arracher. La ville et ses habitants dépensent moins, profitent du fabuleux spectacle des plantes vivantes en toute saison, et leur santé, à n'en pas douter, s'en trouve d'une façon ou d'une autre améliorée [1].

Rennes, encore un effort ? Oui. Fin 2006, quatre communes du Loiret se sont engagées à atteindre un objectif parfait : zéro pesticide. Plus du tout de pesticides dans les espaces verts et sur la voirie. L'expérience, car c'en est une, pourrait ensuite être étendue à toute la région Centre. Au Canada, plus de soixante villes ont signé des arrêtés qui restreignent l'usage des pesticides. Toronto et Montréal ont fait mieux en promulguant ce qu'on pourrait nommer une loi limitant drastiquement l'épandage de pesticides dans les limites de leur territoire. Croplife, un faux nez de l'industrie, a traîné en 2005 la ville de Toronto devant la cour d'appel de l'Ontario, mais a perdu. Le contentieux est entre les mains de la Cour suprême du Canada.

La petite guerre du grand purin d'ortie

Peut-être l'aurez-vous constaté, les marchands n'aiment pas qu'on rogne leurs affaires. Ils ne goûtent guère les simples, les fous qui se contentent d'un peu d'eau chaude sur les mauvaises

---

1. Voir un exemple de réduction très importante de l'usage des pesticides dans la banlieue de Rennes, à Vezin-le-Coquet, sur Internet : http://perso.orange.fr/vezinlecoquet/Rapport_Vezin.pdf.

herbes quand un bon produit mille fois plus cher peut faire (moins bien) l'affaire. À ce propos, il faut évidemment revenir sur l'invraisemblable histoire du purin d'ortie, qui a fait couler beaucoup d'encre en France à l'automne 2006.

Mais d'abord, un éloge. Le purin d'ortie est un trésor qui ne coûte rien. Vous prenez d'un côté 10 litres d'eau, de pluie de préférence. Vous placez dans le récipient 1,5 kilo de feuilles d'orties hachées, en choisissant les feuilles qui ne sont pas montées en graine. Nous y sommes ? Laissez macérer une quinzaine de jours, puis filtrez le tout.

Que faire de ce jus ? Bien des choses. Concentré, c'est un excellent « activateur » de compost. Dilué sur la base de 1 litre de purin pour 10 litres d'eau, cela devient une arme fatale contre les pucerons. Sur la base de 2 litres de purin, toujours pour 10 litres d'eau, on obtient cette fois un tueur de champignons, algues et lichens. Et vous pouvez aisément conserver du purin au frais pendant un an, à la condition de le tenir dans des boîtes hermétiques.

C'est donc simplement génial, mais, hélas, désespérément gratuit. Le premier pékin venu peut se permettre de couper ces pieds d'ortie qui gênaient le voisinage depuis des lustres, et faire, sans demander l'avis de quiconque, un produit parfaitement adapté à sa situation. Est-ce acceptable dans ce monde dur et globalisé où il faut tuer l'autre pour seulement espérer survivre ? Non, bien évidemment non.

L'affaire du purin d'ortie commence le 31 août 2006. Ce jour-là, à 10 heures du matin, deux fonctionnaires – l'un de la Direction régionale de l'agriculture et de la forêt (DRAF), l'autre de la Direction générale de la concurrence, de la consommation et de la répression des fraudes (DGCCRF) – débarquent chez Éric Petiot, un horticulteur de l'Ain. Attention les yeux, Bruno F. et Christophe M. (respectons leur anonymat) ne sont pas là pour plaisanter. Il s'agit de saisir des documents dans le cadre strict de l'article L.215-3 du Code de la consommation. Que personne ne bouge !

Rien ne vaudra jamais le ton du procès-verbal qui sortira de cette authentique perquisition : en voici un premier extrait : « Après nous être présentés, écrivent les deux "policiers", avoir justifié de notre qualité et indiqué l'objet de notre enquête, entendons M. Éric Petiot, paysagiste-élagueur, qui nous déclare ce qui suit : "Je suis installé depuis avril 1990 [...] en tant qu'artisan paysagiste. Mon activité principale consiste à l'entretien d'espaces verts et de massifs (désherbage thermique...), d'élagage d'arbres pour le compte de communes *[sic]*. Actuellement, j'emploie quatre salariés et un apprenti"... »

On apprend ensuite qu'Éric organise des stages et formations subventionnées. Lesquelles, *horresco referens*, tournent autour de la manière de soigner les arbres par... les plantes. Bien qu'étant formateur agréé par le ministère de l'Agriculture, cet homme n'est pas normal, à l'évidence. Et nos amis « policiers » ont bien eu raison, en conséquence, d'« exiger » – c'est leur mot – de Petiot qu'il livre tous les documents en sa possession, fort nombreux, sur ces étranges stages, incluant liasse fiscale, programmes, brevets, fiches, photos, fascicules, autorisations, attestations, enregistrements. L'imagination de certains fonctionnaires est grande, savez-vous ?

Pourquoi cette étonnante visite domiciliaire ? Eh bien, essentiellement pour « examiner la conformité de l'entreprise relative à la protection des végétaux ». On croit comprendre, à demi-mot, qu'Éric Petiot menace ladite « protection des végétaux ». Et l'on a bien raison. Ce qui ne figure pas sur le procès-verbal a pourtant bel et bien existé : outre différentes menaces, Petiot se voit interdire d'entraîner ses stagiaires dehors pour y cueillir des plantes sauvages. Et de faire la promotion d'un certain nombre de traditions ancestrales qui permettent de remplacer avantageusement des produits de la chimie de synthèse.

Une loi en est la cause, la loi d'orientation agricole (LOA) numéro 2006-11, du 5 janvier 2006. Ses articles L.253-1 et

L.253-7 instituent en effet l'interdiction de « toute publicité commerciale et [de] toute recommandation » pour des produits phytopharmaceutiques dépourvus d'une autorisation de mise sur le marché (AMM) ou d'une autorisation de distribution pour expérimentation. Pas d'AMM ? Eh bien, plus de purin d'ortie, et pas davantage d'eau savonneuse, souveraine contre le puceron.

La police des plantes a une histoire

C'est grotesque, mais aussi très grave. Le MDRGF publie aussitôt un communiqué : « Le lobby de l'agrochimie veut tellement empêcher l'émergence de solutions de lutte naturelles en agriculture qu'il est parvenu, par son influence, à faire interdire non seulement la vente mais également la simple recommandation de produits naturels comme le purin d'ortie dans la LOA. Cette situation est scandaleuse et constitue une limitation des libertés intolérable et une atteinte à toute initiative individuelle de pratique agricole alternative et propre. »

La guerre de l'ortie, comme il fut écrit, est cette fois lancée. Encore en cours, elle est menée, du côté de la société, par Bernard Bertrand. Longtemps paysan dans les Pyrénées, Bernard a créé avec son épouse un fabuleux jardin, qui se visite, ainsi que les Éditions de Terran. Il y publie régulièrement des livres aussi improbables qu'un éloge de la violette, de la ronce ou de… l'ortie, le plus souvent écrits par lui-même.

S'il y avait un délinquant de l'ortie à importuner, à perquisitionner, ce serait lui et nul autre. Bernard Bertrand est en effet un acharné, un multirécidiviste, un ennemi juré du progrès industriel. L'ennui, c'est qu'il est connu et qu'il dispose d'amis nombreux et décidés. Le choix de Petiot ne doit pourtant rien au hasard, car il est le coauteur du livre *Purin d'ortie et compagnie*, paru aux Éditions de Terran, chez l'ami Bernard[1] ! On a voulu passer un message, on a voulu intimider, mais c'est raté.

À l'heure où nous écrivons, la bataille continue de faire rage. Des milliers de citoyens ont signé pétition sur pétition pour faire sauter l'imbécile verrou contenu dans la loi de janvier 2006. Le ministère de l'Agriculture, bien embêté par le barouf autour de ces exploits, hésite visiblement sur la suite à donner. De leur côté, les députés de la commission des affaires économiques ont adopté le 22 novembre 2006 un amendement qui pourrait – conditionnel d'extrême rigueur – rendre au purin d'ortie et à ses utilisateurs leur tranquillité d'antan. Par conscience du ridicule ? Le collectif Ortie et Compagnie menace en tout cas de « réagir avec la fermeté la plus grande » si une solution définitive n'est pas trouvée pour sortir de ce grand-guignolesque Clochemerle.

Mais faut-il bien en rire ? Pas sûr. L'affaire de l'ortie révèle une fois encore un rapport de forces insupportablement favorable à l'industrie des pesticides. Tandis que la France s'empoisonne chaque jour davantage, pour des décennies au minimum, et avec des milliers de cancers et autres maladies graves à la clé, le ministère de l'Agriculture envoie ses pandores à la chasse au purin d'ortie. Ce n'est pas quelconque, ce n'est pas distrayant, mais en réalité consternant.

Permettez-nous de repartir une seconde en arrière. Vous allez comprendre, et nous pensons que cela vaut la peine de patienter. L'un des deux hommes qui arrivent le 31 août 2006 chez Éric Petiot, Christophe M., agit sous l'autorité du chef du Service de protection des végétaux de Lyon, dont il dépend. Ce n'est pas un hasard, et c'est tout simplement passionnant. Car le Service de protection des végétaux a une histoire, une histoire chargée, surchargée même.

Dès 1915, fort logiquement en vérité, le ministère de l'Agriculture crée l'Inspection phytopathologique de la production

1. B. Bertrand, J.-P. Collaert et E. Petiot, *Purin d'ortie et compagnie*, Éd. de Terran, 2006. Voir sur Internet : http://www.terran.fr.

agricole. Il faut en effet disposer enfin d'un service central chargé de surveiller l'apparition de maladies susceptibles de frapper les récoltes au moment même où la France tente de gagner la terrible guerre contre les Allemands.

Dans l'entre-deux-guerres, ce service ne parvient pas à s'imposer et périra de sa belle mort. Mais les Allemands de 1940, arrivés à Paris, confrontés à la Grande-Bretagne et bientôt à l'Amérique, sont très vite obsédés par l'approvisionnement. Le doryphore, dévoreur de pommes de terre, est considéré dès les débuts de l'Occupation comme un ennemi du Reich. Et c'est bel et bien l'Allemagne nazie qui contraint les Français à créer, le 25 mars 1941, le Service de la défense des végétaux, qui deviendra en 1945 et jusqu'à nos jours le Service de protection des végétaux (SPV) de M. Christophe M.

Pendant la guerre, le principal responsable de ce service s'appelle Charles Vezin, intéressante figure s'il en est. Dès 1913, on trouve la trace de Vezin sur le terrain, traquant les pestes agricoles dans les champs et vignobles autour de Blois, où il dirige la station entomologique locale. Bien plus tard, sorti de la guerre, comme d'autres, avec la ferme volonté d'en finir avec les « ravageurs des cultures », il définit avec précision ce que doit être, ce que sera « son » Service de protection des végétaux. Il en sera le premier chef, suivi par des hommes comme Pouthiers, Dumas, Bouyx, Journet, Thiault.

Dès le départ, dans un contexte marqué par la faim et le rationnement, il est vrai, ces hauts fonctionnaires choisissent la coopération la plus étroite possible avec les industriels des pesticides. N'y revenons pas : nous avons déjà dit l'essentiel. Vezin deviendra ainsi, dès 1948, l'un des piliers du journal *Phytoma*, organe majeur du lobby des pesticides. Et tous les autres accepteront de même des postes nullement honorifiques dans cette revue décisive pour la diffusion massive des pesticides en France.

Un seul exemple suffira pour comprendre l'esprit de cette coopération rapprochée entre pontes – des fonctionnaires, rappelons-le – du SPV et responsables de l'industrie. En mars 1952, dans le numéro 36 de *Phytoma*, un éditorial salue ainsi l'arrivée à la tête du SPV de Pierre Dumas : « Le docteur Pouthiers, qui assurait depuis plusieurs années la direction du Service de protection des végétaux au ministère de l'Agriculture, a été touché par l'aveugle limite d'âge des fonctionnaires. M. Dumas est bien connu des lecteurs de *Phytoma*, dont il est un collaborateur habituel. »

Les chagrins constateront une fois de plus la totale consanguinité entre administration publique et purs intérêts privés. En cette occurrence, cela va réellement bien loin. Car Charles Vezin, premier patron du SPV, est aussi l'inventeur du système d'homologation des pesticides en France. C'est lui, et nul autre, qui crée à la sortie de la guerre le Comité d'étude et d'homologation des produits antiparasitaires, qu'il dirigera jusqu'en 1960. Ce comité deviendra la si fameuse Comtox, dont nous avons analysé le fonctionnement délétère et, pour tout dire, scandaleux. Juste un mot quand même : le secrétariat de cette structure si constamment favorable aux intérêts industriels sera assuré pendant près de quatre décennies après la guerre par Hubert Bouron. Lui aussi membre du SPV. Lui aussi pigiste de prestige à *Phytoma*.

Et la source n'est nullement tarie : témoin, Marc Delos, que nous ne rencontrons pas pour la première fois. Fonctionnaire important du ministère de l'Agriculture à Toulouse, il travaille pour le SPV régional, poursuivant l'œuvre glorieuse de Vezin et autres. Léger problème si on veut être méchant : il a siégé des années dans le stratégique Comité d'homologation des pesticides, dernière instance publique avant la mise sur le marché. Tout en étant vice-président de l'Association française de protection des plantes, une bien étrange structure dans laquelle se retrouvent à la fois les plus grands industriels des pesticides et de très braves et très impartiaux fonctionnaires de la République – comme Marc Delos, précisément. Est-on si loin du purin d'ortie ?

Le fait est qu'on tente de faire plier par voie de police de simples utilisateurs de produits non seulement naturels, mais aussi validés par des siècles de pratiques humaines. Et qu'on facilite par ailleurs la commercialisation massive de produits toxiques et dangereux pour la vie et la santé des écosystèmes et des humains. Inutile de chercher la moindre erreur : nous sommes en face d'un système, et il est d'une cohérence exceptionnelle.

Botanic fait la nique aux autres marchands

Raison de plus pour signaler les bonnes nouvelles, car elles sont rares. Attention, malgré certaine apparence, ce qui suit n'est pas de la pub. Botanic [1] est une chaîne de jardineries qui compte environ cinquante magasins en France. Pas tout à fait ordinaire, car elle continue d'appartenir à ses fondateurs, originaires de Haute-Savoie. Lesquels ne sont pas des philanthropes, mais pas non plus des despotes. L'éthique fait partie du jeu commercial, de même que la dimension humaine de l'entreprise et un rapport autre qu'artificiel avec la nature.

Sans cette singularité, Botanic n'aurait jamais pensé favoriser dans ses magasins le « jardinage écologique » par la mise en place d'une gamme Écojardinier. Plus concrètement, des liens mi-professionnels, mi-amicaux se sont noués entre Botanic d'une part et le MDRGF d'autre part, donc François Veillerette, coauteur de ce livre. Fait extraordinaire, les jardineries ont souhaité savoir ce qu'elles vendaient. Qui agit ainsi en France ? Qui l'ose ? Eux, en tout cas.

En 2005 et 2006, les limiers du MDRGF ont donc expertisé les substances actives contenues dans les quelque

1. Site Internet : http://www.botanic.com.

2 000 pesticides, de synthèse ou non, vendus chez Botanic. On a retenu six catégories, en s'appuyant sur des bases de données officielles comme celles des agences sanitaires européennes et américaines. De la plus dangereuse (catégorie 1) à la plus gentillette (6). Quel est le résultat ? Avant de vous fournir les chiffres, comprenez bien que Botanic n'est évidemment pas le pire élève dans ce domaine. Autrement dit, c'est souvent bien pis ailleurs.

Quoi qu'il en soit, 57 substances ont été classées dans la catégorie 1. Ce sont des cancérigènes probables, des perturbateurs endocriniens, des reprotoxiques probables et des toxiques aigus. 40 sont en catégorie 2 (cancérigènes possibles, perturbateurs endocriniens possibles, reprotoxiques possibles), mais seulement 5 en catégorie 6, c'est-à-dire sans risque sur l'environnement d'après les études disponibles.

Devant ces résultats effarants, les responsables de Botanic ont décidé de réagir, en cherchant des substituts non toxiques à tous les pesticides dangereux. Et ils se sont résolus à ne plus mettre en libre accès dans les rayons que les seuls produits de la gamme Écojardinier. Pour les autres, il faudra, ce qui n'est pas encore fait, les demander au vendeur, qui les sortira d'un comptoir spécialement prévu à cette fin. Et ce vendeur devrait, après formation, pouvoir utilement conseiller les clients et les orienter, en priorité, vers les pesticides Écojardinier. Plus fort encore : Botanic a choisi de bannir tout pesticide de synthèse dans deux de ses magasins dès 2007.

Ce n'est certes pas encore l'heure des bilans. Et l'on ne peut exclure que Botanic recule ou tarde à appliquer ces excellents principes. Il n'empêche : la preuve est faite qu'on peut parfaitement faire attention au sol, à ses habitants et ses productions, à soi-même, sa famille et ses proches, à ses salades, ses papillons et ses vers de terre, à la santé du jardin et à celle du monde. On peut même être un marchand sans être un insupportable pollueur. Si. Après tout, les mânes d'Ibn Al-Awwam ne sont peut-être pas si loin. Ô jardins de Grenade !

Chapitre 15

Une autre France était possible

Où l'on se rend compte qu'il existe une autre histoire de l'agriculture française, d'autant plus invisible qu'elle n'a jamais existé. – Où l'on serre la main d'André Pochon, qui nous offre en retour du trèfle blanc. – Où l'on embrasse Pierre Rabhi, Georges Toutain, Dominique Guillet et même José Bové. – Où on lit avec avidité un auteur oublié, Francis Chaboussou. – Où l'on rêve de moissons avec coquelicots.

On ne présente (presque) plus André Pochon, le roi du trèfle blanc. Qui a déjà rencontré cet homme ne l'oubliera jamais. Dédé, né en 1932 à Saint-Mayeux (Côtes-d'Armor), ne sera pas vieux, ce qui est un beau privilège. Rigoureusement impossible qu'il le devienne, car il est vif, mince, rieur, perpétuellement amusé par le spectacle du monde, même lorsque celui-ci est laid comme un champ de maïs. Il mourra jeune, s'il meurt, ce qui est loin d'être sûr.

Pour les rares qui ne connaissent rien des prouesses de ce paysan breton, résumons ses hauts faits. Jeune garçon encore, André sort de la guerre armé de son intelligence, poussé par des rêves de modernisation et de progrès, habité par les idéaux de la Jeunesse agricole catholique. Il va tout bousculer sur son passage, surtout à partir de 1954, lorsqu'il peut commencer sa propre exploitation.

Il n'a que 8 hectares, mais il va y tester de toutes nouvelles pratiques connues sous le nom de « révolution fourragère ». Pardonnez à l'avance ce trop court résumé : André se met à semer ses prés au lieu de se contenter des prairies naturelles. En tâtonnant, il parvient à un mélange quasi parfait d'une légumineuse, le trèfle blanc, et d'une graminée, le *ray-grass* anglais. Non seulement il obtient une « récolte » d'herbe stupéfiante, mais en outre, grâce aux propriétés du trèfle, qui enrichit naturellement le sol en azote, il n'a pas à utiliser d'engrais azotés. C'est une merveille, c'est un triomphe !

Des récoltes miraculeuses sans engrais

Au total, en combinant le fourrage de ses prairies, un peu de céréales et des betteraves, il obtient sur ses terres l'équivalent de 120 quintaux de céréales à l'hectare, contre 30 en moyenne. Autrement dit, André Pochon produit quatre fois plus en polluant drastiquement moins.

Impossible ? Tel n'est pas l'avis de l'INRA de Quimper, qui finira par comparer la « méthode à Dédé » et celle prônée par les ingénieurs. D'un côté le trèfle blanc sans engrais, de l'autre des graminées dopées par la chimie. On ne saura que bien plus tard que l'INRA a validé pour l'essentiel les méthodes du petit paysan. Mais rien ne sera publié. Rien. Parce que le « modèle breton » en aurait été menacé ? Parce qu'il aurait fallu renoncer à la lourde artillerie des engins, des moteurs, des pesticides ? Parce qu'on aurait dû sauvegarder l'infini lacis du bocage, les talus et les haies, la biodiversité ? Parce que l'argent public n'aurait pas su à quelle fin être gaspillé ? On le craint.

Dédé, quoi qu'il en soit, aura eu la vie qu'il méritait. Travaillant moins, faisant la sieste sous ses arbres, lisant et discutant avec le voisinage, il fut cependant, avec ses minuscules hectares, l'un des gros producteurs du canton. Vous n'êtes pas obligés d'applaudir à ce conte de fées, mais ce serait louper une belle occasion de croire au Père Noël, car il est authentique, de A jusqu'à Z [1].

De cette vie exemplaire, et si riche socialement, retenons qu'en 1982 André a créé avec quelques autres un réseau unique en son genre, le CEDAPA (Centre d'études pour un développement agricole plus autonome) [2]. Kézaco ? Les sept fondateurs s'appuient sur une poignée d'idées reines, toutes magnifiques. Il convient de nourrir les vaches en les maintenant le plus longtemps possible dans les prairies. Et de les loger, le froid venu, sur la paille plutôt que sur le lisier. Et de privilégier de nobles investissements – dans la fertilité du sol, l'achat de bonnes semences et de bons animaux – plutôt que de pénibles dépenses en engrais, pesticides, bâtiments et matériels lourds. Ce n'est pas bio, notez, mais c'est tout de même simple et grandiose à la fois. Le CEDAPA tourne le dos au système, à l'infernal système agro-industriel qui a ruiné notre pays.

En un peu plus de vingt ans, le CEDAPA a essaimé, convaincu, aidé à construire l'incomparable Réseau d'agriculture durable (RAD) [3], qui rassemble deux mille éleveurs du Grand Ouest. Comme on sait, cela n'a pas suffi à inverser la marée chargée d'azote et de pesticides. Comme c'est pesant, en effet ! Comme tout semble immobile ! Au moment où nous écrivons ces lignes, des paysans font la grève de la faim. En France. Depuis le milieu de septembre, quelques braves se relaient, de Saint-Brieuc à Vannes, en passant par Rennes. Qui sont-ils ? Des membres du CEDAPA, des paysans bio, des adhérents de la Confédération paysanne. Que veulent-ils ? Vivre.

L'affaire est d'autant plus cruelle et rageante que, comme dans le système Pochon il y a quarante-cinq ans, l'INRA a

1. Lire d'André Pochon, entre autres : *La Prairie temporaire à base de trèfle blanc*, CEDAPA, 1996 ; *Les Champs du possible*, *op. cit.* ; *Les Sillons de la colère*, Syros, 2001.

2. Site Internet : http://www.cedapa.com.

3. Site Internet : http://www.agriculture-durable.org.

validé, dans un récent programme de recherches scientifiques, les systèmes herbagers dont se réclame le CEDAPA. Mais qui s'en soucie ?

Des pommes, des poires, un seul Georges Toutain

Puisqu'on parle de l'INRA, il faut impérativement vous présenter Georges Toutain [1]. Toutain est un ingénieur agronome sérieusement calé, surdiplômé, né le 25 mai 1933. Et qui aura travaillé la plus grande partie de sa vie pour l'INRA. Qu'on ne vienne pas nous accuser ensuite de dénigrer le grand institut ! Gloire à lui, gloire à l'INRA d'avoir abrité en son sein un Georges Toutain et, comme on le verra plus loin, un Francis Chaboussou.

Toutain, né dans cette Picardie bombardée comme peu d'autres régions par les pesticides, a consacré vingt ans de sa vie professionnelle à l'Afrique, aux oasis et palmeraies d'Algérie et du Maroc. Il devient un spécialiste des palmiers-dattiers, s'appuyant sur les savoirs locaux, prenant conscience, à sa manière patiente, de l'importance cruciale des éléments. Du sol, du vent, de l'eau, des nutriments. Est-ce bête, un agronome !

Quand il revient chez lui à la fin des années 1980 pour goûter une retraite méritée, tout a disparu. La Picardie de l'enfance, des terres grasses et des amples moissons, des pommes et des poires rouges, vertes et jaunes, ce pays n'est plus. La machine et l'argent ont fait de l'agriculture une industrie lourde.

Toutain pourrait se rencogner, fermer ses portes intérieures et se contenter de classer ses souvenirs. Tout au contraire, il entame une seconde vie. Sur son domaine familial de Fontaine-Lavaganne, il va mettre en pratique tout ce qu'il a

1. Lire de G. Toutain : *Vers des modes de productions agricoles et horticoles respectant l'homme et son environnement naturel*, 4 vol., disponible chez l'auteur ou auprès du MDRGF : http://www.mdrgf.org/publication-in.html.

appris, tout ce qu'il a compris des sols et des fruits. Plantant patiemment un pré-verger, il finit par obtenir quelque chose qui était banal mais qu'on ne trouve plus nulle part. Nous voulons parler d'un paradis, et tant pis si l'on se moque de nous. Un paradis, c'est-à-dire un lieu d'équilibre où l'homme et la nature ont miraculeusement composé, où l'un s'est appuyé sur l'autre, en respectant scrupuleusement ses besoins et son être profond.

Toutain a regardé, examiné et finalement obtenu la coexistence de près de cent variétés de pommiers et d'une trentaine de poiriers. Strictement et définitivement sans chimie de synthèse. Et avec des « rendements », puisqu'il faut aussi employer des gros mots, de très haut niveau. Imaginez plutôt le bonheur, chaque automne, de pouvoir choisir à l'œil et au nez entre des dizaines de sortes de pommes goûteuses. Imaginez ! Les marchands n'arriveront jamais au mollet d'un Georges Toutain.

Lequel est aussi un homme soucieux des autres hommes, ce qui nous le rend intensément sympathique. Il a en effet inventé un manse – vieux mot médiéval qui signifie « domaine » – horticole d'insertion sociale. Des exclus de notre monde peuvent espérer y trouver un appui, les conditions d'un nouveau départ. Le manse de l'ami Toutain, qui mêle potager, verger et petit élevage bio, montre qu'un couple et deux enfants peuvent accomplir de grandes choses avec 1 000 mètres carrés. Non des miracles, mais une notable (auto)production de fruits, légumes, œufs, viande et miel. Pour trois cent cinquante heures de travail environ. Qui oserait promettre mieux ?

Georges Toutain fêtera en cette année 2007 ce qu'il appelle son jubilé. Soit cinquante ans d'agriculture sans chimie. « Ce sera une belle occasion, dit-il, de présenter les résultats de mes expérimentations et d'en finir une fois pour toutes avec cette aberration d'agriculture chimique, dévastatrice pour les territoires et pour les êtres humains. » Les applaudissements ne sont pas interdits.

Pierre Rabhi, pionnier du pays ardéchois

Et ils sont fichtrement recommandés pour accueillir comme il convient Pierre Rabhi. Qui est lui aussi un ami, celui de l'autre coauteur, Fabrice Nicolino. Inutile de feindre. Pierre est connu de cercles de plus en plus étendus, mais il convient de le présenter tout de même. C'est un homme du désert algérien, né en 1938 dans l'oasis de Kenadsa, créée par le soufi Sidi Bouziane El-Khandoussi, apôtre de la non-violence. Les oasis sont des endroits où les biens les plus précieux sont rares, à commencer par l'eau. Pierre ne l'oubliera pas.

Ce n'est pas le lieu de visiter une telle vie, à nulle autre pareille. Disons en quelques mots que Pierre, confié à des chrétiens de France, écartelé entre culture du Sud et croyances du Nord, se retrouve à Paris à la fin des années 1950. Ouvrier, seul, désespéré. L'amour qu'il porte à une jeune femme, Michèle, qu'il épousera, rebat fort heureusement les cartes. Ils partent ensemble, contre toute évidence, se perdre au fin fond de la campagne française, en Ardèche. Nous sommes en 1960, au moment même où la civilisation paysanne s'écroule sous le poids du formica, de la télé et de la chimie.

Pierre Rabhi devient paysan au moment où les paysans ne veulent et ne peuvent plus l'être. C'est inouï, bouleversant. Il trime, comme un Arabe bien sûr. Ouvrier agricole, il se retrouve avec un pulvérisateur sur le dos, à traiter les arbres fruitiers. Les pesticides sont toxiques. Très. Les insectes meurent par milliers sous ses pieds. Il pense à fuir. Il pense qu'il ne pourra rester à la terre dans ces conditions.

Mais il résiste. Contre tout et tous. Replié avec Michèle sur une ferme misérable de 5 hectares, dont deux sont labourables. Avec fort peu d'eau, sans téléphone ni électricité. Le Crédit agricole, qui accompagne tant d'autres vers les banlieues des villes, refuse, bien entendu, le moindre crédit à ces pauvres fous. Pierre et Michèle s'installent, en pionniers absolus de l'agriculture biologique. Ils vont avoir cinq enfants, bâtir une vie qui est désormais un destin. Et Pierre deviendra pour beaucoup, ici en France, ailleurs en Afrique, un exemple, une preuve vivante que la terre, lorsqu'elle n'est pas matraquée, meurtrie, assassinée, peut encore nourrir son monde [1].

Pour le cas où vous l'ignoreriez, Pierre a pu présenter son expérience à des paysans du Burkina Faso plusieurs années de suite. Grâce à une chaîne d'amitié et d'intelligence, grâce à des hommes comme Saïbou Ouedraogo ou Maurice Freund, il a enseigné là-bas les principes de l'agro-écologie éprouvés en Ardèche. Et les centaines de formateurs directement touchés ont entraîné dans ce qui n'est pas une aventure de 40 000 à 50 000 paysans burkinabés, découvrant ou redécouvrant les vertus irremplaçables de l'agriculture à base de compost. Sans pesticides.

Aujourd'hui à la tête d'une belle association, Terre et Humanisme, Pierre poursuit son lumineux combat. Il voyage vers le Sud de ses origines, et achève ici le grand projet d'un village écologique dans la Drôme, Les Amanins. Les mots utilisés par cette poignée de héros encore méconnus sont limpides : « autonomie », « sobriété », « solidarité », « écologie », « oasis », « amitié ».

Un petit dieu hopi et bossu

Dominique Guillet les reprendrait volontiers à son compte. Ce gaillard-là est un tout fou, un excentrique parfait. Soixante-huitard, il file après de menus ennuis avec l'armée aux États-Unis, en 1978, où il devient moniteur de ski. Il fréquente le New Hampshire, le Vermont, la Californie. Sans le savoir, sans le comprendre, il est saisi, dit-il, par « la passion des fleurs et des légumes ». En somme, il devient jardinier. Mais

1. Lire en particulier *Du Sahara aux Cévennes*, Albin Michel, 2002, et *L'Espèce humaine face à son devenir*, L'Aube, 2006.

un enragé, n'est-ce pas ? Tout à la fois connaisseur, grand fouineur et bientôt créateur.

En 1986, il est de retour en France, passionné par un traitement homéopathique appelé « fleurs de Bach ». Et il commence à planter de vastes jardins partout où il passe. Dans la Drôme, en Ardèche, dans l'Allier. Dans ce département, il se libère de ses dernières chaînes, il exulte, il explose contre « l'évolution capitaliste suivie par les médecines douces et alternatives », s'affolant de ce qu'on n'appelle pas encore la « malbouffe ». Nous sommes en 1991, et Dominique commence « un travail sur l'aliment proprement dit et la biodiversité alimentaire » [1].

Le laboratoire vivant de cette recherche est une propriété de 55 hectares que Dominique réussit à acheter avec quelques amis. Le Jardin de Lamotte, appuyé sur La Rose et la Passiflore, une association, permet à quarante-cinq « engloutis », autrement dit des personnes en réinsertion sociale, de cultiver 20 hectares et de produire des semences rigoureusement bio.

En avant ! À l'assaut du vieux monde ! Il y aura de la casse, des gens soûls, d'autres méchants, armés de poignards et de carabines, mais au total l'expérience est admirable. Et Dominique apprend au passage à vendre des semences à des jardiniers de France, de Navarre et du Liechtenstein réunis. Car voici la trouvaille, et même la retrouvaille, fabuleuse, de Dominique Guillet : la semence, c'est l'homme, sans jeu de mots égrillard. La semence, c'est la vie, la société, le bonheur possible.

Et il devient un itinérant, un gai chemineau de la semence, transportant ses tréteaux de foire horticole en comice jardinier. Les rendez-vous de Courson ou de Saint-Jean-de-Beauregard le voient d'année en année bonimenter, à l'ancienne. Parallèlement, le domaine de l'Allier se peuple de courges, de

1. Toutes les citations concernant Dominique Guillet sont extraites d'un entretien avec Fabrice Nicolino.

tomates, de basilic, de choux ou de piments. D'un peu partout dans le monde, des passionnés envoient des graines de telle variété proche de l'extinction. Et Dominique plante, sème, récolte et sauve. Voilà le début d'une aventure collective aujourd'hui connue sous le nom de « Kokopelli », petit dieu hopi – et bossu – de la fertilité. Une association, une de plus, se crée sous ce vocable étrange [1]. Et le monde y gagne une minuscule mais véridique lueur supplémentaire.

Car Kokopelli devient en quelques années un astre, une référence, un lieu où s'échangent savoirs et pratiques autour d'une obsession : sauver les semences de la fabuleuse diversité végétale accumulée par les peuples. Sauver en échangeant des semences qui seront plantées, multipliées, couvées. Sauver en envoyant et recevant, dans de simples enveloppes, des graines du monde, des graines de vie, des graines tout court.

En effet, pour ne prendre qu'un exemple, il existe en réalité des milliers de variétés de pommes dont vous ne goûterez jamais que ce que les marchands ont envie de vous vendre. Le reste, ces tomates noires ou jaunes, ces piments bleus, ces innombrables patates ou cerises ou radis ou poires, peut bien mourir, lentement assassiné.

On vous passe le détail de la vie aujourd'hui rocambolesque de Dominique Guillet. Devenu mutin, révolté contre le catalogue officiel et les policiers des semences – qui existent –, il partage son temps entre l'Europe et les États-Unis, les conférences au Guatemala, en Afrique ou en Inde. Kokopelli rassemble des milliers de fourmis organisées et efficaces. Et publie désormais chaque année son propre catalogue en couleur dont la moindre page fait saliver le lecteur. N'auriez-vous pas envie, vous aussi, de planter des graines de tomate Cœur de bœuf orange, de courge Bleu de Hongrie, de laitue Oreilles du diable, de melon-ananas à chair verte, d'aubergine Ping Tung, de fenouil Bronze ? Hé, Dominique, où êtes-vous ?

1. Site Internet : http://www.kokopelli.asso.fr.

Au lieu de ces miraculeuses offrandes, la France fut envahie, comme on sait, par les hybrides de maïs, entre autres. Et s'il y a en France un lieu martyr – le mot n'est pas trop fort – de cette brutalité inouïe que fut le maïs intensif, c'est bien le Marais poitevin.

Rendez-nous le Marais poitevin !

C'était le territoire de toutes les magies, jouant avec l'eau, le mouillé et le sec, les buttes, les prairies humides, les oiseaux par millions. C'était un pays d'équilibre, créé par l'homme et entretenu par lui, où la vie, contrairement aux racontars, fut longtemps douce et paisible.

L'arrivée du maïs, propulsé par les marchands et leurs obligés, prit la forme d'une tornade. En 1979, les prairies plus ou moins humides couvraient 63 773 hectares, 46 493 en 1989, 28 544 en 1994. Dans le même temps, les grandes cultures, principalement le maïs, sont passées de 70 000 hectares en 1979 à 109 677 en 1997. Nul hasard dans ce déferlement. Le maïs a été constamment favorisé, subventionné, soutenu contre l'évidence même. Et l'élevage extensif, qui était dans cette région unique un art, un mode de vie, abandonné. Car l'éleveur, dans l'esprit des ignorants qui prirent alors les décisions clés, c'était le passé, l'horrible passé des hommes hirsutes, articulant à peine une langue étrangère, le parlanjhe.

Tous les ministres de l'Environnement des années décisives – les d'Ornano, Crépeau, Bouchardeau – laissèrent faire sans seulement ouvrir la bouche. Or il existait sur place des acteurs légitimes, des paysans conscients à qui l'on aurait pu, à qui l'on aurait dû tendre la main. Parmi eux, André Grizeau, qui fut pendant des années le président de l'Union des éleveurs du Marais poitevin.

Il n'est certes pas un écologiste au sens où nous l'entendons. Et lui aussi, à l'occasion, accepta des subventions pour planter ici ou là du maïs. Mais Dédé Grizeau avait et conserve une vision humaine, harmonieuse, respectueuse de la terre et de ses usages. D'un côté, le maïs, des rendements à court terme, mais des coûts écologiques à long terme insupportables, dont l'assèchement progressif d'une zone humide essentielle à l'avenir de notre pays. Et, de l'autre, des troupeaux paissant à l'ancienne, de manière extensive, donnant du lait et de la viande, un espace ouvert à des millions d'oiseaux et une eau de grande qualité, essentielle pour les coquillages de la baie de l'Aiguillon voisine. D'un côté le fric et les engins, de l'autre les bêtes, les hommes, un équilibre ancien.

Paysan à Maillé (Vendée), André a été le témoin d'une fin du monde. Et à la question : « Mais vous-même, vous n'avez pas été tenté par la mise en culture de vos prairies ? », il répondait en 1991 : « Ah, écoutez, je peux vous dire que j'ai subi de véritables pressions pour le faire. Du Crédit agricole, en fait. Ils n'arrêtaient pas de me dire : "Monsieur Grizeau, vous voyez bien que vos prairies ne rapportent rien !" Il faut bien comprendre que le drainage et la mise en culture sont des systèmes encouragés par toute une série de gens. Le drainage coûte environ 10 000 francs à l'hectare, dont la moitié à la charge de l'exploitant. Le Crédit agricole vous prête cette somme, et le reste, c'est des subventions de la région ou de l'État [...]. Et puis il ne faut pas oublier qu'ensuite ce circuit fait vivre les marchands de pesticides et d'engrais, les organismes chargés de stocker les céréales, et j'en oublie [1]... »

Un certain Jean-Pierre Raffarin, membre du bureau politique du Parti républicain dès 1977, spécialiste incontesté du marketing – au départ pour le café Jacques Vabre –, a été pendant près de quinze ans président de la région Poitou-Charentes, qui abrite ou plutôt abritait le Marais poitevin. On devine que M. Raffarin aurait aisément pu faire la publicité

1. Entretien paru dans *Politis*, n° 162, novembre 1991.

du maïs plutôt que celle du café. Mais ce n'est pas affaire de politique : la gauche poitevine, malgré de fortes déclarations répétées d'une dénommée Ségolène Royal, n'aura pas fait mieux. C'est dire.

Où veut-on en venir ? Ce qui relie les personnages de ce chapitre, qui se comptent, vous l'aurez compris, par centaines et milliers, c'est une sorte d'espoir rétrospectif, qu'il faut conjuguer au passé, à l'aide du subjonctif. Eussions-nous accordé notre confiance à ces hommes et femmes, le sort de la France en aurait probablement été changé, en profondeur. Un linéament dont le trait est encore net rassemble ces grands acteurs d'une histoire qui ne fut pas. La fatalité n'est pas de ce monde. La preuve immédiate par le Larzac, ce vilain plateau calcaire balayé par les vents, parcouru par de maigres troupeaux, desséché chaque été par le brosuquet, ce vent marin blanc venu du sud.

Larzac, terre de contraste et de miracle

Chacun connaît ou croit connaître l'histoire. Mais le plus saisissant, sans aucun doute, est laissé de côté. Sur l'une des terres les plus pauvres de France, une alliance improbable de (jeunes) rebelles venus des villes et de paysans apparemment soumis a produit un vrai miracle. L'exode rural massif des années 1950 et 1960 n'était pas obligé ! Même sur ces hauteurs rases, des hommes et femmes décidés peuvent vivre de l'agriculture et de l'élevage. Difficilement ? Certes. Est-on à ce point plus heureux en Seine-Saint-Denis, à Roubaix, dans les banlieues dévastées de nos villes ?

Que s'est-il passé dans le Larzac ? Résumons. En 1900, puis 1902, un peu plus de 3 000 hectares du plateau sont expropriés pour y installer un camp militaire. À l'automne 1970, un obscur secrétaire d'État à la Défense – André Fanton – vend la mèche. L'État veut agrandir, changer ce pays de pierres sèches en champ de manœuvres européen. En mai 1971, une première manifestation partie de Millau monte jusqu'à La Cavalerie, sur le Causse.

Une poignée de paysans catholiques, souvent de droite, va accepter l'aide d'étudiants gauchistes venus des villes. Le 28 mars 1972, 103 des 107 éleveurs menacés d'expropriation, inspirés par le jeûne du grand Lanza del Vasto, signent une proclamation : le serment de ne jamais vendre leurs terres à l'armée, serment qui sera pour l'essentiel tenu. Des hommes volontiers taiseux, durs à la tâche, habitués des églises, apparemment soumis aux hiérarchies sociales, forment une alliance avec des fumeurs de haschich, des pourfendeurs de curés et de militaires, des amoureux des barricades, presque tous chevelus.

Parmi ces derniers, José Bové, venu de Bordeaux et qui s'installera sur le plateau, dans un village fantôme et sublime, à quelques jets de pierre ou de mortier du camp de 1902, Montredon.

Quand le projet d'extension est enfin abandonné, en 1981, quand la fumée des grenades et des engins blindés est enfin évaporée, il reste sur place un plateau désolé, des paysans pauvres mais heureux, et ceux qu'on appelle déjà des « néo ». De nouveaux paysans, des babas, des jeunes fous qui entendent vivre leur rêve d'un autre monde. L'armée, qui a déjà raflé 6300 hectares de terres aux paysans à la retraite et aux non-agriculteurs, est contrainte de les rétrocéder. Mais à qui ? Mais comment ?

Les vainqueurs ont des idées plein les poches. Une Société civile des terres du Larzac (SCTL) voit le jour, dotée d'un bail à très long terme sur ces terres. La SCTL les loue ensuite, ainsi que des bâtiments et logements, à des fermiers, dont Bové, qui en garderont l'usage tout au long de leur parcours professionnel, mais pas au-delà. Et la vie continue, c'est-à-dire qu'elle repart. Mais il ne faut jamais oublier que jusqu'à l'affaire du McDo, durant l'été 1999, le Larzac et ses amis ont été unanimement considérés comme ringards. Par tous les commentateurs de la vie sociale, culturelle et politique.

Pourtant, si l'on prend en compte l'activité des 103 paysans de 1971 et qu'on la compare à celle de 1991, on est stupéfait. La production totale de lait de brebis est passée de 9 707 hectolitres à 23 403. Le nombre des brebis élevées pour leur viande de 0 à 3 245. Et si la surface labourable a légèrement diminué, les emplois agricoles ont augmenté, passant de 108 à 119. Les structures collectives de travail – les GAEC – ont été multipliées par six [1] ! Dans le Larzac, à 1 000 mètres d'altitude, entre neige, gel, vents, chaleur et sécheresse…

Si l'alliance magique conclue ici entre intellectuels et paysans avait pu se généraliser, peut-être que… Nous ne le saurons jamais [2]. N'empêche que la Confédération paysanne, créée en 1987, doit beaucoup aux liens noués quinze ans auparavant sur le plateau du Larzac.

Chaboussou, l'agronome oublié

Que pensait Francis Chaboussou du Larzac ? Nous n'en savons rien, mais ce chercheur, entré à l'INRA en 1933 et mort en 1985, suivait de très près la crise mortelle de l'agriculture. Ce n'était pas un révolté, un isolé, un prophète. Non, Chaboussou était plus que tout un chercheur cherchant passionnément.

Avant de devenir favorable à l'agriculture biologique, il s'était intéressé comme bien d'autres aux maladies des plantes et à leurs parasites. Pourquoi diable de telles quantités d'acariens se mettaient-elles brusquement à fondre sur les vignes ? Pourquoi la lutte contre le doryphore de la pomme de terre était-elle si décevante ?

1. Ces chiffres sont tirés de A. Alland, *Le Larzac et après*, L'Harmattan, 1995.

2. Lire, de José Bové et François Dufour, l'incontournable *Le monde n'est pas une marchandise*, La Découverte, 2000.

Chaboussou voulait comprendre. Y est-il parvenu ? Nous ne pouvons répondre à cette question essentielle, mais, au soir de son existence, il a publié un livre remarquable, *Les Plantes malades des pesticides*[1]. Il y livre les leçons d'une vie, et une théorie hélas presque oubliée, qui fit controverse. Selon cette théorie, dite de la « trophobiose », une peste agricole, quelle qu'elle soit, ne devient virulente et dangereuse que lorsqu'elle trouve sur la plante hôtesse les éléments nutritifs qui lui sont nécessaires. Évident ? Élémentaire ?

Ne souriez pas trop vite. La pensée de Chaboussou, considérée il y a vingt-cinq ans comme d'une « extrême importance » par le grand agronome Paul Pesson, s'appuie sur des décennies d'observations et de réflexions. Pour Chaboussou, les pesticides de synthèse aggravent – lorsqu'ils ne créent pas – les problèmes qu'ils sont censés résoudre. Car ils enrichissent les plantes de sucres réducteurs et d'acides aminés libres, qui sont, selon l'expression de Jean-Marie Pelt, des « friandises » pour les parasites.

Les plantes traitées par pesticides voient leur métabolisme bouleversé, leur équilibre détruit, leurs défenses ruinées. Et, dans un cercle vicieux qui ne profite qu'aux marchands, il faut épandre encore et toujours plus de produits pour espérer récolter.

Nous ne savons pas si la théorie de Chaboussou est juste. Mais est-ce bien la question ? Le fait est qu'on l'a marginalisé. Le fait est qu'on ne l'a pas considéré. Le fait est qu'aucun moyen public digne de ce nom ne lui a été octroyé. Les priorités de l'INRA étaient ailleurs. Paix à son âme, et grand merci tout de même à Francis Chaboussou, qui n'aimait pas plus que nous les vérités officielles.

Arrêtons là ce défilé. Non parce que les acteurs manqueraient : malgré tous les obstacles placés sur leur route, douze mille paysans bio travaillent aujourd'hui sur les terres de

1. F. Chaboussou, *Les Plantes malades des pesticides*, Debard, 1980.

France. Et bien d'autres font réellement attention à ce qu'ils font, comme notre cher André Pochon.

Non, ce n'est pas une affaire de nombre. La démonstration nous semble évidente : si d'autres intérêts que ceux de l'industrie avaient prévalu, si l'idéologie moderniste qui a tout emporté avait pu être stoppée, nous n'en serions tout simplement pas là. Il y aurait en France des hommes et des femmes au travail dans les champs et des coquelicots dans les moissons. Mourrait-on de faim pour autant ? Il existe quelque part, entre Cévennes et Grands Causses, dans un vallon à l'écart du monde, un homme né en 1926. Il s'appelle Jean. Il continue, au moment où nous écrivons ces lignes, à garder son petit troupeau de brebis. Comme avant, comme toujours depuis le néolithique. Jean est un homme admirable qui a su dire non. Dans les années 1960, quand tous ses voisins s'équipaient, quand ils agrandissaient leurs troupeaux et leurs installations, Jean a dit non. On l'a moqué, on l'a raillé, on l'a considéré comme un retardataire, voire pire. Il avait raison. L'un des coauteurs de ce livre, qui le connaît depuis des années, entend encore le cri de cet homme défait, mais toujours debout, commentant le destin de l'agriculture en France : « Ils ont tout fait périr. »

Jean voit juste : « ils » ont tout fait périr. Mais la vie pousse encore de sous les ruines, toujours et à jamais. Jean voit juste, Jean est un héros tranquille qui jamais ne passera au journal télévisé. Mais Jean a finalement tort : il y aura une suite. Longue vie, Jean Carrière !

Conclusion

Et la suite ?

Quelles leçons tirer de ce périple ? La situation est très grave, et nous serions irresponsables d'écrire autre chose. La France, et d'ailleurs le reste du monde, est victime d'un empoisonnement global, perpétuel et cumulatif. Les pollutions par les pesticides touchent tous les milieux de vie, se répètent d'heure en heure, de jour en jour, et s'empilent les unes sur les autres sans jamais réellement disparaître. Désormais, nous sommes tous marqués dans notre peau, dans notre graisse, dans notre sang par des molécules redoutables et en général très mal connues.

Des hommes, souvent des responsables administratifs, scientifiques, politiques de premier plan, ont joué la nature et la vie à la roulette, et ils ont perdu. Le désastre est patent, mais personne n'entend payer la note, car elle est trop lourde. Les joueurs sont en faillite, le casino et sa banque sont ruinés, et la société des hommes se retrouve avec une addition astronomique et folle, qu'il faudra des décennies, dans le meilleur des cas, pour régler.

Dans le meilleur des cas. C'est-à-dire si les comptes sont arrêtés, puis apurés au plus vite. Mais le seront-ils ? Vous avez, nous avons tous un rôle décisif à jouer. Car les grands responsables de la tragédie en cours, qui se trouvent au ministère de l'Agriculture, à l'UIPP – le plus important des lobbies industriels –, au FARRE – une invention grotesque –, à l'INRA, dans certains laboratoires dévoyés, au siège de journaux et officines stipendiés, font et feront tout pour étouffer ce retentissant scandale.

Gagneront-ils ? Ils gagnent, en tout cas, pour le moment. Cela ne fait aucun doute.

Parmi tant d'exemples récents, osons quelques mots sur l'affaire de la Littorale. Cette usine située dans la zone industrielle de Béziers a plusieurs fois changé de nom, et c'est tant mieux pour elle. Car elle s'est appelée dans le passé Union Carbide, multinationale américaine des pesticides. En 1984, l'explosion d'une autre usine du groupe, à Bhopal (Inde), a tué au moins dix mille personnes et handicapé un nombre bien plus considérable de survivants.

La Littorale de Béziers a également été la propriété de Rhône-Poulenc, l'irréprochable groupe public de la chimie, naguère dirigé par le non moins irréprochable Loïk Le Floch-Prigent. Dès 1932, la Littorale a été très active dans le lobbying en faveur des pesticides. Une telle précocité est probablement synonyme d'un grand savoir-faire dans l'art délicat de la communication de crise. En tout cas, les événements dont nous allons parler autorisent à se poser des questions.

Le dimanche 26 juin 2005, vers 19 heures, un incendie se déclare dans l'usine Littorale. Un feu d'autant plus inquiétant que l'usine, classée en catégorie Seveso 2 à cause des risques qu'elle représente, abrite au total environ 2 000 tonnes de pesticides. Gigantesque !

Les pompiers ne sont pourtant prévenus que huit heures plus tard. Le calme des industriels confine parfois à l'apathie. À 3 h 27, quand les soldats du feu interviennent, le plus vaste hangar, qui couvre 7 500 mètres carrés, est en flammes. À 16 heures, soit plus de douze heures après, la préfecture annonce la fin de l'urgence. C'est audacieux, très audacieux et très douteux : l'incendie durera en fait jusqu'au... 7 juillet.

Dans le même temps, ce qu'il faut bien appeler un dispositif de désinformation est mis en place. Alors même qu'aucune analyse n'a été seulement envisagée, la mairie de Béziers et la préfecture, dans un bel élan patriotique, clament à la presse dès le 27 juin que « cet incendie demeure sans risques sanitaire et environnemental ». La farce continue sur le même ton, et seuls quelques malotrus osent rappeler que le directeur de l'usine, en septembre 2001, juste après les attentats contre les tours américaines, avait juré que « les émanations toxiques, en cas d'incendie, ne doivent pas dépasser les limites du site ».

Le 29 juin commencent de grandes manœuvres, qui visent à mesurer la qualité de l'air. Un problème se pose, qui ne sera pas résolu : les équipes qui en sont chargées ne savent pas repérer la présence des pesticides. En revanche, les populations inquiètes sauront tout du dioxyde d'azote, du monoxyde de carbone et de l'ozone. On respire déjà mieux.

Passons sur les autres détails, car ils resteront des détails. La messe ayant été dite d'emblée, il ne faut pas s'encombrer d'explications. D'autres analyses, s'opposant à d'autres encore, se perdront dans les sables de l'été. La saison touristique ne doit, ne peut souffrir d'un événement aussi insignifiant, et l'on passe bien vite à autre chose.

Signalons toutefois que, selon le journal *Le Monde* (édition du 26 juillet 2005), la Littorale fabriquait pour l'exporter un produit interdit en France depuis 1998, le Pelt 44. Et combien d'autres ?

Une mention à Philippe Ramon, directeur de cabinet du préfet, qui déclara le mardi 28 juin : « L'incident qui vient de se produire est plus grave que le scénario le plus défavorable envisagé dans l'étude de danger. » Une autre mention à Raymond Couderc, maire de Béziers, qui estimait le jeudi 28 juillet : « [...] l'enquête de la DDASS révèle que les fumées qui se sont répandues sur la ville, et au-delà, correspondaient à une forte pollution liée à la circulation automobile dans une grande ville et ne présentaient aucun risque majeur ».

Voilà donc comment l'on traite les milliers de citoyens d'une ville moyenne de France en ce début de millénaire. La version officielle est détestable, inepte et scandaleuse – les adjectifs ne manquent pas –, mais elle est la seule qui sera retenue. Feignons de croire nos maîtres provisoires : il ne s'est rien passé à Béziers. Un nuage noir, constitué des émanations de 1 720 tonnes de pesticides, dont certains d'une incroyable toxicité, s'est formé au-dessus de la ville. Ce nuage est passé sur Narbonne, Carcassonne, Toulouse. Mais il ne contenait rien d'inquiétant. 143 personnes se sont plaintes immédiatement auprès des médecins de la zone de troubles cardiaques, cutanés, pulmonaires. Ils ont tort. S'il ne s'est rien passé, ils ont tort.

La coalition que nous vous avons présentée tout au long de notre livre a d'évidence remporté la bataille de Béziers. Les autorités publiques, les industriels, les politiques, de gentils scientifiques, d'excellents journalistes ont raconté une histoire digne des pires dingueries. D'un côté, tous admettent, bien forcés, qu'un seul milligramme d'un insecticide lambda peut tuer. Mais, de l'autre, ils affirment la main sur le cœur qu'un nuage qui contient mille sept cents milliards de fois cette dose n'a et n'aura aucun effet notable sur la santé publique. Tant qu'Ubu sera roi de Pologne et de France, nous serons ses valets. Nous serons du même coup dans la terrible « merdre » chère à Jarry.

Nous avons brièvement évoqué dans ce livre la haute figure morale d'Henri Pézerat. Chimiste de formation, il est aujourd'hui toxicologue et directeur de recherche honoraire au CNRS. Autrement dit, il est retraité. Mais quelle activité ! Tout au long de sa vie, humaniste engagé dans les combats sociaux et politiques, il a défendu une certaine idée de la science, de la justice, de la santé au travail.

En 1971, son laboratoire de la Sorbonne déménage à Jussieu, alors toute nouvelle université. Henri Pézerat y deviendra l'âme – de 1975 à 1980 – du premier combat mené en France contre l'amiante. En compagnie de rares amis, il ne cessera de dénoncer le scandale de l'utilisation de ce minéral maudit. Au début des années 1990, il sera l'homme grâce auquel l'affaire rebondit, provoquant enfin, en 1997, l'interdiction définitive de l'amiante en France. Il sera donc le premier à alerter sur le désastre sanitaire en cours, qui tuera encore au moins cent mille personnes les quinze années suivantes. Inutile de le dire : il est la bête noire des lobbies industriels.

Or, selon lui, une autre catastrophe se prépare. Une de plus, mais celle-là fera mal, car elle touche le corps humain dans son équilibre le plus essentiel. Les perturbateurs endocriniens, au premier rang desquels les pesticides, déferlent et déferleront sur des sociétés impuissantes. « Des polluants, dit-il, parmi lesquels la plupart des pesticides, s'attaquent à un système que 999 médecins sur 1 000, peut-être davantage, ne connaissent que très mal. Beaucoup d'affections sont en réalité reliées à des ruptures d'équilibre au sein de ce grand système régulateur de l'organisme que sont les glandes endocrines[1]. »

Qui travaille en France sur ces perturbateurs si menaçants ? Une poignée de chercheurs, dispersés dans quelques labos. Vous ne les connaissez pas, mais les cabinets spécialisés, si. Et, vous le savez désormais, ils travaillent plus volontiers pour l'industrie et ses profits que pour les citoyens que nous sommes. Henri, qui observe la situation avec une énergie qui rappelle parfois le désespoir, rapporte que seule une soixantaine de chercheurs, un chiffre consternant, s'intéressent dans notre pays aux perturbateurs endocriniens.

« Et ils ne travaillent en réalité, pour la plupart, que sur des aspects secondaires. Le drame de la recherche scientifique, en particulier dans ce domaine, c'est l'hypercompartimentage. Il faut de toute urgence abattre les cloisons, inciter les chercheurs à inscrire leurs études dans un champ transdisciplinaire, lever les inhibitions qui les empêchent de partir des problèmes de

1. Cette citation et toutes celles qui suivent sont tirées d'un entretien avec Fabrice Nicolino, novembre 2006.

terrain, des problèmes concrets rencontrés. À quatre ou cinq survivants de la toxicologie industrielle, nous nous sommes réunis quelquefois en 2005 pour débattre du problème des perturbateurs endocriniens et envisager l'écriture d'un ouvrage comprenant état des lieux et pistes pour avancer. Vu la faiblesse de nos forces, nous avons dû renoncer au profit d'un projet beaucoup moins ambitieux. Mais, en attendant, les multinationales, elles, ne restent pas inactives. »

Que viennent donc faire ces dernières dans le champ si délicat de la santé publique ? Voici la réponse d'Henri, que nous vous demandons de lire avec l'intérêt qu'elle mérite :

« Depuis plus de vingt ans, dans le secteur de la chimie au sens large, l'industrie agit sous le couvert d'une officine appelée Chimie et Écologie. Laquelle publie des textes sur le plomb, le cadmium, etc., qui visent bien entendu à innocenter ces produits dangereux pour la santé humaine. En ce qui concerne précisément les pesticides, le groupe pétrolier Total utilise ce cadre pour rassembler la soixantaine de chercheurs que j'évoquais, ces soixante scientifiques français plus ou moins impliqués dans la recherche sur les perturbateurs endocriniens. Côté pile, il y a l'intérêt évident de rencontres et d'échanges, ce qu'aucune institution publique de recherche n'est capable de faire. Ce “club” a même obtenu l'ouverture d'une ligne budgétaire sur le sujet de la part du ministère de l'Écologie. Côté face, on ne communique les bonnes données, qui feront les bonnes publications, qu'aux “bons élèves”, ceux qui acceptent les règles du jeu. Quant aux autres, on les incitera – indirectement, bien entendu – à ne pas franchir la ligne rouge, à ne pas transgresser certains tabous. Par exemple, à ne pas parler, ouvertement en tout cas, de tel pesticide et des risques de cancer qu'il entraîne. Par exemple. Tout est dans le non-dit et, sauf rares exceptions, la lecture des résumés de recherche de ces soixante chercheurs démontre que le message est fort bien passé. Il ne faut pas parler de ce qui fâche. »

Vous avez compris l'essentiel. Nous avons pris du retard, nous sommes devancés sur le terrain même de notre santé, de notre avenir, de notre vie. Le sort commun se règle dès aujourd'hui dans le secret de quelques bureaux, entre agents de publicité et « communicants ». Au reste, l'un des plus grands désinformateurs français de l'après-guerre, Marcel Valtat, a œuvré pour les pesticides après avoir magistralement servi les intérêts de l'amiante.

Henri, qui a croisé son chemin, estime que Valtat était un « manipulateur phénoménal ». Et il ajoute : « Résistant, dans la tradition communiste, il a créé le Comité permanent amiante, le si fameux CPA. Il a d'abord convaincu des scientifiques. Puis de hauts fonctionnaires et des services ministériels. Et, à partir de là, des associations de consommateurs et des syndicats, qui ne voulaient pas, comme ils l'ont expliqué ensuite, pratiquer la "politique de la chaise vide". Tous ont fini par siéger au CPA, pour y défendre le prétendu "usage contrôlé de l'amiante". Vous citez dans votre livre l'exemple de l'UFC-Que choisir, qui a participé à la promotion de l'"agriculture raisonnée". Eh bien, c'est la même chose. On peut appeler cela une manipulation de quelques naïfs peu conscients des enjeux, et d'une majorité qui, sciemment, acceptait de participer à une mystification. »

Mystification. C'est ce mot que nous retiendrons pour clore ce livre.

L'usage massif et incontrôlé des pesticides recouvre deux périodes à peu près distinctes. À partir de 1945, ivres de toute-puissance, grands croyants d'une science triomphante, servants d'une idéologie qui porte un nom – le scientisme –, des hommes et des femmes de relative bonne foi ont aidé l'industrie à écouler ses produits. Ils étaient scientifiques, fonctionnaires de la République, responsables politiques.

Autour de 1970 a commencé une tout autre histoire. Le livre extraordinaire de Rachel Carson paru en 1963, assorti en France d'une préface inouïe signée du président de l'Académie des sciences de l'époque, Roger Heim, a ébranlé tous les esprits sincères. En 1969, une conférence scientifique de très haut niveau a confirmé les ravages du DDT et des pesticides organochlorés. Les événements de 1968 ont favorisé l'émergence d'une vraie critique sociale et politique du «progrès» technique. Mais les responsables du déferlement des pesticides – parmi eux des services de l'État et l'INRA – ne veulent rien entendre.

Ils ne veulent rien entendre, car ils sont allés trop loin dans la complicité. Ils préfèrent la fuite en avant, le compagnonnage poursuivi avec les transnationales, les repas entre amis, les structures opaques où tout se règle autour d'une bonne table. Laissons la parole, une dernière fois ici, à Henri Pézerat :

«Il y aurait beaucoup à dire sur le rôle négatif des instituts et institutions publiques. J'ai fait plusieurs fois la démonstration que des études épidémiologiques pouvaient être biaisées, voire manipulées. En diluant par exemple le nombre de cas observés en quelques années – ou dans un seul atelier – sur une très longue période ou dans la population générale d'une usine. Ou bien en laissant opportunément de côté des données significatives. Les moyens ne manquent pas. Beaucoup d'experts officiels sont probablement des gens honnêtes. Mais, en matière d'épidémiologie, ils ne sortent pas de leurs colonnes statistiques, de leurs modèles mathématiques. Mais certains sont franchement malhonnêtes. Il faut le dire ! »

Au mot «mystification» il nous faut ajouter, contraints et forcés, celui de «corruption». Financière et directe, crapuleuse ? Comme le dit Pézerat, elle existe, peut-être plus qu'on ne le pense. En ce domaine, il appartient à d'autres que nous d'agir, s'ils le peuvent. S'ils le veulent. Mais la corruption est d'abord et avant tout une maladie de l'âme. Dans un premier temps, les valeurs commencent à vaciller. On décide de composer, de «relativiser», on hésite à sortir du rang pour dire ce qu'on a vu et compris, on se laisse finalement entraîner dans la parade guerrière avec les autres, sourire en bandoulière.

Le scandale des pesticides, en France, marque à coup certain une terrible corruption de l'idée publique, du service public, une régression angoissante. Des hommes et des femmes au service de la République – la *res publica*, la chose publique – ont ouvertement préféré servir les intérêts privés. Et ils continuent de le faire sans aucun état d'âme. C'est une horreur, c'est un désastre.

Inutile de dire que ce livre sera attaqué. Inutile d'ajouter qu'on tentera de nous discréditer. Il est donc nécessaire de nous placer sous votre protection vigilante, vous, nos lecteurs. À chacun son travail, si vous nous permettez cet audacieux commentaire.

La suite ? Elle dépend de nous tous, de nous seuls. Un système aussi enraciné, aussi solide que celui-là ne saurait se briser au premier cri de révolte. Mais il n'y a pas d'autre voie que celle de la rébellion. Collective, non violente, mais ferme. Très ferme. Immédiate et complète. Il faut faire rendre gorge à ceux qui préfèrent leur chiffre d'affaires à la vie sur terre.

Une chronologie

1873 : le 12 août, dans son *Hymne à la Terre*, Hugo écrit : « Meurtrie, elle demande aux hommes : à quoi sert le ravage ? Quel fruit produira le désert ? »

1914 : du 15 mai au 1er juillet, l'entomologiste Jean Feytaud lance une grande opération contre l'otiorhynque de la vigne sur l'île d'Oléron, avec des lanternes et des hérissons. 1,5 million de ces insectes, véritables pestes agricoles, seront capturés. À la main.

1915 : le 22 avril, pour la première fois dans l'Histoire, la chimie est utilisée pour tuer massivement des humains. L'armée allemande, sur les instructions du grand scientifique Fritz Haber, dispose à Ypres, en Belgique, des milliers de récipients contenant du chlore. Le vent fera le reste : 5 000 morts au moins.

1917 : durant l'été, création en Allemagne de l'entreprise Technischer Ausschuss für Schädlingsbekämpfung (Comité technique de lutte contre les insectes nuisibles). Elle commercialisera en 1920 un nouveau pesticide mis au point par Fritz Haber, sous le nom de Zyklon B. Les nazis utiliseront cet insecticide pour tuer 6 millions de personnes.

1919 : Fritz Haber reçoit le prix Nobel de chimie pour ses travaux sur l'ammoniac, qui datent de 1904. Une partie du public de Stockholm siffle celui qui a inventé la guerre par le gaz.

1926 : des scientifiques, des fonctionnaires et la fine fleur de l'industrie naissante des pesticides créent en France la Ligue nationale de défense contre les ennemis des cultures.

1929 (à partir de) : la chimie de synthèse fait un bond de géant en créant une nouvelle famille, les organochlorés. Parmi eux, les PCB, les CFC, le PVC, le DDT (1939).

1930 (environ) : Fernand Willaume, qui sera le premier responsable du lobby des pesticides en France, entre chez Pechiney. Il est ingénieur agronome.

1933 : à la fin de l'année, le doryphore, arrivé en France avec les soldats américains de 1917, infeste 39 départements français.

1936 (à partir de) : la chimie de synthèse commence à travailler sur une nouvelle famille de pesticides, les organophosphorés. Le précurseur est un scientifique nazi, Gerhard Schrader. Le tabun et le soman, particulièrement assassins, sont au programme des premières années.

1945 : le 25 mars est créé le Service de protection des végétaux (SPV), dans le cadre du ministère de l'Agriculture. Ce service jouera un rôle clé dans le contrôle des produits pesticides.

Le 13 avril, ce que l'on appelle l'« homologation » est promulgué. Tous les pesticides vendus en France doivent désormais être soumis à une « étude d'efficacité ». 2 840 spécialités sont homologuées en seulement deux ans. Charles Vezin, premier chef du Service de protection des végétaux, sera jusqu'en 1960 le responsable en France de l'homologation. Il sera dans le même temps l'un des piliers de *Phytoma*, journal de l'industrie.

Le 15 avril, le camp de concentration de Bergen-Belsen est libéré et les survivants aspergés de DDT, produit miracle contre les poux. Cet organochloré a contribué à sauver des milliers de rescapés des camps de la mort.

Fernand Willaume, devenu responsable de l'industrie des pesticides, entre au conseil d'administration de la Ligue nationale de défense contre les ennemis des cultures. Il fonde dans la foulée le Comité de propagande pour la défense des cultures et la société d'édition Ruralia, qui lancera le journal *Phytoma*. Le lobby des pesticides est né.

1946 : au retour d'une mission aux États-Unis, où il a découvert la puissance de certains hybrides de maïs, le grand agronome Jean Bustarret devient le rapporteur du projet de création de l'Institut national de la recherche agronomique devant le Conseil d'État. L'INRA naît cette même année, dans l'enthousiasme.

1948 : en janvier, numéro 1 de *Phytoma*, le grand journal du lobby. Les plus hauts fonctionnaires du ministère de l'Agriculture, en charge du contrôle des pesticides, en seront des collaborateurs de premier plan.

1951 : le 17 octobre, Fernand Willaume crée la Société française de phytiatrie et de phytopharmacie (SFPP), chef-d'œuvre du lobby, qui regroupe aussitôt la haute administration, les plus grands scientifiques et l'industrie, sous le patronage du ministère de l'Agriculture et de l'INRA.

1952 : du 15 au 20 septembre, congrès international de phytopharmacie. Archétype de quantité d'autres colloques et conférences manipulés par le lobby.

1956 : les 28 et 29 novembre, la Ligue de 1926 (voir *supra*), devenue la Fédération nationale de protection des cultures, organise des journées techniques au musée Guimet (Paris). Jean Bustarret, de l'INRA, ouvre la séance, accompagné par des hommes de Shell et de Pechiney-Progil. On y fait la réclame de nouveaux herbicides, dont le 2,4-D. On reparlera de cette merveille.

1959 : le 1er décembre, première réunion de ce qui deviendra le Comité de lutte contre les mauvaises herbes (Columa), fer de lance des herbicides en France. Son premier président sera Jean Bustarret, de l'INRA.

1961 : le 10 août, premiers épandages de l'« agent orange » sur la forêt vietnamienne. Cet herbicide est la combinaison du 2,4-D, tant vanté à Paris en 1956, et du 2,4,5-T. Deux millions d'adultes et 500 000 enfants en portent aujourd'hui encore la trace.

1962 : l'Américaine Rachel Carson publie un chef-d'œuvre, *Printemps silencieux* (traduit en français en 1963 chez Plon), qui dénonce pour la première fois la chimie de synthèse et les pesticides. Le lobby, tant en France qu'aux États-Unis, la dénoncera comme folle et/ou communiste et/ou agent du KGB. Monsanto publiera une parodie de l'ouvrage.

1969 : en mars, une conférence scientifique réunie à Stockholm dénonce pour la première fois les ravages du DDT.

1970 : en septembre, pour la première fois sur la défensive, le lobby contre-attaque au cours du septième congrès international de phytopharmacie, qui se tient à Paris. L'INRA et le ministère en sont les organisateurs, avec l'industrie. Dans les coulisses, le grand désinformateur Marcel Valtat, l'homme de l'amiante, a tout ficelé.

1976 : en août, les États-Unis interdisent un redoutable pesticide, le Kepone, nom commercial du chlordécone.

1981 : le chlordécone est autorisé jusqu'en 1990 dans les Antilles françaises, sous le nom de Curlone, par le ministère de l'Agriculture. Mais, dès 1977, un rapport officiel a démontré sa présence dans les sols de Guadeloupe. De très nombreuses inspections diront la même chose, en pire. Le chlordécone sera massivement utilisé en Guadeloupe au moins jusqu'en 2002. Illégalement, mais sous le regard de l'administration. Les sols sont atteints pour des centaines d'années, les malades se comptent sûrement aussi par centaines.

1992 : en juillet, l'affaire du Gaucho, qui sera suivie par celle du Régent, commence. Les ruchers et abeilles de France sont dévastés par un nouveau pesticide commercialisé par Bayer. Pendant plus de dix ans, les apiculteurs se heurtent à l'industrie et à ses nombreux amis. Parmi eux, le ministère de l'Agriculture et l'une de ses places fortes, la Direction générale de l'alimentation. Il faudra des milliards de morts chez les abeilles et beaucoup de courage à quelques scientifiques pour que le massacre s'arrête.

Le docteur Niels Skakkebaek, un Danois, publie une étude dans le *British Medical Journal* : la quantité moyenne de spermatozoïdes dans le sperme humain aurait décliné d'à peu près 50 % entre 1938 et 1990.

1993 : le lobby des pesticides, dont le nouveau nom est Union des industries de la protection des plantes (UIPP), crée un organisme : le Forum pour une agriculture raisonnée respectueuse de l'environnement (FARRE). Confronté à une révolte sans précédent des consommateurs, le lobby a décidé de changer la moquette.

1995 : l'INRA installe à Rennes des stations de mesure des pesticides dans l'eau de pluie. Presque tous les échantillons contiennent des molécules actives. Le brouillard et la rosée du matin sont également touchés.

2001 : le professeur Charles Sultan, de Montpellier, s'inquiète du nombre important de malformations urogénitales observées chez les garçons nouveau-nés, plus spécialement les fils d'agriculteurs. Les pesticides sont soupçonnés de jouer un rôle de premier plan dans le phénomène.

En juillet, Gérard Pello, généraliste du Tarn-et-Garonne, adresse un rapport circonstancié à l'Institut national de veille sanitaire. Il a collecté des données sur 56 femmes et 8 hommes, atteints selon lui d'encéphalomyélite myalgique, ou syndrome de fatigue chronique. L'autre nom de la maladie est « fibromyalgie ». Les pesticides sont là encore fortement soupçonnés.

En juillet toujours, le MDRGF rend publiques les teneurs en résidus de pesticides des aliments végétaux en France et en Europe. Cette révélation fait l'effet d'une petite bombe médiatique.

2005 : l'INRA et le Cemagref publient une expertise collective sur les pesticides qui, en plus de reconnaître les problèmes posés par l'utilisation des pesticides, indique un début de solution. Il s'agit de se tourner vers de nouveaux modèles, comme l'agriculture biologique et la production intégrée. Un tournant ?

2006 : une gestion gouvernementale désastreuse du dossier des produits naturels de traitement des plantes déclenche l'affaire du purin d'ortie, qui met en évidence l'absurdité des textes publics. Ils placent sur le même plan les pesticides chimiques dangereux et les extraits de plantes les plus inoffensifs.

2007 : malgré une prise de conscience croissante des problèmes par l'opinion publique et une évolution des discours officiels, le système qui a permis à l'industrie des pesticides de gérer le contrôle de ses produits grâce au soutien sans faille du ministère de l'Agriculture est toujours en place.

Les personnages

JEAN-CHARLES BOCQUET : il est le directeur de l'Union des industries de la protection des plantes (UIPP). Ce sigle cache l'industrie, essentiellement transnationale, des pesticides. M. Bocquet dirige en somme le lobby. Il nous a reçus fort aimablement, ce dont nous le remercions sincèrement.

JEAN-MARC BONMATIN : ce chercheur au CNRS, auteur d'études jugées défavorables aux intérêts de l'entreprise Bayer, a fait l'objet de nombreuses manœuvres d'intimidation.

MICHEL BOUNIAS : aujourd'hui décédé, il a été longtemps directeur de recherche à l'INRA. Il est l'auteur de différents livres, dont le *Guide des toxicitudes*, chez Robert Laffont (1992). A soutenu le sérieux et l'intérêt de la théorie Purdey (voir ce nom) sur l'origine de la vache folle.

HUBERT BOURON : pendant trente-huit ans fonctionnaire du Service de protection des végétaux, il a supervisé jusque dans les années 1970 l'homologation des pesticides en France. Très lié au lobby des pesticides.

JEAN BUSTARRET : il est l'un des grands hommes de l'INRA dès sa création, en 1946. Mais il sera aussi l'une des courroies de transmission essentielles du lobby des pesticides.

RACHEL CARSON : biologiste américaine, elle fut la première à alerter sur les dangers des pesticides. Elle est l'auteur d'un livre pionnier paru en 1963 chez Plon : *Printemps silencieux*.

Thierry Chambolle : ce polytechnicien a longtemps été l'un des plus hauts responsables du ministère de l'Écologie avant de rejoindre la Lyonnaise des eaux. Il est le coauteur d'un rapport très contesté sur la dioxine.

Jean Feytaud : il est l'un des pionniers de la lutte scientifique contre les ravageurs des cultures. Il s'est en particulier illustré dans le combat contre les doryphores dans les années 1930.

Jean Glavany : éminent responsable socialiste, il a longtemps été proche de François Mitterrand. Ministre de l'Agriculture entre 1998 et 2002, il a notamment suivi le dossier du Gaucho. Hélas, il a refusé de nous recevoir malgré des demandes insistantes. Ministre un jour, mais pas toujours…

Marion Guillou : elle est présidente et directrice générale du puissant Institut national de la recherche agronomique (INRA). Polytechnicienne, elle fait partie du prestigieux club des ingénieurs du génie rural et des eaux et forêts (IGREF). À la tête de la Direction générale de l'alimentation entre 1996 et 2000, elle a eu à gérer en bonne part les premières années du dossier du Gaucho. Elle a accepté un entretien avec les auteurs, ce dont nous la remercions sincèrement.

Fritz Haber : ce juif allemand né en 1868, immense chimiste, est l'inventeur des gaz de combat à base de chlore, précurseurs des pesticides modernes. Il a également contribué à la création du Zyklon B, utilisé dans les chambres à gaz nazies.

Thierry Klinger : il a été major de l'ENA en 1972. Outre une carrière préfectorale très fournie, il a eu d'importantes responsabilités dans les secteurs de la défense et de l'espace. Il a ainsi été délégué interministériel aux Restructurations de la défense (de 1996 à 1998), après avoir été directeur des personnels et des affaires générales à la délégation générale pour l'Armement (entre 1989 et 1993). Il a par ailleurs été à la Direction générale de l'alimentation entre 2003 et 2005, où son activité était très controversée. Il est depuis cette date président du Cemagref, un institut public de recherches agricoles, et chef de l'Inspection générale de l'administration, implantée au ministère de l'Intérieur. Il n'a pas daigné répondre à nos demandes d'entretien.

JEAN-CLAUDE LEFEUVRE : éminent universitaire, professeur au Muséum national d'histoire naturelle, il a avant tout le monde alerté sur la pollution de l'eau et le déferlement des nitrates et des pesticides en Bretagne.

JEAN-FRANÇOIS NARBONNE : il est l'un de nos plus grands toxicologues. Docteur en nutrition, docteur ès sciences, professeur, il n'a pas la langue dans sa poche.

GÉRARD PELLO : médecin généraliste dans le Tarn-et-Garonne, il est l'auteur, en 2001, d'une note fameuse adressée aux autorités sanitaires sur la fibromyalgie, un syndrome qui pourrait toucher des centaines de milliers de personnes en France.

HENRI PÉZERAT : directeur de recherches honoraire au CNRS, toxicologue, il a joué un rôle décisif dans l'interdiction de l'amiante. Il est aussi le maillon manquant entre ce scandale et celui des pesticides.

MARK PURDEY : c'est un original anglais, auteur d'une théorie passionnante sur l'origine de la vache folle qui a été considérée comme sérieuse par d'excellents scientifiques, tel Michel Bounias.

MARC RAUCOURT : grand botaniste, spécialiste incontesté des maladies des plantes dès avant la Seconde Guerre mondiale, il a été instrumentalisé par le lobby à partir de 1945. Engagé par l'INRA, il y est resté jusqu'à sa brusque disparition en 1956.

ANDRÉ RICO : membre de l'Académie de médecine, il a supervisé l'homologation des pesticides en France en tant que président de la Commission d'étude de la toxicité (ou Comtox). Il est depuis 2001 le président d'honneur de cette même Comtox. Auteur d'une phrase historique : « Ce n'est pas à nous de prendre des décisions par rapport à ceux qui vont naître ; les générations se démerderont comme tout le monde. »

Yves Schenfeigel : chef du bureau de la réglementation et de la mise sur le marché des intrants à la DGAL au moment de l'affaire du Gaucho, ce haut fonctionnaire a joué un rôle clé dans l'homologation des pesticides en France pendant des années. Il a refusé de nous recevoir.

Bernard Trouvelot : immense entomologiste de l'avant-guerre, il a rejoint l'INRA naissant en 1946. A été utilisé par l'industrie des pesticides.

Marcel Valtat : énigmatique lobbyiste, il fut résistant dans la mouvance communiste. Aujourd'hui décédé, il a défendu en coulisses les intérêts de l'amiante, des pesticides, ainsi que du chlore et du cadmium.

Fernand Willaume : ingénieur agronome dès la fin de la Première Guerre mondiale, il est entré dans l'industrie chimique – Pechiney – au début des années 1930. Il fut à partir de 1945 le vrai fondateur en France du lobby des pesticides. Il est mort le 1er janvier 1957.

Denis Zmirou-Navier : ce professeur de santé publique a démissionné avec éclat de l'AFSSET, agence qu'il accusait de ne pas respecter l'indépendance des chercheurs.

Les acteurs institutionnels

AFPP : l'Association française de protection des plantes est une énorme structure créée en 1984. Elle est un des nombreux faux nez du lobby des pesticides. Sa particularité est de rassembler dans son bureau des responsables de transnationales du secteur et des hauts fonctionnaires. En toute indépendance, cela va de soi. • http://www.afpp.net.

AFSSA : l'Agence française de sécurité sanitaire des aliments est chargée de lourds dossiers, dont celui des contaminations alimentaires multiples. Son budget est de l'ordre de 65 millions d'euros. • http://www.afssa.fr.

AFSSET : l'Agence française de sécurité sanitaire de l'environnement et du travail a été édifiée en 2005 sur les ruines d'une autre agence mort-née, l'AFSSE. Très critiquée dans plusieurs dossiers de santé publique, elle est dotée d'un budget d'environ 20 millions d'euros. • http://www.afsset.fr.

AGRICULTURE (MINISTÈRE DE L') : situé rue de Varenne à Paris, il est réputé définir le destin de l'agriculture française avec le principal syndicat agricole, la FNSEA. Dans les faits, nombre de ses fonctionnaires les plus gradés ont pris l'habitude de gérer les affaires avec les hommes du syndicat dominant et quantité de spécialistes et professionnels de l'industrie. • http://www.agriculture.gouv.fr.

AMM : c'est l'autorisation de mise sur le marché, indispensable à la commercialisation de tout pesticide.

CADA : Commission d'accès aux documents administratifs. La CADA est une instance consultative indépendante. Elle vous aide à obtenir un document administratif qui vous a été refusé par une administration. • http://www.cada.fr.

CEMAGREF : Institut de recherche pour l'ingénierie de l'agriculture et de l'environnement. • http://www.cemagref.fr.

CMA : concentration maximale admissible. C'est la norme officielle censée nous protéger contre la présence de pesticides dans l'eau.

CNRS : le Centre national de la recherche scientifique est un organisme public de recherche fondamentale. • http://www.cnrs.fr.

COLUMA : le Comité de lutte contre les mauvaises herbes a été lancé, pour le plus grand profit des marchands d'herbicides, le 1er décembre 1959. Problème : le président de cette structure paracommerciale, Jean Bustarret, est alors aussi le directeur général de l'INRA.

COMITÉ D'HOMOLOGATION DES PESTICIDES : structure administrative chargée de préparer, avant avis définitif du ministre de l'Agriculture, les très essentielles autorisations de mise sur le marché des pesticides.

COMITÉ DE PROPAGANDE POUR LA DÉFENSE DES CULTURES : en 1945, le premier responsable du lobby des pesticides, Fernand Willaume, crée ce comité, qui lancera trois ans plus tard la revue *Phytoma*.

COMTOX : son vrai nom est Commission d'étude de la toxicité. Elle est aussi parfois appelée Commission des toxiques. Dépendant de la Direction générale de l'alimentation, donc du ministère de l'Agriculture, elle réunit des scientifiques réputés indépendants. Elle est chargée d'évaluer les risques des pesticides avant leur mise sur le marché. Disons que sa neutralité fait discussion.

CONFÉDÉRATION PAYSANNE : elle est, par son importance, le

deuxième syndicat agricole français. Elle remet en cause le modèle agricole productiviste des quarante dernières années, qui a engendré surproductions, crises sanitaires, dégradation des ressources naturelles… • http://www.confederationpaysanne.fr.

DDA : Direction départementale de l'agriculture. Les DDA sont des services départementaux du ministère de l'Agriculture. Ils sont souvent dirigés par des IGREF (voir ce mot).

DDT : dichloro-diphényl-trichloréthane, pesticide organochloré persistant inventé en 1939 maintenant interdit en Europe. Il reste utilisé dans le monde comme moyen de lutte contre le vecteur de la malaria.

DGAL : la Direction générale de l'alimentation est l'une des plus puissantes directions centrales du ministère de l'Agriculture. Son domaine, vaste, inclut la surveillance de « la qualité et la sécurité des aliments ». Elle contrôle également la stratégique mise sur le marché par des commissions *ad hoc*. • http://www.agriculture.gouv.fr.

DGS : Direction générale de la santé, une des directions les plus importantes du ministère de la Santé.

DJA : dose journalière admissible. Elle est cent fois inférieure à la dose sans effet (DSE). Ce calcul théorique nous met à l'abri des contaminations par des toxiques. Théoriquement.

EFSA : European Food Safety Authority, Autorité européenne de sécurité alimentaire, l'équivalent de l'AFSSA au niveau européen. Elle est dirigée par Catherine Geslain-Lanéelle, ancienne responsable de la DGAL. • http://www.efsa.europa.eu/fr.html.

EPA : l'Agence de protection de l'environnement aux États-Unis. Une puissance dont l'indépendance a été mise à mal par l'administration Bush. http://www.epa.gov.

FARRE : Forum pour une agriculture raisonnée respectueuse de l'environnement. Association de promotion de l'« agriculture raisonnée », création du lobby des pesticides, l'UIPP. • http://www.farre.org.

FNSEA : Fédération nationale des syndicats d'exploitants agricoles, le plus grand syndicat agricole français. Officiellement fondée en 1946, la FNSEA cogère dans les faits depuis soixante ans la politique agricole de l'Hexagone avec les gouvernements successifs, de gauche comme de droite. • http://www.fnsea.fr.

HCH : hexachlorocyclohexane, insecticide organochloré maintenant interdit. Son isomère gamma est plus connu sous le nom de « lindane ».

IFEN : Institut français de l'environnement. Rattaché au ministère de l'Écologie, il organise et anime la collecte et le traitement des données sur l'environnement. Il publie ainsi régulièrement des données complètes sur la présence de pesticides dans les eaux en France. • http://www.ifen.fr.

IGAS : Inspection générale des affaires sociales.

IGE : Inspection générale de l'environnement.

IGREF : les ingénieurs du génie rural et des eaux et forêts forment un corps de grands ingénieurs techniques de l'État. Polytechniciens, les IGREF détiennent les principaux postes de pouvoir dans l'agriculture française et la forêt, en particulier dans les DDA. Ils bataillent sans cesse contre deux autres corps : les Ponts et Chaussées et les Mines.

INRA : l'Institut national de la recherche agronomique est notre grand organisme public dans le secteur. Né en 1946, il compte 9 000 salariés pour un budget de 700 millions d'euros. • http://www.inra.fr.

InVs : Institut national de veille sanitaire. Cet établissement national de santé publique est chargé de surveiller en permanence l'état de santé de la population et son évolution. • http://www.invs.sante.fr.

LMR : limites maximales de résidus. C'est une norme officielle censée nous protéger contre la présence de pesticides dans l'alimentation. Elle est contestée.

MDRGF : le Mouvement pour les droits et le respect des

générations futures est une association fondée en 1996, spécialisée dans l'information sur les dangers des pesticides et sur les solutions de rechange à leur emploi. François Veillerette, coauteur de ce livre, est actuellement président du MDRGF. • http://www.mdrgf.org.

MSA : Mutualité sociale agricole. La protection sociale des agriculteurs. Remarquablement absente du débat sur les pesticides jusqu'à ces toutes dernières années. • http://www.msa.fr.

OILB : Organisation internationale de lutte biologique et intégrée contre les animaux et les plantes nuisibles. L'organisation internationale qui fédère les chercheurs en lutte biologique. • http://www.iobc.agropolis.fr/.

ORP : Observatoire des résidus de pesticides. Il a pour objectif théorique de « mettre en place une base de données des normes réglementaires publiques, des résultats des actions de contrôle et du suivi des actions de progrès mises en place suite à ces résultats ». Sans aucun moyen véritable, il dépend de l'AFSSET. • http://www.observatoire-pesticides.gouv.fr.

PAC : Politique agricole commune.

Phytoma : c'est, le plus officiellement du monde, « l'unique revue mensuelle française spécialisée en protection des plantes ». Derrière les mots, les faits : *Phytoma*, créée en 1948 par l'industrie des pesticides, est depuis près de soixante ans le cœur du lobby. • http://www.phytoma-ldv.com.

UIPP : Union des industries de la protection des plantes. Le lobby des fabricants de pesticides. • http://www.uipp.org.

Des liens pour en savoir plus

Retrouvez les auteurs de ce livre sur *http://www.pesticides-lelivre.com*, le site officiel du présent ouvrage.

Retrouvez les informations diffusées par le MDRGF sur ces sites :

– *http://www.mdrgf.org* : le site portail de l'association MDRGF, spécialiste des pesticides.

– *http://www.acap.net* : le site du réseau ACAP, Action citoyenne pour les alternatives aux pesticides.

– *http://www.generations-futures.com* : le site portail des générations futures et son dossier sur les pesticides.

– *http://www.no-pesticide.com* : le site contre la publicité de l'UIPP pour les pesticides.

– *http://www.pesticides.fr* : la base de données Internet francophone sur les dangers sanitaires des pesticides. Une référence !

– *http://www.pesticides2007.com* : le site qui vous donne la position de votre député sur la question des pesticides.

– *http://www.pesticides-etudes.mdrgf.org* : les dernières études scientifiques sur les pesticides.

– *http://www.pesticides-non-merci.com* : le site sur les résidus de pesticides dans l'alimentation.

– *http://www.semaine-sans-pesticides.fr* : le site de la semaine pour les solutions de rechange aux pesticides.

Autres sites pour trouver plus d'informations sur la question des pesticides :

– Dossier pesticides de la Maison de la consommation et de l'environnement de Rennes : *http://www.mce-info.org/pesticides.php*.

– Dossier « Sortir des pesticides » sur le site de l'association Cohérence : *http://www.reseau-coherence.org/article.php3?id_article=149*.

– Le site d'Eaux et Rivières de Bretagne, qui contient des éléments sur les pesticides : *http://www.eau-et-rivieres.asso.fr/index.php*.

– Dossier pesticides sur ce site spécialisé dans l'environnement : *http://www.notre-planete.info/ecologie/alimentation/pesticides_0.php*.

– Campagne de quatre fédérations d'associations de protection de l'environnement belges sur les pesticides (en français et néerlandais) ; contient un aperçu sur l'épidémiologie des pesticides : *http://www.pesticide.be/*.

– Le site de la Coalition pour les alternatives aux pesticides au Québec : *http://www.cap-quebec.com*.

– Le site de PAN Europe, qui contient quelques pages en français : *http://www.pan-europe.info*.

– La base de données de PAN North America (en anglais) : *http://www.pesticideinfo.org/Index.html*.

– Sur le site de l'Observatoire régional de la santé de Bretagne, le rapport sur les effets chroniques des pesticides sur la santé : *http://www.orsb.asso.fr/PDF2003/ORSB_pesticides.pdf*.

– Sur le site de la Documentation française, le rapport du Comité de la prévention et de la précaution sur les risques sanitaires liés à l'utilisation des produits phytosanitaires : *http://lesrapports.ladocumentationfrancaise.fr/BRP/024000113/0000.pdf*.

– Sur le site de l'INRA, le rapport de l'expertise collective INRA-Cemagref *Pesticides, agriculture et environnement* : *http://www.inra.fr/l_institut/missions_et_strategie/les_missions_de_l_inra/eclairer_les_decisions/pesticides_rapport_d_expertise*.

– Sur le site de l'Ontario College of Family Physicians, un dossier très complet, *Systematic Review of Pesticide Human Health Effects* : *http://www.ocfp.on.ca/English/OCFP/Communications/CurrentIssues/Pesticides*.

Quelques sites sur les agricultures biologiques ou durables :

– Le site du réseau Agriculture durable : *http://www.agriculture-durable.org/.*

– Chemin faisant, un tour de France des producteurs qui pratiquent l'agriculture durable : *http://www.cheminfaisant2005.net/.*

– Le site de la Confédération paysanne, qui depuis quelques années soutient l'objectif de réduction de l'utilisation des pesticides : *http://www.confederationpaysanne.fr/.*

– *L'Écologiste*, l'édition française de *The Ecologist.* De nombreux articles sur les pesticides et l'agriculture biologique et durable : *http://www.ecologiste.org/.*

– Le site de la Fédération nationale d'agriculture biologique : *http://www.fnab.org/.*

– Le site du FIBL, Institut de recherche de l'agriculture biologique (organisme européen) : *http://www.fibl.org/francais/index.php.*

– Le site du GAWI, groupement d'arboriculteurs pratiquant en Wallonie les techniques intégrées qui utilisent peu de pesticides : *http://www.asblgawi.com/.*

– Le site d'Intelligence verte, qui se bat pour la redécouverte et la sauvegarde d'espèces végétales rares dans l'un des plus grands conservatoires de végétaux anciens de France, et promeut une agriculture bio sans pesticides de synthèse : *http://www.intelligenceverte.org/.*

– Le site du Mouvement de l'agriculture biodynamique : *http://www.bio-dynamie.org/.*

– Le site de Nature et Progrès, association de consommateurs et de professionnels œuvrant pour la promotion de l'agriculture biologique en informant le plus grand nombre : *http://www.natureetprogres.org/.*

– Le site d'Objectifbio, association regroupant les acteurs essentiels de la promotion de la bio qui souhaitent sensibiliser l'ensemble de la société française à la nécessité d'un développement immédiat et à grande échelle de la production biologique, et dénonçant les effets des pesticides : *http://www.objectifbio.org/.*

– Terre vivante vous fait partager vingt-cinq ans d'expériences de l'écologie pratique dans les domaines du jardinage biologique, entre autres, et présente des livres sur les pesticides : *http://www.terrevivante.org/*.

Document

Révélations de la patronne de l'INRA

Pourquoi cet entretien [1] pour clore ce livre ? Parce que Marion Guillou, présidente et directrice de l'INRA, est un des personnages clés de cette histoire. Elle a joué le jeu et a accepté de recevoir l'un des auteurs de ce livre, ce dont nous la remercions sincèrement.

Il faut lire ce texte, selon nous, comme un document. Presque une photo prise en ce début 2007. Avec trois révélations supplémentaires à la clé, que nous jugeons importantes. La première, c'est qu'on peut diriger un grand institut comme l'INRA sans connaître son histoire. Et sans connaître la personnalité et la carrière de son fondateur, Jean Bustarret, qui fit tant pour la diffusion des pesticides. C'est loin d'être anodin.

La deuxième, c'est que Mme Guillou ne conteste nullement l'existence de passerelles puissantes entre l'industrie et l'INRA, pourtant organisme public. Autrement dit, son propos valide en grande part notre démonstration. Cela donne à réfléchir.

La troisième, c'est que la patronne de l'INRA maintient la version officielle de la sinistre affaire du Gaucho. Selon Mme Guillou, en effet, l'insecticide Bayer ne serait qu'une cause très secondaire de la décimation massive des abeilles de France entre 1992 et 2003. Les syndicats d'apiculteurs, qui

1. Entretien réalisé par Fabrice Nicolino. Le texte a été relu et approuvé par Marion Guillou.

apprécieront probablement le compliment, seraient responsables d'une « manipulation » de l'opinion.

Dans ces conditions, peut-on vraiment espérer en France un tournant par rapport aux pesticides ? Telle est bien la question.

Fabrice Nicolino : Je vois pour ma part deux époques dans l'histoire des pesticides de synthèse en France. Dans un premier temps, après 1945, l'enthousiasme est général. Ces produits sont souvent considérés comme miraculeux. Mais le livre de Rachel Carson qui sort en France en 1963, *Printemps silencieux*, ouvre une nouvelle période, faite d'inquiétude. Une conférence scientifique, qui se tient à Stockholm en 1970, lance le débat sur les effets toxiques du DDT. Il me semble que l'INRA a longtemps fait comme si de rien n'était. Qu'en pensez-vous ?

Marion Guillou : Je me permettrais un commentaire d'ordre général. Il faut se rendre compte de l'esprit qu'avaient nos collègues après la guerre. L'objectif était l'autosuffisance alimentaire de la France. Cela peut sembler curieux, car depuis grossièrement 1970 nous avons connu dans nos zones tempérées une période de surproduction. Nous n'avons plus ce sentiment d'urgence nourricière. Nos anciens avaient le sentiment de faire partie d'une sorte d'armée d'agronomes voués à nourrir la France. C'est peut-être à partir de cela qu'il faut comprendre ce que vous évoquez.

Et puis il y a un second élément. Tous ces ingénieurs se connaissaient pour avoir fréquenté les mêmes écoles d'agronomie, où l'INRA puisait 90 % de ses cadres. Les autres élèves rejoignaient qui l'industrie privée, qui les chambres d'agriculture, qui les écoles techniques. Mais il y a eu une seule et même génération de l'après-guerre. Ils étaient amis et jugeaient que leur mission était commune. C'est ce mouvement qui a fait l'INRA jusque dans les années 1970.

F.N. : Jean Bustarret est une personnalité éminente, à l'origine de la création de l'INRA en 1946. Or il a joué un rôle important dans la diffusion des pesticides en France. Il a par exemple présidé le Columa, ou Comité de lutte contre les mauvaises herbes. Créé en 1959, ce comité a été un fer de lance commercial des herbicides dans notre pays. Que pensez-vous de cet itinéraire ?

M.G. : Je n'ai pas eu l'occasion de croiser Jean Bustarret, car il appartient à une autre génération que la mienne. Et je ne connais pas du tout l'histoire de ce Columa, j'en suis désolée. Ce que je sais en revanche, c'est que la France a connu un premier virage autour de 1970, quand l'autosuffisance alimentaire a été enfin atteinte puis dépassée. Avec les débuts de la surproduction, la vocation exportatrice de la France s'est affirmée. Alors, l'INRA a commencé, de façon pionnière, à s'intéresser au sens de la consommation. Dès les années 1980.

F.N. : Donc, avant les premières crises alimentaires graves, comme celle de la vache folle.

M.G. : En effet. Et dans les années 1990 nous avons pris en compte, avec un peu d'avance sur le reste de la société, les questions d'environnement et les effets négatifs d'un certain type d'agriculture. 2005 aura marqué, je le pense, une nouvelle étape : nous avons pris conscience de la finitude des ressources naturelles. Nous sommes les habitants d'une seule et même planète. Or, parallèlement, les besoins alimentaires ne cessent d'augmenter, notamment avec les changements de modèles d'alimentation en Asie. Plus personne ne considère que l'agriculture produit des surplus. Notre grand défi, c'est de bâtir une agriculture durable qui reste productive et compétitive.

F.N. : Ce qui pose fatalement la question de l'usage des pesticides. Quelle est votre appréciation générale sur ces produits ?

M.G. : Il faut bien comprendre que l'INRA n'a jamais travaillé sur les molécules actives qui entrent dans la fabrication des pesticides. Nous n'avons pas de chimistes à l'INRA, ou si peu que je n'en connais aucun. Dans son histoire, notre institut s'est très vite concentré, entre autres, sur la génétique et l'agronomie. L'INRA estimait qu'il existait des industries chimiques compétentes, qui savaient ce qu'elles faisaient, et que la question des pesticides était avant tout la leur. Nous avons certes travaillé sur les effets de ces produits, mais ce n'est pas la même chose. Et nous avons aussi beaucoup développé des travaux de lutte biologique contre les ravageurs des cultures, à l'aide par exemple de petites guêpes.

F.N. : Et pourtant, il y a eu pendant longtemps de nombreux liens et passerelles entre l'INRA et l'industrie des pesticides. Comment jugez-vous ce compagnonnage ?

M.G. : Ce n'est plus la situation d'aujourd'hui. Je suis à peu près convaincue que la mission qui consistait à nourrir la France a transcendé les frontières habituelles. C'était une cause nationale, vous savez.

F.N. : Mais pourquoi cela ne s'arrête-t-il pas quand émergent les premières critiques ? En 1970, un congrès scientifique de haute tenue alerte sur les effets du DDT. Pourtant, rien ne bouge.

M.G. : On est alors dans l'ère des techniciens, convaincus que la technique saura réparer les erreurs de la technique. Ils estiment qu'il faut examiner un à un les produits pour juger de leur éventuelle toxicité. Et éventuellement interdire, dans le cadre de la Commission des toxiques, les molécules les plus néfastes. Je pense que le milieu a été conscient des problèmes.

F.N. : Mais s'est-il donné les moyens d'une véritable efficacité, notamment dans le contrôle ?

M.G. : Je serais superficielle en vous répondant, car je ne dispose pas des éléments nécessaires. Ce que je peux vous dire, c'est que dans un institut comme le nôtre règnent la pluralité, la diversité. Il y a toujours eu des courants de toutes les obédiences. Mais il est vrai que le système qu'il défendait était celui d'une agriculture productive et intensive.

F.N. : En décembre 2005, l'INRA et le Cemagref publient ensemble un rapport très critique sur les pesticides. Et c'est une première. Comment comprenez-vous ce changement ?

M.G. : Cela s'inscrit dans un mouvement de fond. Dès 2002, j'ai demandé à l'INRA un rapport sur le développement durable. Et j'ai estimé, avec d'autres, que la recherche ne peut plus seulement publier des études, mais doit aussi les rendre accessibles au public par des synthèses. Le rapport de 2005 est une commande publique de deux ministères, celui de l'Agriculture et celui de l'Écologie. La question était cadrée : il s'agissait de savoir comment réduire l'usage des pesticides. On nous demandait comment réduire, pas de maintenir ou d'augmenter. Et en dépouillant la somme des travaux scientifiques disponibles dans le monde sur le sujet, un consensus est apparu. Oui, il est possible d'optimiser l'usage des pesticides.

F.N. : Vous voulez dire réduire ?

M.G. : En effet. Ce n'est pas la lubie d'une personne. Ce n'est pas Marion Guillou qui décide qu'il faut réduire les pesticides. C'est Marion Guillou qui décide qu'il faut aller au bout de la publication.

F.N. : Ce rapport a-t-il, comme je le crois, marqué une rupture ?

M.G. : Oui. Clairement. Ce rapport répond à une prise de conscience nouvelle des pouvoirs publics qui nous ont interrogés. Les pesticides sont utilisés au-delà de l'usage qui serait nécessaire. Et ce ne sont pas des produits inoffensifs.

F.N. : Pour la première fois, l'INRA reconnaît l'existence de graves problèmes écologiques et sanitaires.

M.G. : Nous avons conscience qu'il y a problème. Mais il nous faut du temps pour mettre au point des outils nouveaux. La difficulté, c'est la transition vers le modèle de l'agriculture durable de demain.

F.N. : Vous avez évoqué la Commission des toxiques, que vous avez supervisée lorsque vous étiez à la tête de la Direction générale de l'alimentation (DGAL). Ce système d'homologation et donc de surveillance des pesticides est-il bon ?

M.G. : Il a connu plusieurs évolutions. Personnellement, quand j'étais à la DGAL, j'ai demandé, à l'occasion d'une réorganisation, que les industriels ne fassent plus partie de la Commission.

F.N. : Car ils en faisaient partie…

M.G. : Oui. Je reconnais leur compétence. Mais une fois qu'ils ont fait leur travail, qui consiste à fabriquer des produits, c'est aux experts de vérifier ces derniers.

F.N. : De manière indépendante.

M.G. : Oui, bien sûr.

F.N. : Un dernier mot, sur l'insecticide Gaucho. Au moment de votre passage à la DGAL, vous avez dû gérer une partie de la grave crise née d'une mortalité massive des abeilles. Et la Commission des toxiques a, au passage, été sévèrement critiquée. Que pensez-vous de cette affaire aujourd'hui ?

M.G. : Les gens de la Commission étaient de bonne volonté, mais ils n'avaient pas de moyens. Je crois que l'histoire nous dira que l'affaire du Gaucho a été un peu manipulée. Je ne suis pas sûre que les syndicats d'apiculteurs à l'origine des contestations aient eu des pratiques professionnelles totalement transparentes. Je pense notamment à l'usage de certains médicaments, ainsi qu'à l'importation de reines, qui a compromis l'équilibre génétique des abeilles. Au total, je crois que la mortalité des abeilles a eu des causes multifactorielles. Malheureusement, on a camouflé la complexité de la question en polarisant l'attention sur le Gaucho. Qui est sans doute une cause, mais modérée par rapport à d'autres. Nous n'avons pas pu aller au bout des études en France, car il y avait des gens qui défendaient une thèse. Et la thèse, c'est que le Gaucho était le grand responsable.

F.N. : Vous voulez dire que l'État français n'a pas été en mesure d'imposer les études qui auraient été nécessaires ?

M.G. : Non, et je peux en témoigner en tant qu'acteur à l'époque. Nous avons lancé une enquête auprès des services vétérinaires pour connaître la mortalité des ruches. Et il a été impossible d'obtenir des chiffres sur cette mortalité, qui nous auraient renseignés sur les liens entre cette dernière et l'emploi du Gaucho. Les apiculteurs ont refusé de répondre aux demandes des services vétérinaires.

Index

Table des matières

Pour l'éditeur, le principe est d'utiliser des papiers composés de fibres naturelles, renouvelables, recyclables et fabriquées à partir de bois issus de forêts qui adoptent un système d'aménagement durable.

En outre, l'éditeur attend de ses fournisseurs de papier qu'ils s'inscrivent dans une démarche de certification environnementale reconnue.

Achevé d'imprimer en septembre 2012
sur les presses numériques de l'Imprimerie Maury S.A.S.
Z.I. des Ondes – 12100 Millau

27-02-0752-9/04
N° d'impression : H12/48072P

Imprimé en France